全国高等职业教育“十三五”规划教材

Python 程序设计案例教程

胡国胜　吴新星　陈　辉　编著
孙修东　主审

机械工业出版社

Python 语言具有易学、可扩充、易移植、功能强大等特点，近年来成为市场较受欢迎的程序设计语言之一。本书共 12 章，深入浅出、循序渐进引入概念和语法，通过实例帮助初学者理解概念、掌握编程的基本思想，最终具备初步开发能力。具体内容包括：Python 基础知识、数据类型（数值、列表、元组、字典、集合）、程序结构、字符串正则表达式、函数、文件操作、异常与异常处理、面向对象编程、GUI 编程、数据库编程、网络编程、科学计算与可视化等内容。

本书主要针对高职高专院校学生编写，也适合零基础初学者使用。

本书配有授课电子课件和源代码，需要的教师可登录 www.cmpedu.com 免费注册、审核通过后下载，或联系编辑索取（QQ：1239258369，电话：010-88379739）。

图书在版编目(CIP)数据

Python 程序设计案例教程/胡国胜，吴新星，陈辉编著．—北京：机械工业出版社，2018.4
全国高等职业教育“十三五”规划教材
ISBN 978-7-111-60112-8

Ⅰ．①P… Ⅱ．①胡… ②吴… ③陈… Ⅲ．①软件工具—程序设计—高等职业教育-教材 Ⅳ．①TP311.561

中国版本图书馆 CIP 数据核字(2018)第 115612 号

机械工业出版社(北京市百万庄大街 22 号 邮政编码 100037)
策划编辑：鹿 征 责任编辑：鹿 征
责任校对：张艳霞 责任印制：张 博
三河市国英印务有限公司印刷

2018 年 7 月第 1 版·第 1 次印刷
184mm×260mm·16.75 印张·409 千字
0001-3000 册
标准书号：ISBN 978-7-111-60112-8
定价：49.00 元

凡购本书，如有缺页、倒页、脱页，由本社发行部调换

电话服务
服务咨询热线：(010)88379833
读者购书热线：(010)88379649

网络服务
机 工 官 网：www.cmpbook.com
机 工 官 博：weibo.com/cmp1952
教育服务网：www.cmpedu.com
金 书 网：www.golden-book.com

全国高等职业教育“十三五”规划教材

计算机专业编委会成员名单

出版说明

《国务院关于加快发展现代职业教育的决定》指出：到2020年，形成适应发展需求、产教深度融合、中职高职衔接、职业教育与普通教育相互沟通，体现终身教育理念，具有中国特色、世界水平的现代职业教育体系，推进人才培养模式创新，坚持校企合作、工学结合，强化教学、学习、实训相融合的教育教学活动，推行项目教学、案例教学、工作过程导向教学等教学模式，引导社会力量参与教学过程，共同开发课程和教材等教育资源。机械工业出版社组织全国60余所职业院校（其中大部分是示范性院校和骨干院校）的骨干教师共同策划、编写并出版的“全国高等职业教育规划教材”系列丛书，已历经十余年的积淀和发展，今后将更加紧密结合国家职业教育文件精神，致力于建设符合现代职业教育教学需求的教材体系，打造充分适应现代职业教育教学模式的、体现工学结合特点的新型精品化教材。

“全国高等职业教育规划教材”涵盖计算机、电子和机电三个专业，目前在销教材300余种，其中“十五”“十一五”“十二五”累计获奖教材60余种，更有4种获得国家级精品教材。该系列教材依托于高职高专计算机、电子、机电三个专业编委会，充分体现职业院校教学改革和课程改革的需要，其内容和质量颇受授课教师的认可。

在系列教材策划和编写的过程中，主编院校通过编委会平台充分调研相关院校的专业课程体系，认真讨论课程教学大纲，积极听取相关专家意见，并融合教学中的实践经验，吸收职业教育改革成果，寻求企业合作，针对不同的课程性质采取差异化的编写策略。其中，核心基础课程的教材在保持扎实的理论基础的同时，增加实训和习题以及相关的多媒体配套资源；实践性较强的课程则强调理论与实训紧密结合，采用理实一体的编写模式；涉及实用技术的课程则在教材中引入了最新的知识、技术、工艺和方法，同时重视企业参与，吸纳来自企业的真实案例。此外，根据实际教学的需要对部分课程进行了整合和优化。

归纳起来，本系列教材具有以下特点：

1）围绕培养学生的职业技能这条主线来设计教材的结构、内容和形式。

2）合理安排基础知识和实践知识的比例。基础知识以“必需、够用”为度，强调专业技术应用能力的训练，适当增加实训环节。

3）符合高职学生的学习特点和认知规律。对基本理论和方法的论述容易理解、清晰简洁，多用图表来表达信息；增加相关技术在生产中的应用实例，引导学生主动学习。

4）教材内容紧随技术和经济的发展而更新，及时将新知识、新技术、新工艺和新案例等引入教材。同时注重吸收最新的教学理念，并积极支持新专业的教材建设。

5）注重立体化教材建设。通过主教材、电子教案、配套素材光盘、实训指导和习题及解答等教学资源的有机结合，提高教学服务水平，为高素质技能型人才的培养创造良好的条件。

由于我国高等职业教育改革和发展的速度很快，加之我们的水平和经验有限，因此在教材的编写和出版过程中难免出现问题和疏漏。我们恳请使用这套教材的师生及时向我们反馈质量信息，以利于我们今后不断提高教材的出版质量，为广大师生提供更多、更适用的教材。

机械工业出版社

前　言

自1991年荷兰人Guido von Rossum开发并发布第一个Python编译器以来，Python语言一直受到人们关注。随着计算机技术、大数据技术和人工智能的发展，功能强大的Python开发工具正在焕发强大的生命力。

Python语言用C语言编写，介于C和Shell之间，具有简单易学、语法灵活、源码开放、移植性好、可扩展性强等特点，深受初学者和程序员欢迎。同时Python标准库丰富，极大地方便开发者处理包括正则表达式、文档生成、单元测试、线程、数据库、网页浏览器、CGI、FTP、电子邮件、XML、XML-RPC、HTML、WAV文件、密码系统、GUI（图形用户界面）、Wx和其他与系统有关的操作。

目前，介绍Python的书籍不少，但适合高职高专院校学生学习的还不多。本书主要有3个目标：①通过学习Python程序设计，读者具有程序设计的初步知识；②帮助初学者学会用计算机解决问题的思路和方法；③培养初学者学会用计算机工具解决实际问题的能力。Python程序设计对首次接触的初学者来说感觉比较容易，但要真正学好和灵活运用Python开发软件确实不易。考虑到高职学生的特点，本书注重以应用为中心、以案例为引导，内容通俗易懂、易于理解、快速入门。

初学者在学习Python语言时不要死记语法，从学会看懂程序开始，模仿缩写简单程序，然后逐步推进。初学者还要注意活学活用，举一反三，对同一问题力求多解，发现学习程序的乐趣。程序设计的实践性强，既要掌握数据类型、语法、模块等基础知识外，更重要的是动手操作编写代码，并在上机调试运行过程中加强对知识的理解，培养程序设计思想和提升程序开发能力。

本书共12章，包括Python基础知识、数据类型、程序结构、字符串与正则表达式、函数、文件操作、异常与异常处理、面向对象编程、GUI编程、数据库编程、网络编程以及科学计算与可视化等内容。

本书由胡国胜、吴新星、陈辉编著。其中，第1~9章、第11章由胡国胜编写，第10章由陈辉编写，第12章由吴新星编写，全书由上海农林职业技术学院孙修东审稿。

本书的编写得到Google中国教育合作项目资助，也参考和引用了参考文献中部分内容，肖佳老师仔细阅读书稿并对书中错误给予指正，本书能够顺利出版是大家共同努力的结果，在此向为该书出版做出贡献的单位和个人表示衷心感谢。

由于时间有限，书中难免有错误或不妥之处，敬请期待读者批评指正。

编者

目 录

第1章　Python 基础知识

本章主要介绍 Python 的特点、Python 运行环境以及简单程序的编辑、运行过程。通过本章学习，可以根据本机的环境熟练掌握 Python 下载、安装及调试的方法，并能编辑、运行简单小程序。

1.1　Python 简介

Python 语言发明于 1989 年，1991 年公开发行。Python 的名字来源于英国喜剧团 Monty Python，原因是 Python 的创始人 Guido van Rossum（荷兰人）是该剧团的粉丝。

Python 是初学者学习编程的最好语言之一，是一种不受局限、跨平台的开源编程语言，功能强大、易写易读，能在 Windows 和 Linux 等平台上运行。

Python 和 C++、Java 一样是一门高级编程语言，由人们容易理解的指令组成，如 print（输出）、if（如果）、input（输入）等。但它也被认为是一门解释型语言，使用一个叫解释器（interpreter）的程序，一次将一条高级语言的语句翻译为机器语言，然后运行。

1.1.1　Python 语言特点

1. 简单、易学

Python 的设计哲学是优雅、明确、简单，用一种方法，最好是只有一种方法来做一件事，它使用户能够专注于解决问题而不是去搞明白语言本身。Python 容易上手，因为 Python 有极其简单的语法。

2. 免费、开源

Python 是 Free/Libre and Open Source（FLOSS，自由/开放源码软件）之一。使用者可以自由地对这个软件复制、阅读、使用和改动它的源代码或将其中一部分用于新的自由软件中。

3. 高级解释性语言

Python 语言是一门高级编程语言，程序员在开发时无需考虑底层细节。Python 解释器把源代码转换成称为字节码的中间形式，然后再把它翻译成计算机机器语言并运行。这使得 Python 使用更加简单，也使得 Python 程序更加易于移植。

4. 可移植性

Python 可在 Linux、Windows、FreeBSD、Macintosh、Solaris、OS/2 和 Android 等平台上运行。

5. 面向对象

Python 既支持像 C 语言一样面向过程的编程，也支持如 C++、Java 语言一样面向对象的编程。

6. 可扩展性

Python 提供丰富的 API、模块和工具，以便程序员轻松使用 C、C++语言来编写扩充模块。

7. 可嵌入性

Python 程序可以嵌入到 C/C++程序，从而向用户提供脚本。

8. 丰富的库

Python 标准库庞大。它可以帮助处理各种工作，包括正则表达式、文档生成、单元测试、线程、数据库、网页浏览器、CGI、FTP、电子邮件、XML、XML-RPC、HTML、WAV 文件、密码系统、GUI（图形用户界面）、Tk 和其他与系统有关的操作。除了标准库以外，还有许多其他高质量的库，如 wxPython、Twisted 和 Python 图像库等。

9. 规范的代码

Python 采用强制缩进的方式使得代码具有较好的可读性。

Python 语言广泛应用于科学计算、自然语言处理、图形图像处理、游戏开发、系统管理、Web 应用等。许多大型网站就是用 Python 开发的，如 YouTube、Instagram。很多大公司的应用，包括 Google、Yahoo 等，甚至 NASA（美国国家航空航天局）都大量使用 Python。Python 受关注程度逐年上升。

1.1.2 Python 版本

Python 语言有两个版本：Python 2. x 和 Python 3. x。

Python 3. 0 于 2008 年发布，目前已到 3. 6。可惜的是，Python 3. x 向下不兼容，Python 2. x 的程序在 Python 3. x 环境不能运行。但由于 2. x 版本已有大量资源，Python 2. x 仍然大量使用。对初学者来说，2. x 和 3. x 的环境影响不大，2. x 资源更丰富，所以本书考虑采用 Python 2. x 版本。

1.1.3 Python 语言的实现

Python 源程序并不能被计算机直接执行。解释执行 Python 源程序的程序是 Python 解释器，由解释器解释执行的过程就是 Python 的实现。Python 解释器有以下几种。

1. CPython

官方提供的解释器是用 C 语言实现的，所以称为 CPython。这是最常用的版本。

2. Jython

Jython 是使用 Java 语言实现的解释器，可以直接把 Python 代码编译成 Java 字节码执行。

3. IronPython

IronPython 是运行在微软 . NET 平台上的解释器，可以直接把 Python 代码编译成 . NET 字节码执行。

4. PyPy

PyPy 是用 Python 语言实现的解释器，目的是提高执行效率。PyPy 采用 JIT 技术，对 Python 代码进行动态编译（而不是解释），所以可以显著提高 Python 代码的执行速度。

1.1.4 安装 Python

读者可到 Python 官网 http://www. python. org 下载 Python 2. x 版本，下载时要注意根据

自己所使用的 Windows 操作系统是 32 位或 64 位选择正确版本。

安装时采用默认安装即可，默认情况下安装路径是 C:\python27，当然也可以指定路径安装。

1.2 Python 开发环境

1.2.1 启动 IDLE

安装 Python 后，在 Windows "开始" 命令行中输入 "Python" 即可启动 IDLE，出现 Python shell 窗口，即交互式解释执行 Python 程序的环境，其中 ">>>" 为提示符，如图 1-1 所示。

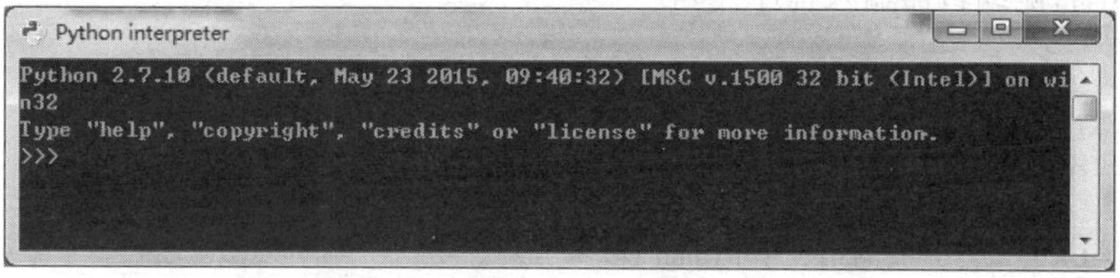

```
Python interpreter
Python 2.7.10 (default, May 23 2015, 09:40:32) [MSC v.1500 32 bit (Intel)] on wi
n32
Type "help", "copyright", "credits" or "license" for more information.
>>>
```

图 1-1 Python shell 窗口（Python 命令解释器）

在提示符 ">>>" 下输入 Python 语句，按〈Enter〉键，系统就会立即执行，如：

```
>>> 2+3
5
>>> print"hello,guys"
hello,guys
>>> import math
>>> math. cos(0. 00000001)
1. 0
```

如图 1-2 所示。

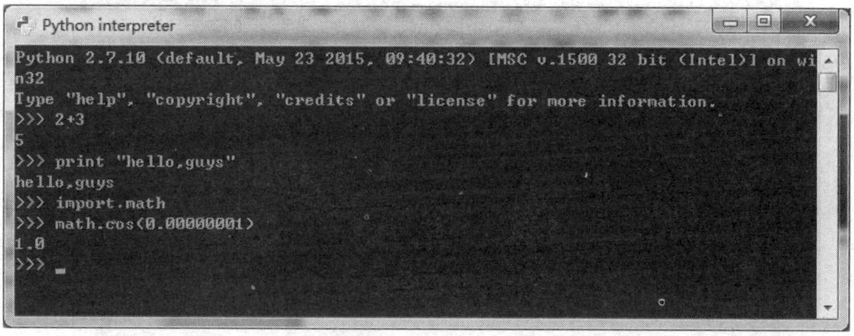

```
Python interpreter
Python 2.7.10 (default, May 23 2015, 09:40:32) [MSC v.1500 32 bit (Intel)] on wi
n32
Type "help", "copyright", "credits" or "license" for more information.
>>> 2+3
5
>>> print "hello,guys"
hello,guys
>>> import math
>>> math.cos(0.00000001)
1.0
>>>
```

图 1-2 在 Python shell 环境执行语句

1.2.2 Python 代码编辑器

1. 创建新项目

在 "File" 菜单中选择 "New Project…" 创建新项目，如图 1-3 所示。

给新项目取名为“myPythonTest”，保存在D盘根目录下，如图1-4所示。

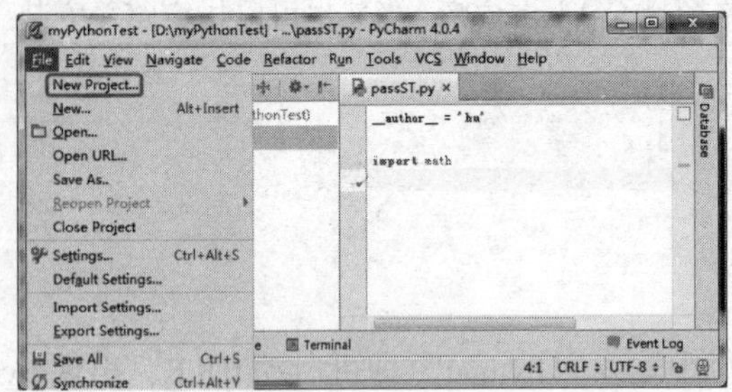

图1-3　创建项目界面

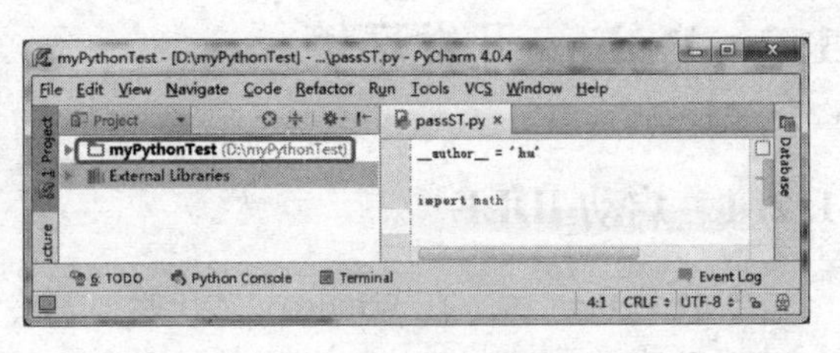

图1-4　myPythonTest项目创建完成

在图1-4右侧编辑器输入程序代码。

1.2.3　第一个小程序

下面看一个小程序，求1到100之和。代码如下：

```
sum=0        #这是我的第一个 Python 程序
for i in range(100):
    sum=sum+(i+1)
print("1+2+3+...+100=%d "%sum)
```

在右边编辑器中输入上述代码后，与所有的编辑器一样可以保存、另存到指定的目录下。选择菜单“Run”命令可以看到运行结果：

```
C:\Python27\python.exe D:/myPythonTest/passST.py
1+2+3+...+100=5050

Process finished with exit code 0
```

如图1-5所示。

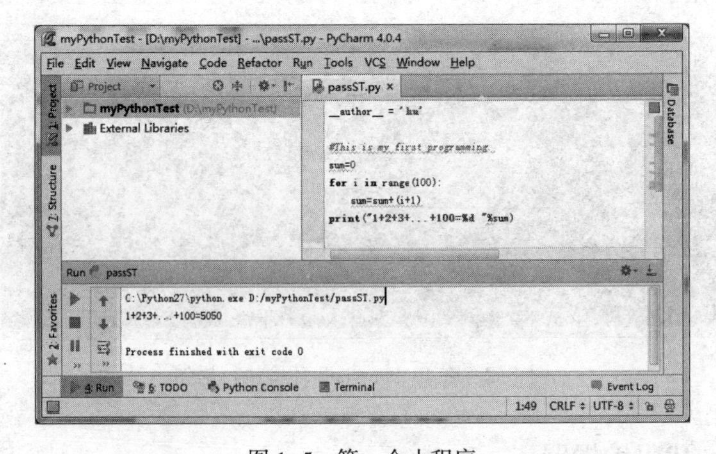

图1-5　第一个小程序

Python就是这么简单。

习题 1

1. 请到官网下载、安装 Python 软件。

2. 熟悉 Python 界面，掌握 Python 编辑、运行菜单和命令，并输入、编辑下列代码，运行程序并解读结果。

```
#! /usr/bin/python
#-*-coding:utf-8 -*

import platform
#Display hardware info and software info
def checkPlatformInfo():
    usename=platform.uname()
    print "usename= ",usename
    arch=platform.architecture()
    print "arch= ",arch
    machine=platform.machine()
    print "machine= ",machine
    node=platform.node()
    print "node= ",node
    platformInfo=platform.platform()
    print "platforInfor= ",platformInfo
    processor=platform.processor()
    print "processor= ",processor
    system=platform.system()
    print "system= ",system
    version=platform.version()
    print "version= ",version
    print "python_build= ",platform.python_build()
    print "python_compiler=",platform.python_compiler()
    print "python_version=",platform.python_version()

if __name__=="__main__":
    checkPlatformInfo();
```

第2章　数据类型

与其他编程语言相比，Python 的数据类型非常丰富，如数值和序列。序列是一块用来存储多个值的连续内存空间，类似于其他高级语言中的一维、二维数组等，与其他语言不同的是 Python 语言中的序列类型运用灵活、功能强大、效率较高，它分为列表、元组、字典和集合。本章详细讲解数值类型、变量的命名规则、运算符与表达式和字符串及方法，在此基础上通过案例介绍了序列的用法，如序列的创建、操作和删除等，以及实际应用广泛的内置函数、列表推导式、切片操作、生成器推导式、序列解包等基本知识。

2.1　数值

Python 具有强大的数值计算能力，在交互式 IDLE 模式下，可以像使用计算器一样进行加、减、乘、除和函数运算，比如：

```
>>> 65+90
155
>>> 4/3 * 3.14159 * 6371 ** 2                #注意,4/3 这里结果为 1
127516010.26919
>>> 4.0/3.0 * 3.14159 * 6371 ** 2            #注意,结果与上面不同
170021347.02558663
>>> import math                              #导入 math 模块
>>> math.sin(3.14159/2)                      #调用 math 模块中 sin 函数
0.9999999999991198
```

而且 Python 数值的表示范围远远超过其他语言（如 C、C#等）。例如：

```
>>> 88888888888888888888888888888888888888888888888888 ** 2          #大数计算
79012345679012345679012345679012345679012345663209876543209876543209876543 20
9876543209876543209876544L
```

2.1.1　数值类型

Python 数值类型主要有整数、浮点数和复数。

1. 整数型

整数型主要如下：

（1）十进制整数，如 0、-1、9、123。

（2）二进制整数以 0b 开头，如 0b1111111、0b10101010。

（3）八进制整数以 0o 或 0 开头，如 0o777、0o76543210。

（4）十六进制整数以 0x 开头，如 0x10、0xFFFF。

2. 浮点型

浮点型也称小数，如 3.14159、.618、1.0、5e2、0.2e-5。

3. 复数型

Python 中的复数与数学中的复数形式完全一致，由实部和虚部构成的，并且使用 j 和 J

来表示虚部。复数可以直接进行加、减、乘、除、共轭等运算。如：

```
>>> (3+4j) * (5-6j)                #两个复数相乘
39+2j
>>> (3+4j).conjugate()             #取复数共轭
(3-4j)
>>> (3+4j).real                    #取复数实部
3.0
>>> (3+4j).imag                    #取复数复部
4.0
```

2.1.2 变量

Python 与其他语言不同，事先不需要声明变量名及其类型，直接赋值即可创建各种类型的变量，例如：

```
>>> a=3                            #创建整数变量 a,并赋值 3
>>> b=3.14                         #创建实数变量 b,并赋值 3.14
>>> c='a'                          #创建字符变量 c,并赋值'a'
>>> d='雄安新区 2017-04-01'          #创建字符串变量 d,并赋值'雄安新区 2017-04-01'
>>> e=3+14j                        #创建复数变量 e,并赋值 3+14j
```

Python 解释器根据赋值或运算来自动推断变量类型。例 2-1 显示上述定义变量的类型。

例 2-1 利用 type 函数演示变量所属的类。

```
>>> type(a)
int                    #整数类
>>> type(b)
float                  #实数类
>>> type(c)
str                    #字符串类
>>> type(d)
str                    #字符串类
>>> type(e)
complex                #复数类
```

例 2-2 为判断数值类型的方法。

例 2-2 利用内置函数 isinstance() 判断对象是否为特定数据类型。

```
>>> isinstance(3.14,int)              #判断对象是否是 int 类型
False
>>> isinstance(3.14,float)            #判断对象是否是 float 类型
True
>>> isinstance('雄安',str)             #判断对象是否是 str 类型
True
```

提示：Python 不存在字符型与字符串型之分，统一视为字符串型，这点与其他程序设计语言不同，Python 初学者一定要注意。

与其他语言不同，比如在 C 语言中，通过语句“int a;”定义整数变量 a 后，系统为 a 在内存中分配地址，该地址不会随着赋值改变，即通过“a=1”和“a=2”可以改变变量 a 的值，但不改变变量 a 在内存中的地址。Python 则截然不同，采用的是基于值的内存管理方

式。如定义 a=3 后，系统为 3 分配了内存地址，变量 a 指向该地址，如果再定义 b=3，那么变量 b 的地址也是指向 3 的地址，变量 a 与变量 b 指向同一地址，如图 2-1 所示。例 2-3 通过内置函数 id()演示变量所指值的内存地址（也为变量地址）。

例 2-3 利用 id()函数显示变量所指值的内存地址。

```
>>> a=3                      #创建变量 a,并赋值 3
>>> id(a)                    #返回 a 指向内存地址 42427768L
42427768L
>>> b=3                      #创建变量 b,并赋值 3
>>> id(b)                    #返回 b 指向内存地址 42427768L
42427768L
>>> c=a                      #创建变量 c,并赋值 3
>>> id(c)                    #返回 c 指向内存地址 42427768L
42427768L
```

从例 2-3 可以看出，只要 3 个变量 a、b 和 c 的值一样，其指向内存地址也是一样的。

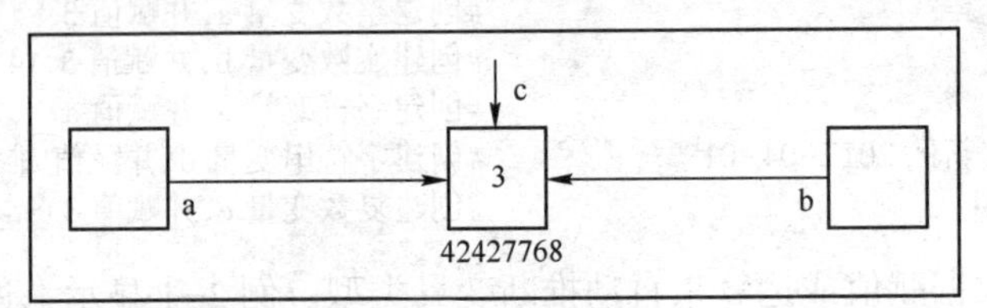

图 2-1 Python 内存管理模式

Python 具有自动内存管理功能，会跟踪所有的值，并自动删除不再有变量指向的值，因此，Python 程序员一般情况下不需要太多考虑内存管理的问题。尽管如此，使用 del 命令删除不需要的值或关闭不需要访问的资源，仍是一个好的习惯。

例 2-4 删除对象。

```
>>> a='Shanghai Disney'
>>> print(a)
Shanghai Disney
>>> del a                          #删除对象 a
>>> print(a)
NameError: name 'a' is not defined
```

表明字符串变量 a 已经删除。

2.1.3 标识符和关键字

1. 标识符

变量命名应符合标识符命名规则，即由字母、数字和下画线“_”组成，第一个字符不能是数字。比如_schoolName、deptOfComputer、rateOf2017、numerOfStudent 等是合法的，但 3a 是不合法的。

```
>>> 3a="雄安"                       #第一个字符不能是数字
  SyntaxError: invalid syntax
```

显示错误信息。

变量名中不能有空格以及标点符号（括号、引号、逗号、斜线、反斜线、冒号、句号、问号等）。

```
>>> frm( )Name='Xiao Jia'             #特殊符号不能组成变量名
SyntaxError: invalid syntax
>>> lambda=3
  SyntaxError: invalid syntax         #lambda 为关键字
```

Python 中的标识符不限长度，区分大小写，也可以用汉字，但不建议使用。除变量名外，函数名、类名、模块名和其他对象名称均应符合标识符命名规则，同时标识符不能使用 Python 保留的关键字。

2. 关键字

查看关键字有以下两种方法：

```
>>> help( )
help> keywords          #帮助功能
```

或者

```
>>> import keyword          #导入关键字模块
>>> print( keyword. kwlist)
```

关键字如下：

```
and          elif         if           print
as           else         import       raise
assert       except       in           return
break        exec         is           try
class        finally      lambda       while
continue     for          not          with
def          from         or           yield
del          global       pass
```

如果进一步查看某关键字的含义，只需要输入关键字，如查看 and。

```
help> and               #and 为布尔运算符
Boolean operations……
help> quit              #退出 Help 模式
```

3. 预定义标识符

Python 许多预定义的内置类、异常、函数等，如 float、input、list、dict 等，用户应避免使用它们来为变量、函数、类、对象等命名。通过 dir(__builtins__) 可以查看所有的内置异常名和函数名。

```
>>>   dir( __builtins__)          #查询
'BaseException','Exception','False','IndexError',……,'abs','all','any','bool','buffer','bytes','callable','
chr','classmethod','cmp','copyright','credits','delattr','dict','dir',….  'xrange','zip'
```

2.1.4 运算符与表达式

Python 运算符包括算术运算符、关系运算符、逻辑运算符和位运算符，其优先级与大多数语言一样。另外，Python 还有一些特有的运算符，如成员测试运算符、集合运算符、同一性测试运算符等。运算符分类如下。

（1）算术运算符：+、-、*、/、//、%、**。

（2）关系运算符：<、<=、>、>=、= =、!=。

（3）逻辑运算符：and、or、not。

（4）成员测试运算符：in、not in。

（5）同一性测试运算符：is、is not。

（6）位运算符：&、|、^、<<、>>、~。

（7）集合运算符：&、|、^。

（8）矩阵运算符：@。

（9）赋值运算符：=、+=、-=、*=、/=、%=、**=。

其具体含义如表 2-1 所示。

表 2-1　Python 运算符功能

<table>
<tr><th>运算符分类</th><th>运算符表达式</th><th>功 能 说 明</th></tr>
<tr><td rowspan="7">算术运算符</td><td>a+b</td><td>加法，或列表、元组、字符串合并</td></tr>
<tr><td>a-b</td><td>减法，或集合差集</td></tr>
<tr><td>a * b</td><td>乘法，或序列重复、字符串重复</td></tr>
<tr><td>a/b</td><td>除法</td></tr>
<tr><td>a//b</td><td>两数商取整</td></tr>
<tr><td>a%b</td><td>求余数，或字符串格式化</td></tr>
<tr><td>a ** b</td><td>求幂</td></tr>
<tr><td rowspan="2">关系运算符</td><td>a= =b、a!=b</td><td>判断是否相等</td></tr>
<tr><td>a<b、a<=b
a>b、a>=b</td><td>大小比较，或集合包含关系比较</td></tr>
<tr><td rowspan="3">逻辑运算符</td><td>a and b</td><td>逻辑与</td></tr>
<tr><td>a or b</td><td>逻辑或</td></tr>
<tr><td>not a</td><td>逻辑非</td></tr>
<tr><td>成员测试运算符</td><td>a in b、a not in b</td><td>成员测试</td></tr>
<tr><td>同一性测试运算符</td><td>a is b、a is not b</td><td>对象实体同一性测试（地址）</td></tr>
<tr><td rowspan="6">位运算符</td><td>&</td><td>按位与</td></tr>
<tr><td>|</td><td>按位或</td></tr>
<tr><td>^</td><td>按位异或</td></tr>
<tr><td><<</td><td>左移位</td></tr>
<tr><td>>></td><td>右移位</td></tr>
<tr><td>~</td><td>按位非</td></tr>
<tr><td rowspan="3">集合运算符</td><td>&</td><td>集合交集</td></tr>
<tr><td>|</td><td>集合并集</td></tr>
<tr><td>^</td><td>集合对称差集</td></tr>
<tr><td>矩阵运算符</td><td>@</td><td>矩阵乘法</td></tr>
<tr><td rowspan="7">赋值运算符</td><td>=</td><td>赋值运算</td></tr>
<tr><td>+=</td><td>自加运算</td></tr>
<tr><td>-=</td><td>自减运算</td></tr>
<tr><td>*=</td><td>自乘运算</td></tr>
<tr><td>/=</td><td>自除运算</td></tr>
<tr><td>%=</td><td>自求余运算</td></tr>
<tr><td>**=</td><td>自求幂运算</td></tr>
</table>

提示：① 与其他语言不同，除法运算符“/”、求余运算符“%”可对实数进行操作。如：

```
>>> 3.1415926/2.0                #被除数为实数
1.5707963
>>> 3.1415926%2.0                #实数求余
1.1415926
```

② 乘法运算符“*”和除法运算符“/”可用于复数相乘、相除。如：

```
>>> (3+4j)*(3-4j)                #复数乘
25+0j
>>> (3+4j)/(3-4j)                #复数除
-0.28+0.96j
```

③“/”与“//”的关系：a/b=a//b*b+a%b，即“//”是两个数相除的商取整部分，相当于$\lfloor x \rfloor$函数。如：

```
>>> 2017.0/5
403.4
>>> 2017.0//5                    #相除取整
403.0
>>> -7.0/3
-2.3333333333333335
>>> -7.0//3                      #相除取整
-3.0
```

④ Python 很多运算符作用于不同类型操作数时表现出不同的含义，非常实用、灵活。例如：

```
>>> 3+4                    #两数相加
7
>>> "Chinese "+"Taiwan"    #连接两个字符串
'Chinese Taiwan'
>>> [1,2,3]+[4,5,6]        #合并两个列表
[1,2,3,4,5,6]
```

2.1.5 字符串

在 Python 中，字符串和数值是最为常见的数据类型，如姓名、学号、电话号码、身份证号码、家庭住址等都是典型的字符串。一般使用单引号、双引号或三单引号、三双引号进行界定，且单引号、双引号、三引号还可以互相嵌套，用来表示复杂字符串。如

'stiei'、"stiei "、'''stiei'''、'''"I love STIEI." Xiaojia said'''

注意，当字符串使用双引号界定时，单引号可以出现在字符串中，但双引号不可以。如

```
>>> a="'台湾'是中国的一个省"
>>> print(a)
'台湾'是中国的一个省
>>> a=""钓鱼岛"自古是中国领土"
  SyntaxError: invalid syntax
```

同样，由单引号定义的字符串可以包含双引号，但不能直接使用单引号。空字符串表示为''、""、""""，即一对不包含任何内容的任意字符串界定符。

特别地，三单引号或三双引号表示的字符串支持换行，支持排版格式较为复杂的字符串，也可以在程序中表示较长的注释。

字符串支持使用“+”运算符进行合并以生成新字符串。

```
>>> a='中国'+"雄安"
>>> a
'中国雄安'
```

可以对字符串进行格式化，把其他类型对象按格式要求转换为字符串，并返回结果字符串，例如

```
>>> a=3.14159                #a为数值
>>> b='%8.2f'%a              #b为字符串,宽度为8,小数点后2位
>>> b
'    3.14'
>>> "%d:%c"%(97,97)          #按格式要求显示
'97:a'
```

Python 支持转义字符，常用的转义字符如表 2-2 所示。

表 2-2　转义字符

转义字符	含　义	转义字符	含　义
\n	换行符	\"	双引号
\t	制表符	\\	一个\
\r	回车	\ddd	3位八进制数对应的字符
\'	单引号	\xhh	2位十六进制数对应的字符

提示：① 字符串索引是从“0”开始的，例如“Xiong'an”第一字母“X”的索引值是0，第二个字母“i”的索引值为1，依此类推。也可以从字符串最后一个字母“n”开始记数，其索引值是-1，倒数第二个字母“a”索引值是-2，……。例如：

```
>>> a="Xiong'an"
>>> a[0]                 #第一个字符
'X'
>>> a[-1]                #第后一个字符
'n'
```

② 字符串界定符前面加字母 r 或 R 表示原始字符串，其中的特殊字符不进行转义，但字符串的最后一个字符不能是\符号。原始字符串主要用于正则表达式，也可以用来简化文件路径或 URL 的输入，具体内容请参考第 4 章。

2.2　列表

列表（list）是 Python 对象的一个可变的有序序列。其中列表中元素可以是任何类型，并不要求类型必须一致。列表的创建可以使用中括号“[”和“]”将所有元素括起来，并

且每个元素之间用逗号分隔。例如：

```
>>> primeOfMersenne=[3,7,31,127,8191,524287]
>>> messageOfCollege=['STIEI',8000,['Computer','Communication','Electronics']]
```

都是合法的列表对象。

与字符串中的字符类似，列表中的元素也是从前往后使用由 0 开始的正向索引进行索引，而且从后往前使用由-1 开始的逆向索引进行索引。索引 i 对应元素的值记为：列表名[i]。例如 primeOfMersenne[2]=31，messageOfCollege[-2]=8000。

Python 序列有很多方法是通用的，而不同类型的序列又有一些特有的方法和内置函数。列表对象常用方法和内置函数如表 2-3 所示。

表 2-3　列表对象方法和函数

函数或方法	说　明
len	求列表中元素的个数
max	求列表中元素最大值（元素必须是相同类型）
min	求列表中元素最小值（元素必须是相同类型）
sum	求列表中元素之和（元素必须是数字）
count	求一个对象出现的次数
index	求一个对象首次出现的索引位置
reverse	求列表中所有元素的逆序
clear	清空列表[ ]
append	在列表末端插入对象
extend	在列表末端插入新列表中的所有元素
insert	在给定索引位置上插入新元素
remove	移除一个对象的首次出现
pop	删除并返回列表指定位置的元素，默认为最后一个元素
del	移除给定索引位置上的元素
sort	对列表元素排序
copy	返回列表对象的浅复制，该方法在 Python 2. x 中没有
cmp	比较两个列表的函数
zip	将多个列表或元组对应位置的元素组合为元组的函数
enumerate	枚举列表、元组或其他可迭代对象元素的函数
+	连接，等同于 extend
*	列表重复

提示：在执行了 del()函数或 remove 方法后，列表中被删除元素后的其他元素会依次向左移动一个位置。在执行了 insert 方法后，列表中大于或等于给定索引位置元素的其他元素会依次向右移动一个位置。

2.2.1　列表的创建与删除

列表的创建可以使用赋值运算符“=”：

```
>>> primeOfMersenne=[3,7,31,127,8191,524287]
>>> messageOfCollege=['STIEI',8000,['Computer','Communication','Electronics']]  #列表嵌套
>>> emptyList=[ ]                                    #创建空列表
```

也可以使用 list( )函数将元组、range 对象、字符串或其他类型的可迭代对象类型的数据转换来创建：

```
>>> binomialList=list((1,6,15,20,15,6,1))              #元组类型在 2.3 节讲解
>>> binomialList
[1,6,15,20,15,6,1]
>> rangeList=(range(1,10,2))                           #range 对象
>>> rangeList
[1,3,5,7,9]
>>> strList=('中业岛是中国领土')
>>> print(strList)
中业岛是中国领土
>>> emptyList=list( )
```

提示：range( )函数是非常有用的函数，使用频率高，其语法为

```
range([start,]stop[,step])
```

[ ]为可选项。第一个参数表示起始值（默认为 0），第二个参数表示终止值（结果中不包括这个值），第三个参数表示步长（默认为 1）。Python 2. x 还提供了一个内置函数 xrange( )，语法与 range( )函数一样，但返回 xrange 可迭代对象。

```
>>> range(8)
[0,1,2,3,4,5,6,7]
>>> xrange(8)          #xrange 对象
xrange(8)
>>> list(xrange(8))
[0,1,2,3,4,5,6,7]
```

使用 Python 2. x 处理大数据或较大循环时，建议使用 xrange( )函数来控制循环次数或处理范围，以获得更高效率。

列表推导式也是一种常用的快速生成符合特定要求列表的方式，请参考 2. 2. 9 节的内容，当不再使用时，使用 del 命令删除整个列表。

```
>>> del strList          #删除对象
>>> strList
NameError: name 'strList' is not defined
```

2. 2. 2　列表元素的增加

从表 2-3 可以看到列表元素的增加有“+”运算、append( )方法、extend( )方法、insert( )方法和“＊”运算等。

（1）“+”运算特点是简单、容易理解。严格来说，不是真的为列表添加元素，而是创建一个新的列表，并将原列表中的元素和新元素依次复制到新列表的内存空间。因而，在涉及大量元素操作时，速度较慢。

```
>>> resortList=['长江','长城']
>>> resortList+=['黄山','黄河']          #注意+=运算,字符串连接
>>> print(resortList)
['长江','长城','黄山','黄河']
```

（2）append()方法原地修改表，是真正意义上的在列表尾部添加元素，速度较快。

```
>>> cityList=['Beijing','Shanghai','Tianjin']
>>> cityList.append('Chongqing')          #字符串追加
>>> cityList
['Beijing','Shanghai','Tianjin','Chongqing']
```

（3）extend()方法将另一个迭代对象的所有元素添加到该列表尾部。extend()方法不改变内存首地址，属于原地址操作。

```
>>> cityList=['Beijing','Shanghai']
>>> id(cityList)                                    #id 求地址
49649800L
>>> cityList.extend(['Guangzhou','Shenzheng'])      #追加
>>> cityList
['Beijing','Shanghai','Guangzhou','Shenzheng']
>>> id(cityList)                                    #首地址不变
49649800L
```

（4）insert(m,n)方法将元素 n 插入到列表指定 m 位置。

```
>>> a=[2,5,7,11,13,17,19]
>>> a.insert(1,3)          #插入元素
>>> a
[2,3,5,7,11,13,17,19]
```

提示：insert()方法涉及插入位置之后所有元素的移动，会影响处理速度，第 3 章习题说明了 append 方法比 insert 方法快 20 多倍。类似还有后面介绍的 remove()方法以及使用 pop()函数弹出列表非尾部元素和使用 del 删除列表非尾部元素的情况。除非必要，应优先考虑使用 append()方法和第 2.2.3 节介绍的 pop()方法。

（5）“*”运算将列表与整数相乘，生成一个新列表，新列表是原列表中元素的重复。

```
>>> starList=['*','*']
>>> starList
['*','*']
>>> id(starList)
49648136L
>>> starList=starList*3             #字符串重复 3 次
>>> starList
['*','*','*','*','*','*']
>>> id(starList)                    #不同字符串首地址不同
49649352L
```

2.2.3 列表元素的删除

列表元素删除有 del 命令、pop()方法和 remove()方法 3 种。

（1）del 命令。使用 del 命令删除列表中指定位置上的元素或列表。

```
>>> twinPrimeList=[(3,5),(5,7),(11,13),(17,19),(29,31),(59,61),(71,73),(101,103)]
>>> del twinPrimeList[-1]            #删除最后一个元素或列表、元组等
>>> twinPrimeList
[(3,5),(5,7),(11,13),(17,19),(29,31),(59,61),(71,73)]
>>> del twinPrimeList                #删除对象
>>> twinPrimeList
NameError: name 'twinPrimeList' is not defined
```

（2）pop()方法。使用 pop() 方法删除并返回指定（默认为最后一个）位置上的元素，如果给定的索引超出了列表的范围，则抛出异常。

```
>>> twinPrimeList=[(3,5),(5,7),(11,13),(17,19),(29,31),(59,61),(71,73),(101,103)]
>>> twinPrimeList.pop()              #删除最后 1 个元素
(101,103)
>>> twinPrimeList
[(3,5),(5,7),(11,13),(17,19),(29,31),(59,61),(71,73)]
>>> twinPrimeList.pop(0)             #删除第 1 个元素
(3,5)
>>> twinPrimeList.pop(10)            #删除第 11 个元素
IndexError: pop index out of range
```

（3）remove()方法。使用 remove()方法删除首次出现的指定元素，如果列表中不存在要删除的元素，则抛出异常。

```
>>> twinPrimeList=[(3,5),(5,7),(11,13),(17,19),(29,31),(59,61),(71,73),(101,103)]
>>> twinPrimeList.remove((101,103))        #删除指定元素
>>> twinPrimeList
[(3,5),(5,7),(11,13),(17,19),(29,31),(59,61),(71,73)]
>>> twinPrimeList=[(3,5),(5,7),(11,13),(17,19),(29,31),(59,61),(71,73),(101,103)]
>>> twinPrimeList.remove((107,109))        #删除不存在元素
ValueError: list.remove(x): x not in list
```

2.2.4　列表元素访问与计数

列表元素可以通过下标直接访问或修改。如果下标不存在或超出下标范围，则抛出异常。

```
>>> twinPrimeList=[(3,5),(5,7),(11,13),(17,19),(29,31),(59,61),(71,73),(101,103)]
>>> twinPrimeList[4]                       #访问第 5 个元素
(29,31)
>>> twinPrimeList[8]=(107,109)             #给第 9 个元素赋值
IndexError: list assignment index out of rang
>>> twinPrimeList[7]=(107,109)
>>> twinPrimeList
[(3,5),(5,7),(11,13),(17,19),(29,31),(59,61),(71,73),(107,109)]
```

与列表对象有关的还有两个重要方法：index()方法和 count()方法，下面逐一说明。

1. index()方法

列表对象的 index()方法可以获取指定元素首次出现的下标，其语法为

```
index(value,[start,[stop]])
```

其中 start 和 stop 用来指定搜索范围，start 默认值为 0，stop 默认值为列表长度。若列表对象不存在指定元素，则抛出异常，例如：

```
>>> simpList=[1,2,1,2,1,2,1,1,1,1,1,1]
>>> simpList.index(2)                       #获取元素 2 的下标
1
>>> simpList.index(2,4,len(simpList))       #从第 5 个元素开始到结束获取元素 2 的下标
5
>>> simpList.index(3)                       #获取元素 3 的下标
ValueError: 3 is not in list
```

2. count()方法

count()方法用于统计列表对象中指定元素出现的次数。与 index()不同，如果指定元素不在列表中，则显示统计结果为 0。例如：

```
>>> simpList=[1,2,1,2,1,2,1,1,1,1,1,1]
>>> simpList.count(1)          #统计元素 1 的个数
9
>>> simpList.count(3)          #统计元素 3 的个数
0
```

提示：count()方法也可以用于元组、字符串以及 range 对象。例如：

```
>>> range(10).count(3)
1
>>> 'Shanghai Disney'.count('a')
2
>>> ('S','h','a','n','g','h','a','i',' ','D','i','s','n','e','y').count('s')
1
```

2.2.5 成员资格判断

除了 count()方法可以判断列表中是否存在指定的元素外，还可以使用更加简洁的 in 和 not in 关键字来判断一个元素是否存在于列表中，返回结果为 True 或 False。

```
>>> deficientList=[1,2,3,4,5,7,8,9,10,11,13,14,15,16,17,19,21]     #亏数
>>> 18 in deficientList              #18 在列表中吗
False
>>> twinPrimeList=[(3,5),(5,7),(11,13),(17,19),(29,31),(59,61),(71,73),(101,103)]
>>> 3 in twinPrimeList               #3 在列表中吗
False
>>> (17,19) in twinPrimeList         #(17,19)在列表中吗
True
>>> abundantList=[12,18,20,24,30,36,40,42,48,54,56,60,66,70,72,78,80,84,88,90,96,100]  #盈数
>>> 65 not in abundantList           #65 不在列表中吗
True
```

关键字 in 和 not in 常用于循环语句中，对序列对象中的元素进行遍历。使用这种方法来遍历序列，可以减少代码的输入量，提高代码的可读性。

提示：关键字 in 和 not in 也可用于其他可迭代对象，包括元组、字符串、字典、range 对象和集合等。例如：

```
>>> abundantList=(12,18,20,24,30,36,40,42,48,54,56,60,66,70,72,78,80,84,88,90,96,100)
>>> 78 in abundantList
True
>>> 'hai' in "Shanghai Disney"
True
```

请读者仿照举例关键字 in 和 not in 在字典、range 对象和集合中应用。

2.2.6 切片操作

切片是由冒号语法表示的子列：list[m:n:t]，第一个数字表示切片开始位置（默认为 0），第二个数字表示切片截止（但不包含）位置（默认为列表长度），第三个数字表示切片的步长（默认为 1），当步长省略时最后一个冒号可以省略。如表 2-4 所示。

表 2-4 切片语法的含义

切片语法	含义
List[m:n]	得到一个 list，包含 list 中从索引 m 到 n-1 的所有元素
List[:]或 list[::]	得到一个与 list 一样的新列表
List[m:]	得到一个 list，包含从 list[m]到列表末尾的所有元素
List[:m]	得到一个 list，包含从列表开始到索引 m-1 的所有元素

例 2-5 切片示例。

```
>>> spList=['a','b','c','d','e','f','g','h','i','j','k']
>>> spList[::]                    #所有元素
['a','b','c','d','e','f','g','h','i','j','k']
>>> spList[:]                     #所有元素
['a','b','c','d','e','f','g','h','i','j','k']
>>> spList[4:9]                   #从第 5 个到第 9 个元素
['e','f','g','h','i']
>>> spList[:4]                    #从开始到第 4 个元素
['a','b','c','d']
>>> spList[::3]                   #从开始每隔 3 个抽 1 个
['a','d','g','j']
>>> spList[::-1]                  #从结尾到首个元素
['k','j','i','h','g','f','e','d','c','b','a']
>>> spList=['a','b','c','d','e','f','g','h','i','j','k']
>>> spList[4:len(spList)]         #从第 5 个到结束元素
['e','f','g','h','i','j','k']
>>> (spList[4:len(spList)])[3]
'h'
```

提示：① 与使用下标访问列表元素的方法不同，切片操作不会因为下标越界而抛出异常，而是简单地在列表尾部截断或返回一个空列表。例如：

```
>>> spList[11::]
[]
```

② del( )函数可用于从列表中移除一个切片。

```
>>> del spList[3:8]          #删除第 4 个到第 8 个元素
>>> spList
['a','b','c','i','j','k']
```

③ 切片操作同样适用于元组、字符串、range 对象和字典等类型。

使用切片操作可以快速实现很多功能，如原地修改列表内容，列表元素的增加、删除、修改、查询以及元素替换等操作都可以通过切片来实现，并不影响列表对象内存地址。例如：

```
>>> spList=['a','b','c','d','e','f','g','h','i','j','k']
>>> spList[len(spList):]
[]
>>> spList[len(spList):]=['l','m','n']                           #增加元素
>>> spList
['a','b','c','d','e','f','g','h','i','j','k','l','m','n']         #添加成功
>>> spList[:4]=[1,2,3,4]                                         #修改元素
>>> spList
[1,2,3,4,'e','f','g','h','i','j','k','l','m','n']                 #修改成功
>>> spList[4:]=[]                                                #删除第 4 个元素以后所有元素
>>> spList
[1,2,3,4]                                                        #删除成功
>>> spList[0]=['a']                                              #修改、替换第 1 个元素
>>> spList
[['a'],2,3,4]                                                    #修改成功
```

切片返回的是列表元素的浅复制，与列表对象的直接赋值不一样。例如：

```
#列表赋值演示
>>> perfectList=[6,28,496,8128,33550336]
>>> sameList=perfectList                        #列表对象直接赋值,sameList 与 perfectList
                                                #指向同一块内存
>>> sameList
[6,28,496,8128,33550336]
>>> sameList==perfectList                       #比较是否相同
True
>>> sameList[0]=100                             #sameList 变化后,查看 perfectList 是否变化
>>> sameList
[100,28,496,8128,33550336]
>>> perfectList
[100,28,496,8128,33550336]
>>> sameList is perfectList                     #is 逻辑判断
True
>>> id(perfectList)==id(sameList)               #判断首地址是否相同
True
#列表切片浅复制演示
>>> perfectList=[6,28,496,8128,33550336]        #完美数
>>> sameList=perfectList[::]                    #浅复制
>>> sameList==perfectList
True
>>> sameList is perfectList
False
```

```
>>> id(sameList)==id(perfectList)            #指向内存地址不同
False
>>> sameList[0]=100                          #修改 sameList 列表第 1 个元素值
>>> sameList
[100,28,496,8128,33550336]
>>> perfectList                              #perfectList 列表没有改变
[6,28,496,8128,33550336]
```

2.2.7 列表排序

排序运算在实际应用中占有重要地拉，与列表排序有关的方法有 sort()方法和 reverse()方法，同时排序分为升序（默认情况）和降序（reverse=True）两种。例如：

```
>>> spLlist=['a','b','c','d','e','f','g','h','i','j','k']
>>> import random
>>> random.shuffle(spList)                   #打乱顺序
>>> spList
['j','d','g','b','f','c','a','e','i','h','k']
>>> spLlist.sort()                           #默认升序
>>> spList
['a','b','c','d','e','f','g','h','i','j','k']
>>> spLlist.sort(reverse=True)               #降序排序
>>> spList
['k','j','i','h','g','f','e','d','c','b','a']
>>> spLlist.sort(key=lambda x:len(str(x)))   #自定义排序
```

在某些应用中可能需要将列表元素进行逆序排列，也就是所有元素位置反转，第 1 个与最后一个元素交换位置，第 2 个元素与倒数第 2 个元素交换位置，以此类推，可以使用 reverse()方法来实现。例如：

```
>>> import random
>>> randomList=[random.randint(0,50) for i in range(10)]     #生成 10 个随机数
>>> randomList
[11,8,18,20,12,43,45,19,22,48]
>>> randomList.reverse()                                      #逆排列
>>> randomList
[48,22,19,45,43,12,20,18,8,11]
```

提示：① 内置函数 sorted()也可对列表进行排序，与 sort()方法不同，前者返回新列表，并不对原列表进行任何修改。例如：

```
>>> import random
>>> randomList=[random.randint(0,50) for i in range(10)]
>>> randomList
[28,43,34,39,44,49,19,40,10,19]
>>> sorted(randomList)            #排序
[10,19,19,28,34,39,40,43,44,49]
>>> sorted(randomList,reverse=True)
[49,44,43,40,39,34,28,19,19,10]
>>> randomList                    #列表 randomList 元素排序没有改变
[28,43,34,39,44,49,19,40,10,19]
```

② 同样地，reverse( )函数支持对列表元素进行逆序进列，但不对原列表做任何修改，而是返回一个逆序排列后的迭代对象。例如：

```
>>> randomList
[28,43,34,39,44,49,19,40,10,19]
>>> revList=reversed(randomList)          #逆序
>>> revList
<listreverseiterator object at 0x00000000030A0E80>
>>> for n in revList:
...     print ("%d\t"%n)
...
19104019494439344328
```

如果想再输出一次，重新执行 for 循环语句：

```
>>> for n in revList:
...     print ("%d\t"%n)
...
```

提示：请读者思考，为什么第 2 次 for 循环没有输出任何内容？如何解决？

2.2.8 列表内置函数

1. 比较函数 cmp（list1，list2）

比较两个列表，若 list1>list2，返回值 1；若 list1==list2，返回值 0；否则返回值-1。类似于==、>、<等关系运算符，但与 is、is not 不一样。例如：

```
>>> cmp('a','A')                          #比效'a'与'A'的 ASCII 值大小
1
>>> 'a'>'A'
True
>>> cmp('XiongAn','HeBei')                #比效两个字符串大小
1
>>> cmp((1,2,3),(1,2,4))                  #比效两个元组大小
-1
>>> cmp((4,5),(1,2,3))                    #比效两个元组大小
1
>>> [1,2,3]<[1,2,4]                       #比效两个列表大小
True
>>> cmp([1,2,3],[1,2,4])                  #比效两个列表大小
-1
>>> (1,2)<(1,2,-1)                        #比效两个元组大小
True
>>> cmp((1,2),(1,2,-1))                   #比效两个元组大小
-1
>>> (1,2,3)==(1.0,2.0,3.0)                #比效两个元组是否相等
True
>>> cmp((1,2,3),(1.0,2.0,3.0))            #比效两个元组大小
0
```

提示：在 Python 3.x 中，不再支持 cmp( )函数，可以直接使用关系运算符来比较数值或序列大小。

2. 数值计算函数 len(list)、max(list)、min(list)、sum(list)

len(list)：返回列表元素个数。

max(list)：返回列表元素最大值。

min(list)：返回列表元素最小值。

sum(list)：返回列表元素之和。

```
>>> a=[9.2,8.9,10,9.5,9.0,9.2,9.9]
>>> len(a)          #求列表元素个数
7
>>> max(a)          #求最大值
10
>>> min(a)          #求最小值
8.9
>>> sum(a)          #求和
65.7
```

提示：上述函数同样适用于元组、字符串、集合、range 对象和字典等。但对字典对象操作时，默认是对字典的“键”进行计算，如果需要对字典“值”进行计算，则需要使用字典对象的 values()方法。例如：

```
>>> cityList={1:'Beijing',2:'Shanghai',3:'Guangzhou',4:'Shenzhen'}
>>> min(cityList)                          #求字典键最小值
1
>>> min(cityList.values())                 #求字典值最小值
'Beijing'
>>> cityPopList={1:2172.9,2:2415.27,3:1350.11,4:1077.89}   #2016 年 4 个一线城市人口
>>> sum(cityPopList)                       #求键值和
10
>>> sum(cityPopList.values())              #求字典值和
7016.17
```

3. 组合函数 zip(list1,list2,list3,…)

```
>>> firstList=[1,2,3,4]
>>> secondList=['Beijing','Shanghai','Guangzhou','Shenzhen']
>>> thirdList=[2172.90,2415.27,1350.11,1077.89]
>>> mergeList=zip(firstList,secondList,thirdList)
>>> mergeList
[(1,'Beijing',2172.9),(2,'Shanghai',2415.27),(3,'Guangzhou',1350.11),(4,'Shenzhen',
1077.89)]
```

4. 枚举函数 enumerate(list)

```
>>> for item in enumerate(mergeList):        #显示字典每个元素
...     print(item)
...
    (0,(1,'Beijing',2172.9))
(1,(2,'Shanghai',2415.27))
(2,(3,'Guangzhou',1350.11))
(3,(4,'Shenzhen',1077.89))
>>> for index,ch in enumerate(['C++','C#','Java','Python']):        #显示列表每个元素
...     print(index,ch)
```

```
...
(0,'C++')  (1,'C#')  (2,'Java')  (3,'Python')
>>> for index,ch in enumerate('Python'):      #显示字符串每个元素
...       print(index,ch)
...
(0,'P')  (1,'y')  (2,'t')  (3,'h')  (4,'o')  (5,'n')
>>> cityList={1:'Beijing',2:'Shanghai',3:'Guangzhou',4:'Shenzhen'}
>>> for i,v in enumerate(cityList):            #显示字典键
...       print(i,v)
...
(0,1)  (1,2)  (2,3)  (3,4)
>>> for i,v in enumerate(cityList.values()): #显示字典值
...       print(i,v)
...
(0,'Beijing')  (1,'Shanghai')  (2,'Guangzhou')  (3,'Shenzhen')
```

2.2.9 列表推导式

列表推导式是 Python 程序开发应用最多的技术之一。列表推导式非常简洁，可以快速生成满足特定需要的列表。例如：

```
>>> import random
>>> randomList=[random.random() for i in range(5)]        #生成 5 个随机数
>>> randomList
[0.9844197413600163, 0.48704103091659945, 0.798598629010164, 0.08214252241445608,
0.6323412570439509]
```

相当于：

```
>>> randomList=[ ]
>>> for i in range(5):
...       randomList.append(random.random())
```

而

```
>>> fruit=['banana','apple','lemon','peach','pear','grape','plum','apricot','raisins']
>>> fruitList=[fl.strip() for fl in fruit]
>>> fruitList
['banana','apple','lemon','peach','pear','grape','plum','apricot','raisins']
```

相当于：

```
>>> fruit=['banana','apple','lemon','peach','pear','grape','plum','apricot','raisins']
>>> for i,v in enumerate(fruit):
...       fruitList[i]=v.strip()
```

列表推导式主要可以实现以下功能：

（1）实现嵌套列表的平铺

```
>>> matList=[[1,2,3],[4,5,6],[7,8,9]]
>>> mergeList=[n for e in matList for n in e]
```

```
>>> mergeList
[1,2,3,4,5,6,7,8,9]
```

（2）过滤不符合条件的元素

列表推导式使用 if 语句筛选列表中符合条件的元素。例如，下面的代码可以列出当前文件夹下所有 Python 源文件。

```
>>> import os
>>> [fileName for fileName in os.listdir('.') if fileName.endswith('.py')]
                                                  #显示当前目录下以 py 为扩展名的文件
['dice.py','dlg.py','fileSplit.py','fractal.py','GUI.py','Hadoop_Map.py','Hadoop_Reduce.py','IPAddress.py','listbox.py','Map.py','Menu.py','myaccesstest.py','myJython.py','myTkinter.py','readonly.py','receiver.py','Reduce.py','remove.py','Scrollbar.py','sender.py','speedup.py','wxPython_Demo.py']
```

例 2-6 有一个包含一些学生成绩的字典，计算成绩的最高分、最低分和平均分，并找出最高分同学。

```
>>> scores={"zhangliang":90,"wanglu":96,"tangyun":89,"sulin":96,"lilei":80,"chupo":78}
>>> highest=max(scores.values())                    #最大值
>>> lowest=min(scores.values())                     #最小值
>>> average=sum(scores.values())/len(scores)        #平均值
>>> highestStudent=[who for who,v in scores.items() if v==highest]    #显示最高分学生
>>> highestStudent
['sulin','wanglu']
```

（3）运用多个循环实现多序列元素的任意组合，并结合条件语句过滤特定元素。

```
>>> [[(x,y),x*y] for x in range(1,10) for y in range(x,10)]          #乘法表
[[(1,1),1],[(1,2),2],[(1,3),3],[(1,4),4],[(1,5),5],[(1,6),6],[(1,7),7],[(1,8),8],[(1,9),9],
 [(2,2),4],[(2,3),6],[(2,4),8],[(2,5),10],[(2,6),12],[(2,7),14],[(2,8),16],[(2,9),18],
 [(3,3),9],[(3,4),12],[(3,5),15],[(3,6),18],[(3,7),21],[(3,8),24],[(3,9),27],
 [(4,4),16],[(4,5),20],[(4,6),24],[(4,7),28],[(4,8),32],[(4,9),36],
 [(5,5),25],[(5,6),30],[(5,7),35],[(5,8),40],[(5,9),45],
 [(6,6),36],[(6,7),42],[(6,8),48],[(6,9),54],
 [(7,7),49],[(7,8),56],[(7,9),63],
 [(8,8),64],[(8,9),72],
 [(9,9),81]]
```

（4）实现矩阵转置。

```
>>> matRix=[[1,2,3],[4,5,6],[7,8,9]]
>>> matRix
[[1,2,3],[4,5,6],[7,8,9]]
>>> [[row[i] for row in matRix] for i in range(3)]
[[1,4,7],[2,5,8],[3,6,9]]
```

相当于：

```
>>> matRix=[[1,2,3],[4,5,6],[7,8,9]]
>>> trMatrix=zip(*matRix)
>>> trMatrix
[(1,4,7),(2,5,8),(3,6,9)]
```

(5) 可以使用函数或复杂表达式。

```
>>> print([math.log(x) if x>0 else math.exp(x) for x in [-1,2,-3,4,-5,6,-7,8,-9,10] if x<
8])          #分段函数
[0.36787944117144233, 0.6931471805599453, 0.049787068367863944, 1.3862943611198906,
0.006737946999085467,1.791759469228055,0.00091188196555451620,0.0001234098040866795 6]
```

(6) 支持文件对象迭代。

```
>>> fp=open(r'c:\python27\mytest\foodgroup.txt','r')          #打开文件
>>> print([line for line in fp])                              #逐行显示
['~0100~^~Dairy and Egg Products~\n','~0200~^~Spices and Herbs~\n','~0300~^~Baby Foods~
\n','~0400~^~Fats and Oils~\n',…,'~3600~^~Restaurant Foods~']
>>> fp.close()
```

(7) 求100~200以内的素数。

```
>>> import math
>>> [prime for prime in range(100,200) if 0 not in [prime%r for r in range(2,int(math.sqrt(prime))+
1)]]
[101,103,107,109,113,127,131,137,139,149,151,157,163,167,173,179,181,191,193,197,199]
```

2.3 元组

元组(tuple)用一对圆括号“()”来定义，与列表不同的是，元组一旦创建，用任何方法都不可以修改其元素的值，也无法为元组增加或删除元素，如果确实需要修改，只能删除后再创建一个新的元组。元组与字符串一样，属于不可变序列。

2.3.1 元组的创建与删除

使用赋值运算符“=”可将一个元组赋值给变量，就可以创建一个元组变量。例如：

```
>>> myTuple=('祖',)
>>> myTuple=('z','祖','g','国','首都北京')
>>> myTuple=()
```

如果要创建只包含一个元素的元组，只把元素放在圆括号里是不行的，还需要在元素后面加一个逗号“,”，而创建包含多个元素的元组则没有这个限制。

```
>>> myTuple=('祖')          #不是元组,是字符串
>>> type(myTuple)
    str
>>> myTuple=('祖')
>>> type(myTuple)
    tuple
>>> print(myTuple)
>>> myTuple='a',            #定义了元组
>>> myTuple
('a',)
>>> myTuple=1,2,3
>>> myTuple
```

```
(1,2,3)
>>> print(tuple('STIEI'))        #字符串转为元组
('S','T','I','E','I')
>>> myCollegeList=['S','T','I','E','I']
['S','T','I','E','I']
>>> tuple(myCollegeList)         #列表转为元组
('S','T','I','E','I')
>>> emptyTuple=tuple()           #空元组
>>> emptyTuple
()
>>> del emptyTuple               #删除元组
>>> enptyTuple
NameError: name 'enptyTuple' is not defined
```

元组与列表区别在于：

（1）列表是可变的，元组是不可变的，因而元组没有 append()、extend()、insert()等方法，也没有 pop()和 del()方法，只能使用 del 命令对元组整体删除。

（2）元组的访问和处理速度比列表快，如果定义了一系列常量值，主要用途仅是对它们进行遍历或其他类型用途，而不需要对其元素进行任何修改，建议使用元组而不是列表。元组对不需要修改的元素进行了“写保护”，从内在实现上不允许修改其元素值，从而使得代码更加安全。

（3）虽然元组属于不可变序列，但如果元组中包含可变序列，情况就略有不同，例如：

```
>>> myTuple=([1,2],3)              #元组赋初值,第 1 个元素为列表
>>> myTuple[0][0]=4                #列表的第 1 个元素改为 4
>>> myTuple
([4,2],3)
>>> myTuple[0].append(5)           #第一个列表元素中追加一个'5'
>>> myTuple
([4,2,5],3)
>>> myTuple[0]=myTuple[0]+[6]
TypeError: 'tuple' object does not support item assignment
```

2.3.2 序列解包

在实际开发中，序列解包是非常重要和常用的一个用法，可使用非常简洁的形式完成复杂功能，大幅度减少代码输入量，提高代码可读性。例如：

```
>>> x,y,z=(1,2,3)
(1,2,3)
>>> y
2
>>> x,y,z=1,2,3
>>> x,y,z
(1,2,3)
>>> print (x,y,z)
(1,2,3)
>>> y
2
>>> comTuple=('XiongAn','2017-04-01',True,1000)
```

```
>>> (a,b,c,d)=comTuple
```

或

```
>>> a,b,c,d=comTuple
>>> b
'2017-04-01'
```

序列解包也可用于列表和字典，但对字典来说，默认是对字典“键”操作。如果需要对“键-值对”操作，需要使用字典的 items( )方法说明；如果需要对字典“值”操作，则需要使用字典的 values( )方法明确指定。例如：

```
>>> fruit=['banana','apple','lemon','peach']
>>> b,a,l,p=fruit
>>> l
'lemon'
>>> fruit={'b':'banana','a':'apple','l':'lemon','p':'peach'}
>>> b,a,l,p=fruit                              #获取键值
>>> l
'b'
>>> fruit={'b':'banana','a':'apple','l':'lemon','p':'peach'}
>>> b,a,l,p=fruit.items()                      #获取键和值
>>> l
('b','banana')
>>> b,a,l,p=fruit.values()                     #只获取值
>>> l
'banana'
```

2.3.3 生成器推导式

从形式上看，生成器推导式与列表推导式相近，不同的是，生成器推导式的结果是一个生成器对象，而不是列表，也不是元组。使用生成器对象的元素时，可以根据需要将其转化为列表或元组，也可以使用生成器对象的 next( )方法（Python 2.x）或__next__( )方法（Python 3.x）进行遍历，或者直接将其作为迭代器对象来使用。但不管用哪种方法访问其元素，当所有元素访问结束后，如果需要重新访问其中的元素，必须重新创建该生成器对象。例如：

```
>>> square=(i**2 for i in range(10))
>>> square
<generator object <genexpr> at 0x0000000003087F30>
>>> tuple(square)                          #转化为元组
(0,1,4,9,16,25,36,49,64,81)
>>> tuple(square)                          #遍历结束
()
>>> square=(i**2 for i in range(10))       #重新创建生成器对象
>>> square.next()                          #单步迭代,在 Python 3.x 中为__next__()
0
>>> square.next()
1
>>> square.next()
```

```
4
>>> square=(i**2 for i in range(10))
>>> for i in square:                      #直接循环迭代
...     print i,
0 1 4 9 16 25 36 49 64 81
```

2.4 字典

字典（directory）是“键-值对（Key-Value）”的无序可变序列，其元素包含两个部分：“键”和“值”（用冒号分开），元素之间用逗号分隔，所有元素放在一对“{}”中。

字典中的“键”可以是 Python 中任意不可变数据，如整数、实数、复数、字符串、元组等，但不能使用列表、集合、字典作为“键”，因为这些类型的对象是可变的。另外，“键”不允许重复，但“值”可以重复。

可以使用内置函数 global()返回和查看包含当前作用域内所有全局变量和值的字典，使用内置函数 local()返回包含当前作用域内所有局部变量和值的字典。

```
>>> a=(1,2,3,4)                #全局变量
>>> b='XiongAn'                #全局变量
>>> def demo():
...     a=3                    #局部变量
...     b=[1,2,3]              #局部变量
...     print('locals:',locals())
...     print('globals:',globals())
...
>>> demo()
('locals:',{'a': 3,'b': [1,2,3]})
('globals:',{'__builtins__': {'bytearray': <type 'bytearray'>,'IndexError': <type 'exceptions. IndexError'>,'all': <built-in function all>,'help': Type help() for interactive help,or help(object) for help about object.,'vars': <built-in function vars>,'SyntaxError': <type 'exceptions. SyntaxError'>,'unicode': <type 'unicode'>,'UnicodeDecodeError': <type 'exceptions. UnicodeDecodeError'>,'memoryview': <type 'memoryview'>,'isinstance': <built-in function isinstance>,'copyright': Copyright (c) 2001-2014 Python Software Foundation.
```

2.4.1 字典的创建与删除

与列表和元组一样，使用“=”赋值运算符将一个字典赋值给一个变量即可创建一个字典变量。

```
>>> fruitDict={'b':'banana','a':'apple','l':'lemon','p':'peach'}
```

也可以使用内置函数 dict()通过已有数据快速创建字典。

```
>>> keys=['b','a','l','p']
>>> values=['banana','apple','lemmon','peach']
>>> fruitDict=dict(zip(keys,values))
>>> print(fruitDict)
{'a': 'apple','p': 'peach','b': 'banana','l': 'lemmon'}
>>> emptyDict=dict()                   #空字典
```

```
>>> emptyDict={}                      #空字典
```

或者使用内置函数 dict()根据给定的“键-值对”来创建字典。

```
>>> dict(name='LinJie',age=20)        #创建字典
{'age': 20,'name': 'LinJie'}
```

还可以经给定内容为“键”，创建“值”为空的字典。

```
>>> dict.fromkeys(['name','sex','ID'])
{'ID': None,'name': None,'sex': None}
```

2.4.2 字典元素的读取

与列表和元组类似，可以使用下标的方式来访问字典中的元素，但不同的是，字典的下标是字典的“键”，如果指定的“键”不存在则抛出异常。例如：

```
>>> fruitDict={'b':'banana','a':'apple','l':'lemon','p':'peach'}
>>> fruitDict['p']
'peach'
>>> fruitDict['m']
KeyError: 'm'
```

较为安全的字典访问方式是字典对象的 get()方法。使用字典的 get()方法可以获取指定“键”对应的“值”，并且可以在指定“键”不存在的时候返回指定值，如果不指定，则默认 None。例如：

```
>>> print(fruitDict.get('a'))        #获取字典中以'a'开头的值,相当于 print(fruitDict['a'])
apple
>>> print(fruitDict.get('m'))
None
```

另外，使用字典对象的 items()方法可以返回字典的“键-值对”列表，使用字典对象的 keys()方法可以返回字典的“键”列表，使用字典对象的 values()方法可以返回字典的“键”列表。例如：

```
>>> fruitDict={'b':'banana','a':'apple','l':'lemon','p':'peach'}
>>> for item in fruitDict.items():          #获取字典每项
...         print item,
('a','apple') ('p','peach') ('b','banana') ('l','lemon')
>>> for key in fruitDict:                   #获取键
...         print key,
a p b l
>>> for key,value in fruitDict.items():     #获取键和值
...         print(key,value),
('a','apple') ('p','peach') ('b','banana') ('l','lemon')
```

2.4.3 字典元素的添加与修改

当指定“键”为下标，给字典元素赋值时，若该“键”存在，则表示修改该“键”的值；若不存在，则表示添加一个新元素。例如：

```
>>> fruitDict={'b':'banana','a':'apple','l':'lemon','p':'peach'}
>>> fruitDict['p']='pear'          #添加键和值
>>> fruitDict
{'a': 'apple','p': 'pear','b': 'banana','l': 'lemon'}
>>> fruitDict['g']='grape'
>>> fruitDict
{'a': 'apple','p': 'pear','b': 'banana','l': 'lemon','g': 'grape'}
```

使用字典对象的 update()方法将另一个字典的“键-值对”一次性全部添加到当前字典对象，如果两个字典中存在相同的“键”，则以另一个字典中的“值”为准，对当前字典进行更新。例如：

```
>>> fruitDict={'b':'banana','a':'apple','l':'lemon','p':'peach'}
>>> fruitDict['p']='pear'
>>> fruitDict
{'a': 'apple','p': 'pear','b': 'banana','l': 'lemon'}
>>> fruitDict['g']='grape'
>>> fruitDict
{'a': 'apple','p': 'pear','b': 'banana','l': 'lemon','g': 'grape'}
>>> fruitDict.update({'p':'plum','h':'honeydew'})
>>> fruitDict
{'a': 'apple','p': 'plum','b': 'banana','g': 'grape','h': 'honeydew','l': 'lemon'}
```

当需要删除字典元素时，可以根据具体要求使用 del 命令删除字典中指定“键”对应的元素，或者也可以使用对象的 clear() 方法来删除字典中所有元素，还可以使用字典对象的 pop() 方法删除并返回指定“键”的元素，或者使用字典对象的 popitem() 方法删除并返回字典中的一个元素。

```
>>> fruitDict
{'a': 'apple','p': 'plum','b': 'banana','g': 'grape','h': 'honeydew','l': 'lemon'}
>>> del fruitDict['g']          #根据关键字删除键和值
>>> fruitDict
{'a': 'apple','p': 'plum','b': 'banana','h': 'honeydew','l': 'lemon'}
>>> fruitDict.pop('l')          #根据关键字删除键和值
'lemon'
>>> fruitDict
{'a': 'apple','p': 'plum','b': 'banana','h': 'honeydew'}
>>> fruitDict.clear()           #删除所有值
>>> fruitDict
{}
>>> del fruitDict               #删除字典
>>> fruitDict
NameError: name 'fruitDict' is not defined
```

2.5 集合

集合（set）是无序可变序列，与字典一样使用一对大括号“{}”作为界定符，同一个集合的元素是唯一、不可重复的。

2.5.1 集合的创建与删除

与前面序列一样，直接通过赋值语句创建集合对象。例如：

```
>>> automorphicNum = {5,6,25,76,625,376}          #定义集合
>>> automorphicNum.add(9376)                      #添加集合元素
>>> automorphicNum
set([9376,5,6,76,625,376,25])
```

也可以使用 set()函数将列表、元组等其他可迭代对象转换为集合，如果原来的数据中存在重复元素，则只保留一个。例如：

```
>>> set1 = set(range(10,20))                      #定义集合
>>> set2 = set([0,1,2,3,0,1,2,3,5,6])             #定义集合
>>> set2
set([0,1,2,3,5,6])
```

add()方法用于增加集合元素，del 命令用于删除整个集合。集合对象的 pop()方法弹出并删除其中一个元素，remove()用于删除指定元素，clear()方法用于清空集合。例如：

```
>>> automorphicNum
set([9376,5,6,76,625,376,25])
>>> automorphicNum.pop(0)
TypeError: pop() takes no arguments (1 given)#pop()方法不接受索引参数
>>> automorphicNum.pop()              #删除第 1 个元素
9376
>>> automorphicNum
set([5,6,76,625,376,25])
>>> automorphicNum.remove(25)         #删除元素'25'
>>> automorphicNum
set([5,6,76,625,376])
>>> automorphicNum.clear()            #清空集合
>>> automorphicNum
set([ ])
>>> del automorphicNum                #删除集合
>>> automorphicNum
NameError: name 'automorphicNum' is not defined
```

2.5.2 集合操作

Python 集合支持交集（& 或 .intersect()）、并集（| 或 .union()）、差集（-或 difference）、对称差（^或 symmetric_difference()）运算，还可以比较集合大小、测试是否为子集等。例如：

```
>>> ASet = set([1,2,3,4,5])
>>> BSet = set([4,5,6,7,8])
>>> ASet | BSet                       #并集
set([1,2,3,4,5,6,7,8])
>>> ASet.union(BSet)                  #并集
set([1,2,3,4,5,6,7,8])
>>> ASet&BSet                         #交集
```

```
set([4,5])
>>> ASet.intersection(BSet)            #交集
set([4,5])
>>> ASet-BSet                          #差集
set([1,2,3])
>>> ASet.difference(BSet)              #差集
set([1,2,3])
>>> ASet^BSet                          #对称差集
set([1,2,3,6,7,8])
>>> ASet.symmetric_difference(BSet)    #对称差集
set([1,2,3,6,7,8])
>>> ASet>BSet                          #比较集合大小
False
>>> ASet.issubset(BSet)                #子集判断
False
>>> {1,2}.issubset(ASet)               #子集判断
True
```

习题 2

1. 填空题。

（1）Python 的赋值语句“x=y=10”是否正确？__________________。

（2）0O71=__________________（十进制）。

（3）Python 中运算符“//”的含义是__________________。

（4）type( )函数的功能是__________________。

（5）判断两个对象是否为同一个对象使用的运算符是__________________。

（6）range( )函数返回一个__________________。

（7）表达式“0 in range(10)”的值是__________；表达式“10 in range(10)”的值是________；

表达式“1 in range(0,10)”的值是________；表达式“10 in range(0,10)”的值是________；表达式“[1] in range(10)”的值是________。

（8）列表对象的 sort（）方法用来对列表元素进行原地排序，该函数的返回值是______。

（9）列表对象的___________方法删除除首次出现的指定元素，如果列表中不存在要删除的元素，则抛出异常。

（10）假设列表对象 oddList=[1,3,5,7,9,11,13,15,17,19,21]，那么 oddList[4:7]=___________；oddList[:-7]=____________。

（11）在 Python 中，字典和集合都是用一对________作为界定符，字典的每个元素有两部分组成，即________和________，其中________不允许重复。

（12）使用字典对象的________方法可以返回字典的“键-值对”列表，使用字典对象的________方法可以返回字典的“键”列表，使用字典对象的________方法可以返回字典的“值”列表。

（13）假设有一个列表对象 oddList=range(1,100,2)，现要求从列表 oddList 中每 2 个元素取 1 个，并且将取到的元素组成新的列表 newOddList，可以使用语句______________。

（14）使用列表推导式生成包含 10 个数字 2025 的列表的语句是__________________。

（15）假设 oddList=(1,3,5,7,9,11,13,15,17,19,21)，则 del oddList[1]=____________________。

2. 假设有列表 no=[1,2,3,4]和 univ=['FUDAN','SJTU','TONGJI','ECNU']，请编写代码将这两个列表的内容转换成字典，以列表 no 中的元素为“键”，以列表 univ 中的元素为“值”。提示用户输入内容用为“键”，然后输出字典中对应的“值”，如果用户输入的“键”不存在，则提示“对不起，您输入的键错误！”。

3. 编写程序，生成包含 100 以内的 20 个偶数的列表，然后将前 25 个元素升序排列，后 25 个元素降序排列，并输出结果。

4. 编写程序，当用户输入一个字母，显示其十进制 ASCII 值，反之如果输入 65~90 和 97~122 之间的十进制数，显示对应的字母，如果不在这个范围，提示出错信息。

5. 有一道初中二年级数学题：“甲乙两人是好朋友，一个月里两次同时到一家商店买油，两次的油价不相同。他们两人的购买方式不同，其中甲每次总打一斤油，而乙每次只拿出一元钱来打油，且不管能买多少。问两种打油方式，哪种更合算？”。编写程序，给出正确答案。

6. 公积金还款。假设张三买房公积金贷款 100 万元，计划 10 年还清，中国人民银行规定公积金贷款利率为 3.15%，张三打算每月等额还款，请计算张三每月还本金、支付利息各多少？每月总支出多少？

第3章　程序结构

无论是面向过程的程序设计 C 语言，还是面向对象的程序设计语言（如 C++、C#、Java）以及事件驱动或消息驱动应用开发，都离不开 3 种程序控制结构：顺序结构、选择结构和循环结构。在第 2 章中我们已经接触了顺序结构。本章主要讲解选择结构和循环结构，以及它们的嵌套结构，并通过案例帮助理解程序设计结构及其应用。

3.1　顺序结构

所谓程序结构，即为程序中语句执行的次序。在传统 C 语言结构化程序设计中有 3 种经典的控制结构，即顺序结构、选择结构和循环结构。在面向对象程序设计语言（C++、C#、Java 等）中以及事件驱动或消息驱动应用开发中，也是这 3 种基本的程序结构。为实现特定的业务逻辑或算法，都不可避免地要用到大量的选择结构和循环结构，并且经常需要将它们嵌套使用。

顺序程序结构，顾名思义，就是程序语句的执行是按先后顺序逐条执行。例如：

```
>>> a=1          #赋值语句
>>> b=3
>>> c=5
>>> d=7
>>> print (a+b+c+d)
>>> print ("前 n 个奇数之和为某个数平方!")
```

运行结果：

```
16
前 n 个奇数之和为某个数平方!
```

再比如：

```
>>> a=2
>>> b=3
>>> c=4
>>> a<b<c           #关系运算,其他语言不合法
True
>>> a<b>c           #其他语言不合法
False
```

例 3-1　交换任意两个变量值 a、b 值。

```
>>> a=input("a=")           #input()为输入函数
>>> b=input("b=")
>>> t=a                     #下面 3 个语句实现 a,b 两数交换
```

```
>>> a=b
>>> b=t
>>> print("交换后:")          #print()为输出函数
>>> print("a=%d"%a)
>>> print("b=%d"%b)
```

运行结果：

```
a=3
b=4
```

交换后：

```
a=4
b=3
```

提示：两数交换还可以用下列 3 种方法实现。

方法一：

```
a=a+b     b=a-b     a=a-b
```

方法二：

```
a=a^b     b=a^b     a=a^b          #^为异或运算
```

方法三：

```
a,b=b,a                            #Python 语言特有
```

3.2 选择结构

选择结构也称为分支结构，分为单分支、双分支和多分支结构。这种结构根据条件判断结果，即表达式值为 0（假、条件不满足）或非 0（真、条件满足），选择执行不同的程序分支。表达式可以是关系表达式或逻辑表达式，也可以是算术表达式或测试表达式等。

3.2.1 单分支选择结构

单分支选择结构是最简单的一种形式，其语法如图 3-1 所示。表达式后面的冒号“:”是不可缺少的，表示一个语句块的开始，并且语句块中语句左对齐。

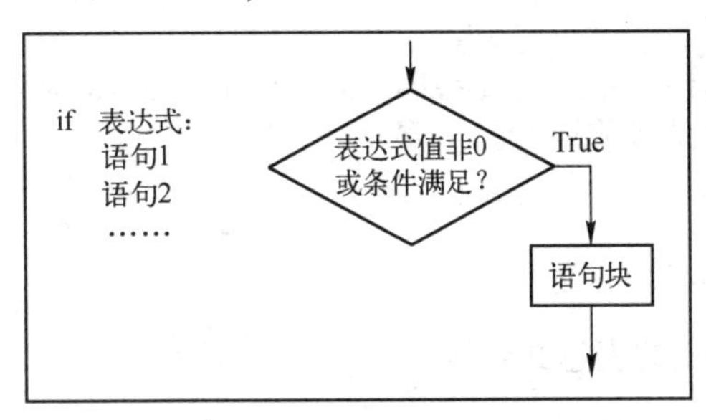

图 3-1　单分支语法结构

当表达值为 True 或其他非 0 值时，表示条件满足，语句块被执行，否则什么都不执行。

例 3-2　再论两数交换，比较大小。

```
a,b=input("Please enter two numbers:")
if a<b:
    a,b=b,a        #两值交换
print ("max=%d"%a,",min=%d"%b)
```

运行结果:

```
Please enter two numbers:50,100
('max=100',',min=50')
```

提示: a,b=input("Please enter two numbers:")可用复合语句 twoNumbers=input("Please enter two numbers:")和 a,b=map(int,twoNumbers.split(","))代替。如果 a,b=map(int,twoNumbers.split(","))改为:a,b=map(int,twoNumbers.split(" ")),则输入两数以空格隔开,即 Please enter two numbers:"100 50"。

3.2.2 双分支选择结构

双分支选择结构如图 3-2 所示。执行过程：先判断表达式的值，当其值为 True 或其他非 0 值，执行语句块 1，否则执行语句块 2。

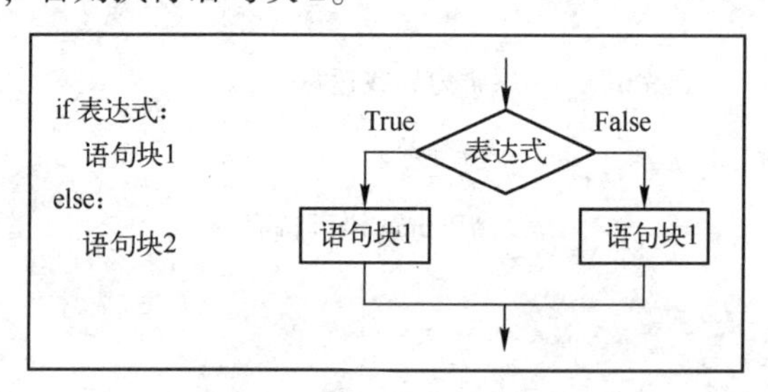

图 3-2 双分支语法结构

例 3-3 读取字符串或列表数据。

```
movie="THE FATE IF THE FURIOUS 8,2017-4-30,POLY CINEMAS"
if movie:        #判断每个字符,只要不是结束标志就执行
    print(movie)
else:
    print("no movie.")
```

或

```
majorList=['computer application','software','network','information\ security','media','internet of thing']
if majorList:        #访问列表中每个元素
    print(majorList)
else:
    print("no major.")
```

Python 还支持如下形式的表达式:

```
value1 if condition else value2
```

当条件表达式 condition 为 True 时，表达式取值 value1，否则表达式的值为 value2。当然 value1 和 value2 可以是复杂的表达式，包括函数的调用。例如:

```
>>> buyV=298
>>> discount=0.8 if buyV>=250 else 0.9                         #根据条件赋值
>>> discount
0.8
>>> payment=buyV * 0.8 if buyV>=250 else buyV * 0.9            #根据条件求积并赋值
>>> payment
238.4
>>> import math
>>> import random
>>> randomNum=math.sqrt(3) if 3>5 else random.randint(1,50)    #调用随机函数和开方函数
>>> randomNum
43
```

提示：sqrt()为求平方根函数，randomint(m,n)为生成 m~n 随机整数。

3.2.3 多分支选择结构

多分支选择结构如图 3-3 所示。其中，关键字 elif 是 else if 的缩写。

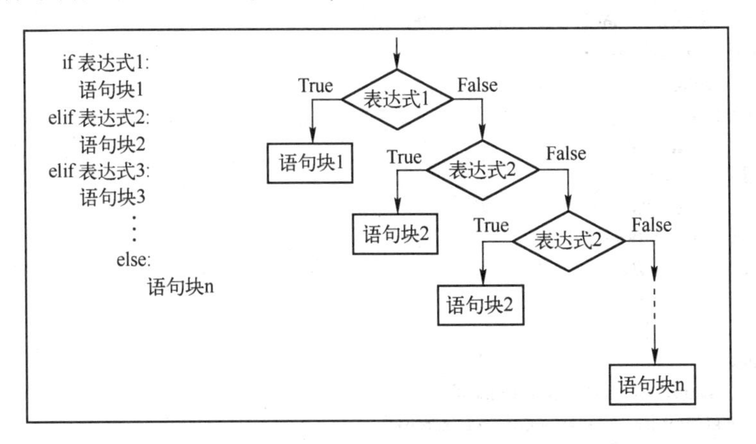

图 3-3　多分支语法结构

例 3-4　"体指数"（BMI）计算。体指数（BMI）是目前国际上常用的衡量人体胖瘦程度以及是否健康的一个标准。它的计算公式：体指数 t=体重(kg)÷身高^2(m)。判断人的体重类型：

- 当 t<18 时，"低体重"。
- 当 18<=t<25 时，"正常体重"。
- 当 25<=t<27 时，"超重体重"。
- 当 t>=27 时，"肥胖"。

代码如下：

```
WeightHeight=input("Please enter your weight(kg) and height(m):")
weight,height=map(float,WeightHeight.split(","))          #将体重和身高两个值分开
BMI=weight/(height * * 2)
if BMI<18:
    healthSign="lower height!"
elif BMI<25:
    healthSign="normal height!"
```

```
    elif BMI<27:
        healthSign="over height!"
    else:
        healthSign="very fat!"
    print ("Your health status:"+healthSign)
```

运行结果:

```
Please enter your weight(kg) and height(m):"72.5,1.70"
Your health status:over height!
```

例 3-5 根据成绩转换成等级。分数在 90~100，等级为"A"；分数在 80~89，等级为"B"；分数在 70~79，等级为"C"；分数在 60~69，等级为"D"；分数少于 60 分，等级为"E"。

代码如下:

```
def func(score):          #自定义求等级函数
    if score>100:
        return 'wrong! score must<=100'
    elif score>=90:
        return 'A'
    elif score>=80:
        return 'B'
    elif score>=70:
        return 'C'
    elif score>=60:
        return 'D'
    elif score>=0:
        return "E"
    else:
        return 'wrong! score must>0'
score=eval(input("Please enter your score:"))
print ("Your score level is:%s"%func(score))          #调用自定义函数
```

运行结果:

```
Please enter your score:'87'
Your score level is:B
```

提示：例 3-5 可用如下简洁形式代替:

```
level='A' if score>=90 else 'B' if score >=80 else 'c' if score >=70 else 'D' if score >=60 else 'E'
```

3.2.4 选择结构的嵌套

嵌套语法结构如图 3-4 所示。

与其他语言不同，Python 语句块没有开始与结束符号，因此，使用嵌套结构时，一定要严格控制好不同级别代码块的缩进量，因为这决定了不同代码块的从属关系以及业务逻辑是否被正确实现、是否能够被 Python 正确理解和执行。

例 3-6 运用嵌套结构改写例 3-5。

代码如下:

```
if 表达式1：
     语句块1
   if 表达式2：
     语句块2
   else：
     语句块3
else：
   if 表达式4：
       语句4
```

图 3-4　选择结构的嵌套语法结构

```
def func(grade):          #自定义求等级函数
    level='DCBAAE'
    if score>100 or score<0:
        return 'wrong! score must between 0 and 100.'
    else:
        index=(score-60)//10
        if index>=0:
            return level[index]
        else:
            return level[-1]
score=eval(input("Please enter your score:"))          #将输入字符串转化为数值
print ("Your score level is:%s"%func(score))
```

运行结果：

```
Please enter your score:'68'
Your score level is:D
```

例 3-7　用户输入若干个成绩，求所有成绩的总和。每输入一个成绩后询问是否继续输入下一个成绩，回答“y”就继续输入下一个成绩，回答“n”就停止输入。

```
endFlag='y'
sum=0
while endFlag.lower()!='n':                  #循环控制
    score=input("please enter a score:")
    score=eval(score)                        #将输入字符串转化为数值
    if isinstance(score,float) and 0<=score<=100:
            sum+=score                       #输入值加到总数中
    else:
            print ("bad score!")
    endFlag=raw_input("continue?(y or n)")
print ("Sum=",sum)
```

运行结果：

```
please enter a score:"67.8"
continue?(y or n)y
please enter a score:"89.9"
continue?(y or n)n
('Sum=',157.7)
```

例 3-8 判断某日是全年的第几天，如 2017 年 5 月 1 日是 2017 年第几天？本例要点是闰年（Leap Year）判断时，条件表达式的写法以及关系运算符、逻辑运算符和切片的运用。

农历有闰月的年份称为闰年，农历采用 19 年加 7 个闰月的办法，即“十九年七闰法”，也就是农历 19 年有 7 个闰年。

闰年是为了弥补因人为历法规定造成的年度天数与地球实际公转周期的时间差而设立的。补上时间差的年份为闰年。闰年共有 366 天（1~12 月分别为 31 天，29 天，31 天，30 天，31 天，30 天，31 天，31 天，30 天，31 天，30 天，31 天）。

判别方法：年数被 4 整除但不能被 100 整除或年数被 400 整除的都是闰年。

代码如下：

```
import time

def demo(year,month,day):
    day_month=[31,28,31,30,31,30,31,31,30,31,30,31]     #正常年份第 2 个月 28 天
    if year%400==0 or (year%4==0 and year%100!=0):
        day_month[1]=29                                   #闰年第 2 个月 29 天
    if month==1:
        return day
    else:
        return sum(day_month[:month-1])+day

date=time.localtime()                                     #获取今天时间
year,month,day=date[:3]                                   #获取年、月、日
print (demo(year,month,day))
```

运行结果：

```
121
```

提示：标准库 datetime 提供了 timedelta 对象可以很方便地计算指定年、月、日、时、分、秒之前或之后的日期时间，还提供了返回结果中包含“今天是今年第几天”“今天是本周第几天”等答案的 timetuple()函数等。

```
>>> import datetime
>>> today=datetime.date.today()
>>> today
datetime.date(2017,5,1)
>>> today-datetime.date(today.year,1,1)+datetime.timedelta(days=1)
datetime.timedelta(121)
>>> today.timetuple().tm_yday                     #今天是今年第几天
121
>>> today.replace(year=2018)                      #替换日期中年
datetime.date(2018,5,1)
>>> today.replace(month=7)                        #替换日期中月
datetime.date(2017,7,1)
>>> now=datetime.datetime.now()
>>> now
datetime.datetime(2017,5,1,16,52,59,131000)
>>> now.replace(second=48)                        #替换日期时间中秒
datetime.datetime(2017,5,1,16,52,48,131000)
```

```
>>> now+datetime.timedelta(days=10)          #计算10天后的日期时间
datetime.datetime(2017,5,11,16,52,59,131000)
>>> now+datetime.timedelta(weeks=-10)        #计算10周前的日期时间
datetime.datetime(2017,2,20,16,52,59,131000)
```

3.3 循环结构

循环结构是指在给定条件成立时（即表达式为真时），反复执行某语句块，直到条件不成立为止。条件（或表达式）称为循环控制条件，循环体内的语句块称为循环体。Python语言的循环体语句有while语句和for语句。

3.3.1 while循环

while语句用于实现"当"型循环结构。其一般语法格式为：

```
while(expression):
    block of statements
```

当表达式（expression）为非0值时，执行循环体。循环体是以缩进区分，可以是空语句，可以是一条语句，可以是多条语句。用pass语句代替空语句。

例3-9 求1到n之间自然数之和。

代码如下：

```
sum=0
i=1
n=input("please enter a integer:")
while i<=n:                         #循环控制
    sum=sum+i                       #求和
    i=i+1
print ("1+2+...+%d=%d"%n%sum)
```

运行结果：

```
please enter a integer:100
1+2+...+100=5050
```

例3-10 跳水比赛成绩。计算方法是从10个裁判打分中去掉一个最高分、去掉一个最低分后求总成绩和平均成绩。

代码如下：

```
grades=[ ]
i=1
while i<=10:                                  #循环控制,输入10个分数
    num=float(input("Enter the No.%d grade(0-10):"%i))
    grades.append(num)
    i+=1
minimumGrade=min(grades)                      #最小值
maximumGrade=max(grades)                      #最大值
grades.remove(minimumGrade)                   #去掉第小值
```

```
grades.remove(maximumGrade)                          #去掉最大值
averageGrade=sum(grades)/len(grades)                 #求平均值
print ("Average Grade is {0:.2f}".format(averageGrade))
```

运行结果：

```
Enter the 1 grade(0-10):9.9
Enter the 2 grade(0-10):10
Enter the 3 grade(0-10):9.5
Enter the 4 grade(0-10):9.8
Enter the 5 grade(0-10):9.9
Enter the 6 grade(0-10):9.4
Enter the 7 grade(0-10):10
Enter the 8 grade(0-10):9.8
Enter the 9 grade(0-10):9.6
Enter the 10 grade(0-10):9.9
Average Grade is 9.80
```

例 3-11 统计输入字符的大小写字母个数，如果输入为非字母字符，程序跳出。

代码如下：

```
charLower=0                                #小写字母计数
charUpper=0                                #大写字母计数
while True:
    ch=input("Please enter a character:")
    if (ch>='a' and ch<='z'):              #判断是否小写字母
        print ("This ia a lowercase!")
        charLower+=1
    elif (ch>='A' and ch<='Z'):            #判断是否大写字母
        print ("This is a uppercase!")
        charUpper+=1
    else :
        break
print ("Number of lowercases:%d" %charLower)
print ("Number of uppercases:%d" %charUpper)
```

运行结果：

```
Please enter a character:"O"
This is a uppercase!
Please enter a character:"n"
This ia a lowercase!
Please enter a character:"e"
This ia a lowercase!
Please enter a character:" "
Number of lowercases:2
Number of uppercases:1
```

提示：本例中出现了 break 语句，它的作用是导致从循环体任意位置退出。当它在一个 while 循环体中执行时，循环会马上终止。Break 语句经常出现在 if 语句块里。

例 3-12 韩信点兵。相传汉高祖刘邦问大将军韩信统御兵士多少，韩信答说，不足 1000 人，每 3 人一列余 1 人、5 人一列余 2 人、7 人一列余 4 人、13 人一列余 6 人。刘邦茫然而不知其数。你能算出具体有多少个士兵吗?

分析:本项目暗示了两个条件:①总人数只可能是1~1000中除了1000的任意一个整数;②总人数必须满足(总人数%3==1)&&(总人数%5==2)&&(总人数%7==4)&&(总人数%13==6)这个条件。

算法:本项目的数据只有1000以内,可以通过穷举法从1开始逐个判断。如果符合条件的总人数,就输出总人数,然后跳出。

代码如下:

```
n=1
while n<1000:              #循环控制,穷举算法
    if (n%3==1 and n%5==2 and n%7==4 and n%13==6):
        break
    n+=1
print ("Number of Hanxing's Army:%d" %n)
```

运行结果:

```
Number of Hanxing's Army:487
```

提示: 跳出循环体还有一个语句continue,当语句continue在一个while循环体中执行时,当前循环终止,程序跳转到循环头部,执行下一个循环。continue语句通常出现在if语句块里,请看下例。

例3-13 对实例3-9进行修改,求1~100的奇数之和。

```
sum=0
for n in range(1,100):
    if (n%2==0):         #奇数判断
        continue
    sum=sum+n
print ("sum=%d" %sum)
```

运行结果:

```
sum=2500
```

3.3.2 for循环

for循环的一般形式:

```
for n in sequence:
block of statements
```

其中,sequence可以是等差数列、字符串、列表、元组或者是一个文件对象。变量依次被赋值为序列中的每一个值,然后在缩进语句块中的语句将在每一次赋值之后执行。语句块中的每一条语句都缩进至相同的缩进水平。缩进代表语句块的开始和结束。

sequence最常见的一种形式是等差数列:range(start,stop,step)。其中start和step是可选项,比如循环控制变量n取值在0~99,等差数列可用range(0,100,1),也可简写为range(100)。序列range(n)的起始值是0,终止值是n-1,步长为1。如果只取1~100的奇数的

话，可用序列 range(1,100,2)表示。

例 3-14 输入一行字符，输出其中的字母、空格、数字和其他字符的个数。

代码如下：

```
char=0                          #字母计数
space=0                         #空格计数
dig=0                           #数字计数
other=0                         #其他计数
sentence=input("Please enter a sentence:")
for c in sentence:
    if ((c>='a' and c<='z') or (c>='A' and c<='Z')):      #字母
        char+=1
    elif (c==' '):              #空格
        space+=1
    elif (c>='0' and c<='9'):   #数字
        dig+=1
    else:                       #其他
        other+=1
print ("Alphabet:%d"%char,"Space:%d"%space,"Number:%d"%dig, "Other:%d"%other)
```

运行结果：

```
Please enter a sentence:"A belt,a road -- China's new silk road 2014-06-10 Boao Forum for Asia"
('Alphabet:43','Space:13','Number:8','Other:6')
```

例 3-15 比较列表运算符“+”和 append()方法的操作速度。

```
import time

result=[]
start=time.time()                                  #获取开始时间
for i in range(10000):
    result=result+[i]
print "'+' used time:%f"%(time.time()-start)       #获取'+'耗时

result=[]
start=time.time()
fori in range(10000):
    result.append(i)
print "'append' used time:%f"%(time.time()-start)  #获取 append 耗时
```

运行结果：

```
'+' used time:0.299000
'append' used time:0.002000
```

从运行结果容易看出 append()速度比“+”要快 70 倍。

如果列表中某个元素多次重复，要删除所有该元素，自然想到运用循环方法，但是可能会出现意外。

例 3-16 删除列表中所有重复元素“1”。

```
simpList=[1,2,1,2,1,2,1,2,1]
```

```
for i in simpList:
    if i==1:
        simpList.remove(i)          #删除元素'1'
print simpList
```

运行结果：

```
[2,2,2,2]
```

例 3-16 尽管结果是正确的，但逻辑上是错误的，请看例 3-17。

例 3-17 对例 3-16 列表稍作修改，删除所有重复元素“1”。

```
simpList=[1,2,1,2,1,2,1,1,1]              #本列表与上列表有所不同
for i in simpList:
    if i==1:
        simpList.remove(i)                #删除元素'1'
print simpList
```

运行结果：

```
[2,2,2,1]
```

很显然，例 3-17 没有达到删除所有“1”的目的。实际上重复的元素如果是连续的，运用上述的循环删除元素的方法都有问题。出现这个问题的原因是列表的自动内存管理，即 Python 会自动对列表内存进行收缩，并移动列表元素以保证所有元素之间没有空隙，增加列表元素时会自动扩展内存并对元素进行移动，保证元素之间没有空隙。每当插入或删除一个元素之后，该元素位置后面所有元素的索引就都改变了。

提示：请读者查阅资料并思考如何解决上述的问题。

例 3-18 删除序列中所有重复元素，保持剩余元素顺序不变。

```
def depRemove(sequence):                    #自定义函数
    result=[]
    for each in sequence:                   #抽取列表中元素
        if each not in result:              #如果 result 列表中有了就不添加
            yield each
            result.append(each)

a=[5,1,7,2,1,5,3,6,4]
print list(depRemove(a))
```

运行结果：

```
[5,1,7,2,3,6,4]
```

例 3-19 先生成包含 1000 个随机字符的字符串，然后统计每个字符出现次数。

```
import string
import random

myString=string.ascii_letters+string.digits+string.punctuation  #字母、数字和标点符号集合
print myString
```

```
myList=[random.choice(myString)for i in range(1000)]     #随机生成100个字符
tempList=''.join(myList)
myDict=dict()                                            #定义字典
for char in tempList:                                    #统计字母、数字和标点符号个数
    myDict[char]=myDict.get(char,0)+1
print myDict.items()
```

运行结果：

```
abcdefghijklmnopqrstuvwxyzABCDEFGHIJKLMNOPQRSTUVWXYZ0123456789!"#$%&'()*+,-
./:;<=>?@[\]^_`{|}~
[('$',6),('(',9),(',',15),('0',9),('4',9),('8',9),('<',11),('@',17),('D',9),('H',6),('L'
,8),('P',12),('T',11),('X',15),('\\',11),('`',10),('d',17),('h',12),('l',11),('p',11),('t',
8),('x',12),('|',11),('#',4),("'",8),('+',11),('/',11),('3',8),('7',10),(';',10),('?',
16),('C',13),('G',4),('K',7),('O',11),('S',10),('W',11),('[',10),('_',5),('c',12),('g',
11),('k',14),('o',13),('s',20),('w',13),('{',15),('"',8),('&',15),('*',9),('.',12),('2',
13),('6',10),(':',6),('>',9),('B',12),('F',10),('J',13),('N',9),('R',10),('V',8),('Z',
15),('^',12),('b',12),('f',5),('j',9),('n',18),('r',7),('v',8),('z',5),('~',13),('!',7),
('%',7),(')',9),('-',11),('1',9),('5',5),('9',13),('=',11),('A',9),('E',12),('I',13),('M'
,10),('Q',11),('U',11),('Y',12),(']',12),('a',10),('e',16),('i',16),('m',12),('q',8),('u',
8),('y',12),('}',12)]
```

例 3-20 生成不重复随机数的效率比较。

```
import random
import time

def randomNums_01(num,start,end):          #定义列表形式的随机数效率函数
    data=[]
    n=0
while True:
        element=random.randint(start,end)
        if element not in data:
            data.append(element)
            n+=1
        if n==num-1:
            break
    return data

def randomNums_02(num,start,end):          #定义元组形式的随机数效率函数
    data=([],)
    while True:
        element=random.randint(start,end)
        if element not in data[0]:
            data[0].append(element)
        if len(data[0])==num:
            break
    return data

def randomNums_03(num,start,end):          #定义集合形式的随机数效率函数
    data=set()
    while True:
        element=random.randint(start,end)
```

```
            if element not in data:
                data.add(element)
            if len(data)==num:
                break
        return data

startTime=time.time()
for i in range(100000):
    randomNums_01(50,1,100)
print ('List\'time used:',time.time()-startTime)

startTime=time.time()
for i in range(100000):
    randomNums_02(50,1,100)
print ('Tuple\'time used:',time.time()-startTime)

startTime=time.time()
for i in range(100000):
    randomNums_03(50,1,100)
print ('Set\'time used:',time.time()-startTime)
```

运行结果：

```
("List'time used:",21.461999893188477)
("Tuple'time used:",24.388999938964844)
("Set'time used:",17.967000007629395)
```

3.3.3 循环嵌套结构

循环嵌套是指在一个循环体内又包含另一个循环。嵌套可以分为多层，每一层循环在逻辑上必须是完整的。在编写程序代码时，循环嵌套的书写要采用缩进形式，内循环中的语句应该比外循环中的语句有规律地向右缩进 4 列。

例 3-21 百钱百鸡问题。我国古代数学家张丘建在《算经》一书中提出的数学问题：鸡翁一值钱五，鸡母一值钱三，鸡雏三值钱一。百钱买百鸡，问鸡翁、鸡母、鸡雏各几何？

分析：假设用 cock、hen、chicken 分别代表鸡翁、鸡母和鸡雏个数，则 cock、hen、chicken 满足联合方程组：

$$\begin{cases} cock+hen+chick=100 & (1) \\ 5*cock+3*hen+chick/3=100 & (2) \end{cases}$$

由（2）式知，鸡翁 cock 至多 20 个（有限数），鸡母 hen 至多 33 个（有限数），因此，运用穷举法，令 cock 分别为 1，2，3，…，20，hen 分别为 1，2，3，…，33，然后 chick=100-cock-hen 代入到（2）中验证，如果两边相等，所得的 cock、hen 和 chick 值就是所要鸡翁、鸡母和鸡雏的个数；如果不存在满足（2）式的 cock、hen 和 chick，则本题无解。

代码如下：

```
for cock in range(1,20,1):
    for hen in range(1,33,1):
        chick=100-cock-hen
```

```
        if (5 * cock+3 * hen+chick/3 = = 100):        #百钱百鸡条件
        print ("cock:%d"%cock,"hen:%d"%hen,"chick:%d"%chick)
```

运行结果：

```
cock:3,hen:20,chick:77
cock:4,hen:18,chick:78
cock:7,hen:13,chick:80
cock:8,hen:11,chick:81
cock:11,hen:6,chick:83
cock:12,hen:4,chick:84
```

例 3-22 谁在说谎。现有张三、李四、王五 3 个人，张三说李四在说谎，李四说王五在说谎，而王五说张三和李四两人都在说谎。要求编程求出这 3 个人中到底谁说的是真话，谁说的是假话。

分析："张三说李四在说谎"→如果张三说的是真话，则李四在说谎；反之，如果张三在说谎，则李四说的就是真话。"李四说王五在说谎"→如果李四说的是真话，则王五在说谎；反之，如果李四在说谎，则王五说的是真话。"王五说张三和李四两人都在说谎"→如果王五说的是真话，则张三和李四都在说谎；反之，如果王五在说谎，则张三和李四两人至少有一人说的是真话。

用变量 x、y、z 分别表示张三、李四和王五 3 人说话真假的情况，当 x、y、z 的值为 1 时表示该人说的是真话，值为 0 时表示该人说的是假话。

```
x = = 1 and y = = 0                    #表示张三说的真话,李四说的假话
x = = 0 and y = = 1                    #表示张三说的假话,李四说的真话
y = = 1 and z = = 0                    #表示李四说的真话,王五说的假话
y = = 0 and z = = 1                    #表示李四说的假话,王五说的真话
z = = 1 and x = = 0 and y = = 0        #表示王五说的真话,张三、李四说的假话
z = = 0 and x+y! = 0                   #表示王五说的假话,张三、李四至少一个说真话
```

题目含义可用逻辑表达式(x and!y ‖ !x and y) and (y and!z ‖ !y and z) and (z and x= =0 and y= =0 ‖ !z and x+y! =0)概括。

代码如下：

```
for x in range(0,2):
    for y in range(0,2):
        for z in range(0,2):
            if ((x and not y or not x and y) and (y and not z or not y and z) and (z and  x= =0 and
                y= =0 or not z and (x+y)! =0)):
                print ("ZHANG SAN is:%s"%("honest  man" if x= =1 else "liar"))
                print ("LI SI is:%s"%("honest man" if y= =1 else "liar"))
                print ("WANG WU is:%s"%("honest man" if z= =1 else "liar"))
```

运行结果：

```
ZHANG SAN is:liar
LI SI is:honest man
WANG WU is:liar
```

3.3.4 无限循环

无限循环（infinite loop）又名死循环（endless loop），顾名思义，循环控制条件永远为真，使程序无限期执行下去。

```
k=-5
while 2*pow(k,2)-2*k+1>=0:        #此条件永远成立
    print("%d:endless loop"%k)
    k=k+1
```

结果显示：! Too much output to process，如图 3-5 所示。

```
! Too much output to process
527486: endless loop
527487: endless loop
527488: endless loop
527489: endless loop
527490: endless loop
```

图 3-5 执行结果

提示：当发生无限循环时，可以单击 IDLE 中“运行（RUN）”菜单中的“停止（STOP）”按钮，或“文件”菜单中的“关闭”按钮结束程序，也可以使用快捷键 Ctrl+F2（^F2）中止程序。

习题 3

1. 编写程序，求 1~n 之间的素数列表。

2. 编写程序，生成一个包括 100 个随机整数的列表，然后从后向前删除其中所有素数。

3. 编写程序，当用户从键盘输入整数 n 后，对其进行因式分解（即素数的积）。如 100=2*2*5*5。

4. 编写程序，验证 100 以内整数的哥德巴赫猜想：任一大于 2 的偶数都可写成两个素数之和。如 10=5+5，12=5+7。

5. 编写程序，输出所有由 1、2、3、4 这 4 个数字组成的素数，并且在每个素数中每个数字只使用一次。

6. 编写程序，求所有水仙花数。水仙花数是指一个三位数，其个位、十位、百位 3 个数字的立方和等于这个数本身。并断定有没有四位数的水仙花数？

7. 缩写程序，生成一个包含 100 个随机整数的列表，然后运用切片方法对其中偶数下标的元素进行降序排列，奇数下标的元素不变。

8. 编写程序，输入行数，输出一个如下图所示的由“*”构成的等腰三角形（提示：用 setw( )函数）。

```
   *
  ***
 *****
*******
```

9. 编写程序，A、B、C、D、E 共 5 人夜里去捕鱼，很晚才各自找地方休息。日上三竿，A 第 1 个醒来，他将鱼分成 5 份，把多余的一条扔掉，拿走自己的一份。B 第 2 个醒来，他也将鱼分成 5 份，把多余的一条扔掉，拿走自己的一份。C、D、E 如此类推。问他们合伙至少捕了多少条鱼？

10. 编写程序，计算斐波那契数列的后项与前项之比：1/1、2/1、3/2、5/3、8/5、13/8、…第 n 项的值，并观察随着 n 的增加，比值趋向什么值？

斐波那契数列的定义为：$F(1)=1$，$F(2)=1$，$F(n)=F(n-1)+F(n-2)\,(n\geqslant 2)$，其前 9 个数为：1、1、2、3、5、8、13、21、34。

11. 编写程序，计算卢卡斯数列的后项与前项之比：1/2、3/1、4/3、7/4、11/7、18/11、…第 n 项的值，并观察随着 n 的增加，比值趋向什么值？

卢卡斯数列的定义为：$L(1)=2$，$L(2)=1$，$L(n)=L(n-1)+L(n-2)\,(n\geqslant 2)$，其前 9 个数为：2、1、3、4、7、11、18、29、47。

12. 编写程序，计算银行跨行转帐的手续费。某银行与他行转账汇款按转账汇款金额的 1%收取手续费，最低收取 1 元，最高收取 50 元。用户输入转帐金额，输出应付的手续费。

13. 编写程序，计算个人所得税。某地 2012 个人所得税计算方法：①“三险一金”：养老保险 8%、医疗保险 2%、失业保险 1%、住房公积金 7%，个人缴费基数的上限为 11688 元，下限为 2338 元。②费用扣除标准：3500 元/月。

应纳税所得额=月收入－三险一金后月收入－扣除标准。个人所得税快速计算表见表 3-1。

表 3-1　个人所得税快速计算表

月应纳税所得额	税　率	速算扣除数（元）
全月应纳税额不超过 1500 元	3%	0
全月应纳税额超过 1500 元至 4500 元	10%	105
全月应纳税额超过 4500 元至 9000 元	20%	555
全月应纳税额超过 9000 元至 35000 元	25%	1005
全月应纳税额超过 35000 元至 55000 元	30%	2755
全月应纳税额超过 55000 元至 80000 元	35%	5505
全月应纳税额超过 80000 元	45%	13505

举例如下：

① 月收入为 8000 元，应纳税所得额=8000 元−8000 元×18%−3500 元=3060 元。

应缴个人所得税=3060 元×10%−105 元=201 元。

实际收入为：8000 元−8000×18%−201 元=6359 元。

② 月收入为 15000 元，应纳税所得额=15000 元−11688 元×18%−3500 元=9396. 16 元。

应缴个人所得税=9396. 16 元×25%−1005 元=1344. 04 元。

实际收入为：15000 元−11688 元×18%−1344. 04 元=11552. 12 元。

要求：输入个人“税前工资”，计算“个人所得税”和“税后实得工资”。

第4章　字符串与正则表达式

本章主要内容包括字符串及其常用的方法、正则表达式及其应用。字符串是Python一种非常重要的数据类型，由英文字母、数字、中文和其他字符组成，字符常见的编码有UTF-8、GB2312、GBK等。Python 2.x版本在汉字使用方面不够灵活，需要使用#coding=utf-8指定，或使用encode('UTF-8')转换。正则表达式是字符串处理的一种技术，使用re模块预定义特定模式去匹配一类具有共同特征的字符串，可以快速、准确地完成复杂查找、替换等处理，可应用于网络编程。本章最后介绍re模块提供的正则表达式函数与对象的用法。

4.1　字符串

美国标准信息交换码ASCII（American Standard Code for Information Interchange）是最早的字符串码，采用1个字节，对10个数字，26个大、小写字母及一些其他符号共256个进行编码。

后来出现的常见编码有UTF-8（8-bit Unicode Transformation Format）、GB2312、GBK汉字内码扩展规范（Chinese Internal Code Specification）、CP936（GBK的Code Page为936）等。采用不同的编码格式意味着不同的表示和存储形式，比如国际通用的编码UTF-8编码以1个字节表示英语字符（兼容ASCII），以3个字节表示中文及其他语言。GB2312是我国制定的中文编码标准，用1个字节表示英文字符，2个字节表示汉字。GBK是GB2312的扩充。CP936是微软公司在GBK基础上开发的编码方式，用两个字节表示中文。而Unicode是不同编码格式之间相互转换的基础。

在Windows平台上使用Python 2.x时，input()函数从键盘输入的字符串默认为GBK编码，而Python程序中的字符串编码则使用#coding显式地指定，常用的方式如# -*- coding:utf-8 -*- 或# -*- coding:cp936 -*-等。

前面第2.1.5节已经提到，字符串属于不可变序列类型，使用单引号、双引号、三单引号或三双引号作为界定符，并且不同的界定符之间可以相互嵌套。字符串除了支持序列通用法（如比较、计算长度、元素访问、分片操作等）以外，字符串类型还支持一些特有的操作方法，如格式化操作、字符串查找、字符串替换等。但由于字符串属于不可变序列，不能对字符串对象进行元素增加、修改与删除等操作。

字符串对象提供的replace()和translate()方法并不是对原字符串直接修改替换，而是返回一个修改替换后的结果字符串。

Python支持短字符串驻留机制，即：对于短字符串，将其赋值给多个不同的对象时，内存中只有一个副本，多个对象共享该副本。但长字符串不遵守驻留机制，例如：

```
>>> str1 = "better city,better life"
```

```
>>> str2=str1
>>> str2
'better city,better life'
>>> id(str1)==id(str2)                    #变量 str1、str2 指向同一个内存地址
True
>>> str1=str1 * 100
>>> str2=str2 * 100
>>> id(str1)==id(str2)                    #指向不同内存地址
False
```

在 Python 2.x 中，字符串有 str 和 unicode 两种，其基类都是 basestring。

```
>>> st1="中国雄安"
>>> type(st1)
str
>>> isinstance(st1,basestring)            #检验 str1 是否为 basestring
True
>>> isinstance(st1,unicode)               #检验 str1 是否属于 unicode 集
False
>>> st2=u'中国雄安'
>>> isinstance(st2,unicode)
True
```

4.1.1 字符串格式化

1. %方法

字符串格式化在第 2.1.5 节已有简单应用，Python 字符串格式化的完整格式如图 4-1 所示。%符号之前的部分为格式字符串，之后的部分为需要进行格式化的内容。

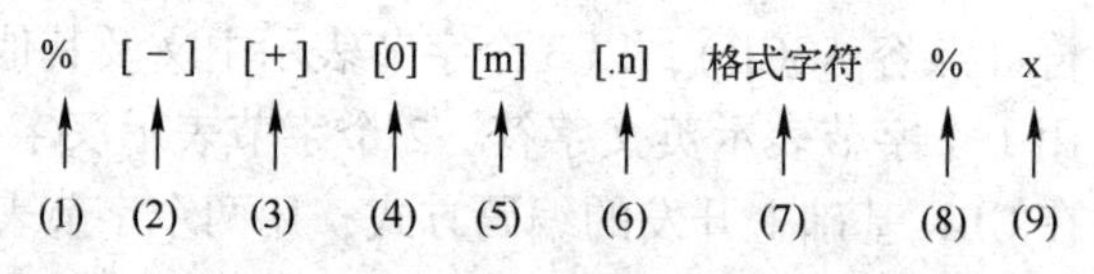

图 4-1 字符串格式化

其中：

① 格式标志，表示格式开始。

② 指定左对齐输出。

③ 对正数加正号。

④ 指定空位填 0。

⑤ 指定最小宽度。

⑥ 指定精度。

⑦ 指定类型，见表 4-1。

⑧ 格式运算符。

⑨ 待转换的表达式。

Python 支持大量的格式字符，常见格式字符如表 4-1 所示。

表 4-1　格式字符

格式字符	含　义	格式字符	含　义
%s	字符串（采用 str( ) 的显示）	%x	十六进制整数
%r	字符串（采用 repr( ) 的显示）	%e	指数（基底为 e）
%c	单个字符	%E	指数（基底为 E）
%b	二进制整数	%f、%F	浮点数
%d,%i	有符号的十进制整数	%g	指数（e）或浮点数（根据显示长度）
%u	无符号的十进制整数	%G	指数（E）或浮点数（根据显示长度）
%o	八进制整数	%%	字符%

例如：

```
>>> y=2025                          #y 为十进制
>>> yo="%o"%y                       #转化为八进制
>>> print yo
3751
>>> yx="%x"%y                       #转化为十六进制
>>> print yx
7e9
>>> ye="%e"%y                       #以基底 e 表示
>>> print ye
2.025000e+03
>>> "%s,%d,%c"%(65,65,65)  #分别将 65 转化为字符串、十进制整数和对应 ASCII 字符
65,65,A
>>> "%s"%[1,2,3]                    #将列表转化为字符串
'[1,2,3]'
>>> str([1,2,3])                    #将列表转化为字符串
'[1,2,3]'
```

提示：通过“%s”和 str( )可以把元组、集合、字典等数据类型转化为字符串。

2. format( )方法

Python 的 format( )方法也可进行格式化。该方法不仅可以使用位置进行格式化，还支持使用与位置无关的参数名字来进行格式化，并且支持序列解包格式化字符串，非常方便。例如：

```
>>> print("{0:,} in hex is:{0:#x},[1] in oct is {1:#o}".format(1001,101))
1,001 in hex is:0x3e9,101 in oct is 0o145
#{0}、{1}分别表示第 1、2 个数,冒号“:”后面的逗号“,”为千分位分隔符
>>> print(" {1:,} in hex is:{1:#x},{0} in oct is {0:#o}".format(1001,101))
101 in hex is:0x65,1001 in oct is 0o1751
#{0}、{1}分别表示第 1、2 个数,与顺序无关
>>> print("my name is {n},my office is {o}".format(n="huguosheng",o='304'))
my name is huguosheng,my office is 304
>>> name=('huguosheng','Huanghe','Wuxingxin')
>>> print("first:{0[0]},second:{0[1]},third:{0[2]}".format(name))
first:huguosheng,second:Huanghe,third:Wuxingxin
#{0}表示元组 name,{0[i]}表示元组 name 的第 i+1 个元素
```

提示：如果上次命令改为：>>> print（"first：{0}，second：{1}，third：{2}".format（name）），则出现下面错误信息：IndexError：tuple index out of range。请说明出错原因。

再看下面较为复杂点的例子。

```
>>> weather=[('Sunday','breezy'),('Monday','rain'),('Tuesday','sunny'),('Wednesday','cloud'),
              ('Thursday','clear to overcast'),('Friday','foggy'),('Saturday','shower')]
>>> weatherFormat="Weather of '{0[0]}' is '{0[1]}'".format
>>> for each in map(weatherFormat,weather):
...     print(each)
```

或

```
>>> for each in weather:
...     print(weatherFormat(each))
```

运行结果：

```
Weather of 'Sunday' is 'breezy'
Weather of 'Monday' is 'rain'
Weather of 'Tuesday' is 'sunny'
Weather of 'Wednesday' is 'cloud'
Weather of 'Thursday' is 'clear to overcast'
Weather of 'Friday' is 'foggy'
Weather of 'Saturday' is 'shower'
```

提示：内置函数 map()接收两个参数，一个是函数，一个是序列，map 将传入的函数依次作用到序列的每个元素，并把结果作为新的 list 返回。例如：map（lambda x：x * x，range（4）），返回为值列表[0,1,4,9]。再比如：

```
>>> l=[1,2,3,4,5,6,7]
>>>    def odd(n):
...        return 2 * n-1

>>> print map(odd,l)
[1,3,5,7,9,11,13]
```

4.1.2 字符串常用方法

有关字符串操作函数很多，如表 4-2 所示，用户可以使用 dir（"string"）查看所有字符串操作函数列表，help（）函数查看每个函数的帮助。例如：

```
>>> import string
>>> dir('string')
['__add__','__class__','__contains__','__delattr__','__doc__','__eq__','__format__','__ge__','__getattribute__','__getitem__','__getnewargs__','__getslice__','__gt__','__hash__','__init__','__le__','__len__','__lt__','__mod__','__mul__','__ne__','__new__','__reduce__','__reduce_ex__','__repr__','__rmod__','__rmul__','__setattr__','__sizeof__','__str__','__subclasshook__','_formatter_field_name_split','_formatter_parser','capitalize','center','count','decode','encode','endswith','expandtabs','find','format','index','isalnum','isalpha','isdigit','islower','isspace','istitle','isupper','join','ljust','lower','lstrip','partition','replace','rfind','rindex','rjust','rpartition','rsplit','rstrip','split','splitlines','startswith','strip','swapcase','title','translate','upper','zfill']
```

表 4-2　常用方法

方法名称	说　明	方法名称	说　明
find()	查找字符串首次出现位置	split()	以指定字符为分隔符分割字符串
rfind()	查找字符串最后出现位置	rplit()	从右端分割字符串
index()	返回字符串首次出现位置	partition()	分割字符串为3部分
rindex()	返回字符串最后出现位置	rpartition()	从右端分割字符串为3部分
count()	返回字符串出现次数	join()	与split相反
lower()	转换为小写	replace()	替换字符或字符串
upper()	转换为大写	maketrans()	成生字符映射表
capitalize()	首字母转换为大写	translate()	按映射表转换字符串并替换
title()	字符串每个单词首字母转换为大写	strip()	删除两端空格或连续指定字符
swapcase()	大小写互换	rstrip()	删除右端空格或连续指定字符
startswith()	判断是否以指定字符串开始	lstrip()	删除左端空格或连续指定字符
endswith()	判断是否以指定字符串结束	islower()	判断是否是小写字母
isalnum()	判断是否为数字或字母	center()	返回指定宽度、原串居中的新串
isalpha()	判断是否为字母	ljust()	返回指定宽度、原串居左的新串
isdigit()	判断是否是数字	rjust()	返回指定宽度、原串居右的新串
isspace()	判断是否是空格	eval()	字符串转化为Python字符串

通过help()方法查看单个字符串方法的功能，例如查看rfind()的功能如下：

```
>>> help(string.rfind)
Help on function rfind in module string:rfind(s, * args):
    rfind(s,sub [,start [,end]]) -> int
Return the highest index in s where substring sub is found,such that sub is contained within s[start,end]
. Optional arguments start and end are interpreted as in slice notation. Return -1 on failure.
```

1. find()、rfind()、index()、rindex()、count()

(1) find()和rfind()方法分别用来查找一个字符串在另一个字符串指定范围（默认是整字符串）中首次和最后出现的位置，如果不存在，则返回-1。例如：

```
>>> fruitStr="apple,apricot,watermelon,honeydew,orange,tangerine,papaya,coconut," \
        " pineapple,watermelon,cherry"
>>> fruitStr.find('watermelon')           #返回第一次出现的位置,从0开始计数
14
>>> fruitStr.find('watermelon',16)        #从指定开始查找
76
>>> fruitStr.find('watermelon',16,90)     #从指定范围中查找
76
>>> fruitStr.find('watermelon',16,80)     #从指定范围查找,未找到
-1
>>> fruitStr.rfind('w')                   #从字符串尾部向前查找'w'
76
>>> fruitStr.rfind('watermelon')          #从字符串尾部向前查找"watermelon"
76
```

（2）index()和 rindex()方法用来返回一个字符串在另一个字符串指定范围中首次和最后一次出现的位置，如果不存在，则返回错误信息。例如：

```
>>> fruitStr.index('w')                  #返回首次出现位置
14
>>> fruitStr.index('water')              #返回首次出现'water'位置
14
>>> fruitStr.rindex('w')                 #从字符串尾部向前查找出现'w'位置
76
>>> fruitStr.index('Durinr')             #未找到"Durinr"
ValueError:substring not found
```

（3）count()方法返回字符或字符串在指定字符串中出现的次数。例如：

```
>>> fruitStr.count('w')                  #统计字符'w'出现次数
3
>>> fruitStr.count('water')              #统计字符串'water'出现次数
2
```

2. split()、rsplit()、partition()、rpartition()

（1）split()和 rsplit()方法分别用来以指定字符为分隔符，从字符串左端和右端开始将其分割成多个字符串，并返回包含分割结果的列表。例如：

```
>>> ruitStr="apple,apricot,watermelon,honeydew,orange,tangerine,papaya,coconut," \
          "pineapple,watermelon,cherry"
>>> fruitSplit=fruitStr.split(",")                #使用逗号分割
>>> fruitSplit
['apple','apricot','watermelon','honeydew','orange','tangerine','papaya','coconut',
'pineapple','watermelon','cherry']
```

（2）partition()和 rpartition()方法用来以指定字符串为分隔符将原字符串分割为 3 部分，即分隔符前的字符串、分隔符字符串、分隔后的字符串，如果指定的分隔符不在原字符串中，则返回原字符串和两个空字符串。例如：

```
>>> fruitStr.partition(',')                 #使用逗号分割
'apple',',','apricot,watermelon,honeydew,orange,tangerine,papaya,coconut,pineapple,watermelon,
cherry'
>>> fruitStr.rpartition(',')                #使用逗号分割
'apple,apricot,watermelon,honeydew,orange,tangerine,papaya,coconut,pineapple,watermelon',',','
cherry'
>>> fruitStr.partition('watermelon')        #使用"watermelon"字符串分割
'apple,apricot,','watermelon',',honeydew,orange,tangerine,papaya,coconut,pineapple,watermelon,
Cherry'
>>> fruitStr.rpartition('watermelon')       #使用"watermelon"字符串分割
'apple,apricot,watermelon,honeydew,orange,tangerine,papaya,coconut,pineapple,','watermelon',',
cherry'
```

3. join()

join()方法与 split()相反，用来将列表中多个字符串进行连接，并在相邻两个字符串之中插入指定字符。例如：

```
>>> fruitStr=["apple","apricot","watermelon","honeydew","orange","tangerine","papaya",
```

```
        "coconut","pineapple","watermelon","cherry"]
>>> sepSymbol="-"
>>> fruitJoin=sepSymbol.join(fruitStr)          #合并
>>> print fruitJoin
apple-apricot-watermelon-honeydew-orange-tangerine-papaya-coconut-pineapple-watermelon-cherry
```

使用运算符“+”也可连接字符串，例如：

```
>>> "ice"+"cream"
'icecream'
```

“+”运算符的效率比 join()方法低。请看下例。

例 4-1 比较字符串连接的 join()方法与运算符“+”的效率。

```
import timeit
ls=['The third National Cyber Security Week (Shanghai) opened ' \
        'in September 19,2017.' for n in xrange(100)]

def strJoin():                    #自定义 join 函数
    return ''.join(ls)

def strPlus():                    #自定义+函数
    result=''
    for temp in ls:
        result=result+temp
    return result

print ('time for join method:',timeit.timeit(strJoin,number=1000))
    plustime=timeit.Timer('strPlus()','from __main__ import strPlus')   #显示 join 耗时
print ('time for plus operator:',timeit.timeit(strPlus,number=1000))      #显示+耗时
```

运行结果：

```
time for join method:0.004105118203860676
time for plus operator:0.026541848741089183
```

或者：

```
>>> timeit.timeit('"-".join(str(n) for n in range(100))',number=100)
0.00229889553001848
>>> timeit.timeit('"-".join(str(n) for n in range(100))',number=10000)
0.2343314583278051
>>> timeit.timeit('"-".join([str(n) for n in range(100)])',number=10000)
0.2172348720298345
>>> timeit.timeit('"-".join(map(str,range(100)))',number=10000)
0.13201035327108457
```

4. lower()、upper()、capitalize()、title()、swapcase()

(1) lower()方法将字符串中字母转换成小写。例如：

```
>>> str="The South China Sea has been part of China's territory since ancient times"
>>> str.lower()
" the south china sea has been part of china's territory since ancient times"
```

（2）upper()方法将字符串中字母转换成大写。例如：

```
>>> str.upper()
" THE SOUTH CHINA SEA HAS BEEN PART OF CHINA'S TERRITORY SINCE ANCIENT TIMES"
```

（3）capitalize()方法将字符串首字母大写。例如：

```
>>> str.capitalize()
" The south china sea has been part of china's territory since ancient times"
```

（4）title()方法用于将字符串每个单词首字母大写。例如：

```
>>> str.title()
" The South China Sea Has Been Part Of China'S Territory Since Ancient Times"
```

（5）swapcase()方法用于将字符串大、小写互换。例如：

```
>>> "The South China Sea has been part of China's territory since ancient times".swapcase()
" tHE sOUTH cHINA sEA HAS BEEN PART OF cHINA'S TERRITORY SINCE ANCIENT TIMES"
```

5. replace()

该方法用来替换字符串指定字符（串）或子字符串的所有重复出现字符（串），每次只能替换一个字符或一个子字符串。

```
>>> olym="北京奥运会"
>>> print(olym)
北京奥运会
>>> print(olym.replace("北京","伦敦"))
伦敦奥运会
```

6. maketrans()、translate()

（1）maketrans()方法用来生成字符映射表，它的语法如下：

```
str.maketrans(intab,outtab)
```

其中，intab——字符串中要替代的字符组成的字符串，outtab——相应的映射字符的字符串，两个字符串的长度必须相同，为一一对应的关系。

例如：

```
>> from string import maketrans    # 必须调用 maketrans 函数
>>> mapTable=''.maketrans("abcdefg","@！ $%#&*")         #确定对应关系
```

这样，“a”与“@”对应，“b”与“！”对应，……，“g”与“*”对应。

（2）translate()方法则按映射表关系转换字符串并替换其中的字符，使用这两个方法的组合可以同时处理多个不同的字符。replace()方法则可以做到。

例 4-2 通过定义映射表对字符串进行加密。

```
>>> origin="People's Republic of China"
>>> encryption=origin.translate(mapTable)         #运用上面对应关系转换
"P#opl#'s R#publi $ of Chin@"
```

7. strip()、rstrip()、lstrip()

（1）strip()方法用来删除两端空白字符或连续指定的字符。例如，右端或左端的空白

字符或连续的指定字符：

```
>>> taiwan="    Taiwan is a province of China    "
>>> taiwan.strip()                          #删除两端空格
'Taiwan is a province of China'
>>> "aaaabaccccdc".strip('abcd')            #删除 a,b,c,d
''
>>> "aaaabccccd".strip('ac')                #删除两端的 a,c
'bccccd'
```

（2）rstrip()方法用来删除右端空白字符或连续指定的字符。例如：

```
>>> taiwan.rstrip()                             #删除右端空格
'    Taiwan is a province of China'
>>> "aaaabccccdaaaa".rstrip('a')                #删除右端字符'a'
'aaaabccccd'
```

（3）lstrip()方法用来删除左端的空白字符或连续指定的字符。例如：

```
>>> taiwan.lstrip()                          #删除左端空格
'Taiwan is a province of China    '
>>> "aaaabccccdaaaa".lstrip('a')             #删除左端字符'a'
'bccccdaaaa'
```

8. eval()

该函数把任意字符串转化为 Python 算术表达式并求值。

```
>>> a=3
>>> b=4
>>> eval("a+b")
7
>>> import math
>>> eval('help (math.sqrt)')
Help on built-in function sqrt in module math:sqrt(...)
    sqrt(x)
            Return the square root of x.
>>> eval('math.sqrt(2)')          #相当于 math.sqrt(2)
1.4142135623730951
```

提示：eval()可以计算任意合法表达式的值，如果用户巧妙地构造输入的字符串，可以执行任意外部程序。如下面代码可以启动记事本程序、显示当前目录、打开指定文件和删除指定文件等，如图 4-1 所示。

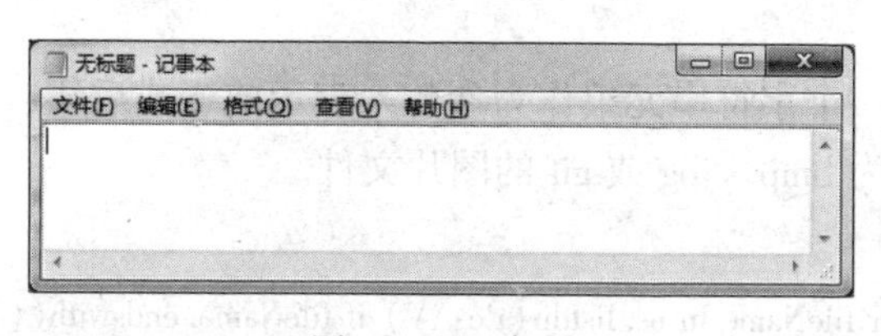

图 4-1　记事本

```
>>> a=raw_input("please input:")
please input:__import__('os').startfile(r'c:\windows\notepad.exe')          #打开记事本
```

```
>>> print eval(a)
>>> a=raw_input('please input:')
please input:__import__('os').system('dir')                    #显示当前目录
>>> print eval(a)
      D:\myPythonTest

      2017/09/22   08:50       <DIR>          .
      2017/09/22   08:50       <DIR>          ..
      2017/03/26   09:59       <DIR>          .idea
      2017/05/27   15:03                      13,588 0.jpg
      2017/03/26   10:47                      584 anotherdeletingFile.py
      2017/03/26   13:09                      501 arithmatic.py
      2017/07/16   07:38                      439 ArithmeticOperaton.py
>>> a=raw_input("please input:")
please input: open('abc.py').read()                            #打开指定文件
>>> print eval(a)
      __author__='hu'

      start=0
      end=0
>>> a=raw_input("please input:")
please input: __import__('os').system('del 123.py /q')    #删除指定文件
>>> print eval(a)
0
```

9. startswith()、endswith()

(1) startswith()方法用来判断字符串是否以指定字符串开始，可限定字符串的检测范围，例如：

```
>>> taiwan="Taiwan is a province of China"
>>> taiwan.startswith('Tai')                #taiwan 字符串以"Tai"开始吗
True
>>> taiwan.startswith('Tai',8)              #从第 8 位查找
False
>>> taiwan.startswith('Tai',0,8)            #在 0 到 8 位间查找
True
```

(2) endswith()方法用来判断字符串是否以指定字符串结束，可限定字符串的检测范围，例如：

```
>>> taiwan.endswith('China')          #taiwan 字符串以"China"结束吗
True
```

另外，还可以接收一个字符串元组作为参数来表示前缀或后缀，例如，下面代码列出指定文件夹下所有扩展名为 bmp、jpg 或 gif 的图片文件。

```
>>> import os
>>> [fileName for fileName in os.listdir(r'c:\\') if fileName.endswith((".bmp","jpg","gif"))]
['blackPearl.jpg']
```

10. isalnum()、isalpha()、isdigit()、isspace()、isupper()、islower()

(1) isalnum()方法用来测试字符串是否由数字或字母组成，例如：

```
>>> "Motel168".isalnum()
True
```

（2）isalpha()方法用来测试字符串是否由字母组成，例如：

```
>>> "Motel168".isalpha()
False
```

（3）isdigit()方法用来测试字符串是否由数字组成，例如：

```
>>> "3.1415".isdigit()
False
>>> '31415'.isdigit()
True
```

（4）isspace()方法用来测试空字符串是否由空格组成，例如：

```
>>> ' '.isspace()
True
```

（5）isupper()方法用来测试字符串是否由大写字母组成，例如：

```
>>> 'ABC'.isupper()
True
>>> 'ABCabc'.isspace()
False
```

（6）islower()方法用来测试字符串是否由小写字母组成，例如：

```
>>> 'abc'.islower()
True
>>> 'abc123'.islower()
True
```

11. center()、ljust()、rjust()

center()、ljust()和 rjust()3 种方法返回指定宽度的新字符串，原字符串居中、左对齐或右对齐出现在新字符串中。如果指定的宽度大于字符串长度，则使用指定的字符（默认空格）填充；如果指定的宽度小于字符串长度，则原字符串不变。例如：

```
>>> 'Taiwan China'.center(18)
'   Taiwan China   '
>>> 'Taiwan China'.center(8)
'Taiwan China'
>>> 'Taiwan China'.center(18,"*")
'***Taiwan China***'
>>> 'Taiwan China'.ljust(18,"*")
'Taiwan China******'
>>> 'Taiwan China'.rjust(18,"*")
'******Taiwan China'
```

12. in、not in

与列表、元组、字典、集合一样，也可使用关键字 in 和 not in 来判断一个字符串是否出现在另一个字符串中，返回 True 或 False。例如：

```
>>> 'a' in 'Taiwan'
True
>>> 'ch' in 'Taiwan China'
False
>>> 'ch' not in 'Taiwan China'
True
```

4.1.3 字符串常量

在 string 模块中定义了多个字符串常量，包括数字字符、标点符号、英文字母、大写字母、小写字母等，用户可以直接使用这些常量。例如：

```
>>> import string
>>> string.digits
'0123456789'
>>> string.punctuation                         #标点符号常量
'!"#$%&\'()*+,-./:;<=>?@[\\]^_`{|}~'
>>> string.letters
'abcdefghijklmnopqrstuvwxyzABCDEFGHIJKLMNOPQRSTUVWXYZ'
>>> string.printable                           #可打印字符
'0123456789abcdefghijklmnopqrstuvwxyzABCDEFGHIJKLMNOPQRSTUVWXYZ!"#$%&\'()*+,-
./:;<=>?@[\\]^_`{|}~ \t\n\r\x0b\x0c'
>>> string.lower()
TypeError:lower() takes exactly 1 argument (0 given)
>>> string.letters.lower()                     #字母集中小写字母
'abcdefghijklmnopqrstuvwxyzabcdefghijklmnopqrstuvwxyz'
>>> string.lowercase                           #字母集中小写字母
'abcdefghijklmnopqrstuvwxyz
>>> string.lower('SOUTHCHINA SEA')             #将字符串中字符改为小写
'south china sea'
>>> string.uppercase                           #字母集中大写字母
'ABCDEFGHIJKLMNOPQRSTUVWXYZ'
```

例 4-3 生成 8 位随机密码。

代码如下：

```
>>> import string
>>> charConst=string.digits+string.ascii_letters+string.punctuation
>>> import random
>>> ''.join([random.choice(charConst) for i in range(8)])      #从 charConst 集中抽取 8 个字符
'ADJ&rh)4'
>>> ''.join(random.sample(charConst,8))
'7=S_-F3%'
```

random 除了用于从序列中任意选择一个元素的函数 choice()外，还提供了用于生成指定二进制位数的随机整数的函数 getrandbits()，生成指定范围内随机数的函数 randrange()和 randit()、列表原地乱序函数 shuffle()、从序列中随机选择指定数量不重复元素的函数 sample()、返回[0,1]区间内符合 beta 分布的随机数函数 betavariate、符合 gamma 分布的随机函数 gammavariate()、符合 gauss 分布的随机函数 gauss()等，同时还提供了 SystemRandom 类支持生成加密级别要求的不可再现伪随机数序列。例如：

```
>>> import random
>>> random.getrandbits(16)
12141L
>>> intList=list(range(16))
>>> random.shuffle(intList)
>>> intList
[0,13,11,8,3,12,10,2,4,1,15,9,5,7,14,6]
>>> random.sample(intList,4)
[5,10,3,13]
```

例 4-4 有 3 次输入密码并验证的机会，如果密码正确，则显示验证通过；如果密码不正确，则提示重新输入。假设密码为“STIEI”，输入时密码不分大小写。

代码如下：

```
i=0                                                          #计数
while True:
    i=i+1
    if i<=3:                                                 #控制不超过 3 次
        key=raw_input("please enter your password:")         #输入密码
        if key.upper()=="STIEI":                             #检验密码是否正确
            print("Success!")
            break
        else:
            print("access denied!")
            print("please try again.")
            continue
    else:
        print("sorry! times you tried more than 3")
        break
```

运行结果：

```
please enter your password:123456
access denied!
please try again.
please enter your password:sTiEI
Success!
```

例 4-5 模拟发 6 次红包，每次 10 个人抢 100 元。

代码如下：

```
import random

defredPackets(total,num):            #total:红包总金额,num:红包数量
    each=[]
    already=0                        #已发红包总金额
    for i in range(1,num):           #为当前抢红包的人随机分配金额
        t=random.randint(1,(total-already)-(num-i))    #至少给剩下的人每人留一份钱
        each.append(t)
        already+=t
    each.append(total-already)       #剩余所有钱发给最后一个人
    return each
```

```
total=100
num=10
for i in range(6):                  #模拟 6 次
    each=redPackets(total,num)
print (each)
```

运行结果：

```
[61,15,1,1,14,3,1,1,2,1]
[59,12,13,7,1,2,3,1,1,1]
[14,19,47,6,8,2,1,1,1,1]
[21,12,7,9,41,6,1,1,1,1]
[79,2,10,1,1,3,1,1,1,1]
[87,4,1,1,2,1,1,1,1,1]
```

例 4-6 采用异或运算运用指定的密钥实现字符串加密和解密。

代码如下：

```
def crypt(plaintext,key):                     #自定义加密函数
    from itertools import cycle
    ciphertext="
    temp=cycle(key)
    for ch in plaintext:
        ciphertext=ciphertext+chr(ord(ch)^ord(next(temp)))          #加密
    return ciphertext

plaintext='China\'s first aircraft carrier launched on the morning of April 26,2017'
key='Taiwan'

print ('Plaintext:      '+plaintext)
encrypted=crypt(plaintext,key)               #调用加密函数
print ('Ciphertext:'+encrypted)
decrypted=crypt(encrypted,key)               #再调用解密函数
print ('Decrypedtext:'+decrypted)
```

运行结果：

```
Plaintext:China's first aircraft carrier launched on the morning of April 26,2017 Ciphertext:)9 i'a/>3=
a(>3-& /#a-53;>$<t-("/-<$-w. t5! 2a#3'>/)t. /w>&(%wsxxa{gpy Decrypedtext:China's first
aircraft carrier launched on the morning of April 26,2017}))
```

4.2 正则表达式

正则表达式（简称为 regex）具有文本模式匹配、抽取、与/或文本形式的搜索和替换功能。它是由字符和特殊符号组成的字符串，描述了模式的重复或者表述多个字符，于是正则表达式能按照某种模式匹配一系列有相似特征的字符串。

Python 通过标准库中的 re 模块来支持正则表达式，re 模块提供了正则表达式操作所需要的功能。正则表达式匹配流程如图 4-2 所示。

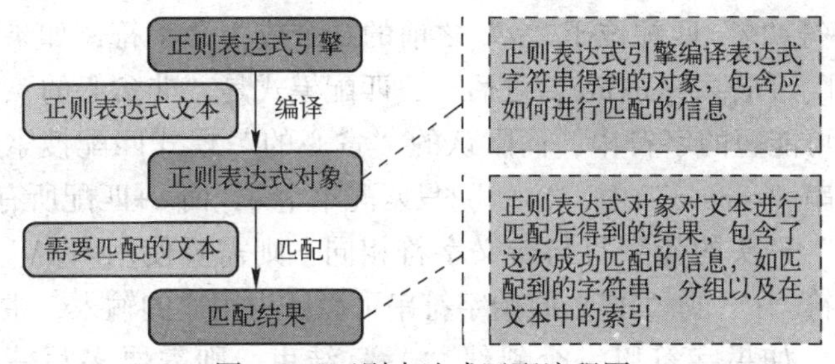

图 4-2 正则表达式匹配流程图

4.2.1 正则表达式语法

正则表达式由元字符（特殊符号和字符）及其不同组合来构成，通过巧妙地构造正则表达式可以匹配任意字符串，并完成复杂的字符串处理任务。常用的正则表达式元字符如表 4-3 所示。

表 4-3 正则表达式常用元字符

元 字 符	功 能
.	匹配除换行符（\n）以外的任意单个字符
*	匹配 0 次或多次前面出现的正则表达式，如 [A-Z]、[a-z]、[0-9]
+	匹配 1 次或多次前面出现的正则表达式，如 [a-z]+\.com
-	用在 [] 之内用来表示范围，如 [0-9]、[a-z]、[A-Z]
|	匹配位于 | 之前或之后的字符，如 re1 | re2
^	匹配行首，匹配以^后面的字符开头的字符串，如^Mr.
$	匹配行尾，匹配以 $之前的字符结束的字符串，如/bin/ * sh $
?	匹配位于“?”之前的 0 次或 1 次前面出现的正则表达式，如 goo?
\	表示位于\ 之后的为转义字符
\num	num 为正整数，如“(.)\1”匹配两个连续的相同字符
\f	换页符匹配
\n	换行符匹配
\r	匹配一个回车符
\b	匹配单词头或单词尾
\B	与\b 含义相反
\d	匹配任何数字，相当于 [0-9]
\D	与\d 含义相反，相当于 [^0-9]
\s	匹配任何空白字符，包括空格、制表符、换页符，与 [\f\n\r\t\v] 等效
\S	与\s 含义相反
\w	匹配任何字母、数字以及下画线，相当于 [a-zA-Z0-9]
\W	与\w 含义相反，与 [^a-zA-Z0-9] 等效
()	将位于()内的内容作为一个整体来对待
{}	按{}中的次数进行匹配
[]	匹配位于[]中的任意一个字符
[^xyz]	反向字符集，匹配除 x，y，z 之外的任意字符
[a-z]	字符范围，匹配指定范围内的任意字符
[^a-z]	反向范围字符，匹配除小写英文字母之外的任意字符

提示：① 元字符“?”匹配位于“?”之前的0个或1个字符，如果紧随任何其他限定符（*、+、?、{n}、{n,}、{n,m}，之后时，匹配模式是“非贪心的”，“非贪心的”模式匹配搜索到的、尽可能短的字符串，而默认的“贪心的”模式匹配搜索到的、尽可能长的字符串。如在字符串“oooooo”中，“o+?”只匹配单个o，而o+匹配所有o。

② 如果以“\”开头的元字符与转义字符相同，则需要使用“\\”或者原始字符串，在字符串前加上字符“r”或“R”。原始字符串可以减少用户的输入，主要用于正则表达式和文件路径字符串，如果字符以一个斜线“\”结束，则需要多写一个斜线，以“\\”结束。

下面列举基本的正则表达式元字符组合，例如：

1. 选择一匹配符号匹配多个正则表达式

（1）Python|Pearl或P(ython|erl)：匹配“Python”或“Pearl”。

（2）Mr. |Sir|Mrs. |Miss|Madam：匹配“Mr.”“Sir”“Mrs.”“Miss”或“Madam”。

（3）(a|b) *c：匹配多个（包含0个）a或b，后面紧跟一个字母c。

2. 匹配任意单个字符

（1）f.r：匹配在字母“f”“r”之间的任意一个字符。如fur、far、for。

（2）..：匹配任意两个字符。

（3）.end：匹配在字符串之前的任意一个字符。

3. 从字符串起始或者结尾匹配

（1）^http：匹配所有以“http”开头的字符串。

（2）^[a-zA-Z]{1}([a-zA-Z0-9._]){4,19}$：匹配长度为5~20，以字母开头，可带数字、“_”、“.”的字符串。

（3）*/$$：匹配以美元符号结束的字符串。

（4）^(\w)(6,20)$：匹配长度为6~20的字符串，可以包含字母、数字或下画线。

（5）^(\-)? \d+(\.\d{1,2})?$：检查给定字符串是否为最多带有2位小数的正数或负数。

（6）^[a-zA-Z]+$：检查给定字符串是否只包含大小写英文字母。

4. 创建字符集

（1）[PIW]ython：匹配“Python”“Iython”或“Wython”。

（2）[a-zA-Z0-9]：匹配一个任意大、小写字母或数字。

（3）[^abc]：匹配一个除“a”“b”和“c”之外的任意字符。

（4）b[aeiu]t：匹配“bat”“bet”“bit”“but”。

（5）[ab][te][12]：匹配一个包含3个字符的字符串，第1个字符是“a”或“b”，第2个字符是“t”或“e”，第3个字符是“1”或“2”。

5. 限定范围和否定

（1）z.[0-9]：字母“z”后面跟任何一个字符，然后跟着一个数字。

（2）[^aeiou]：一个非元音字符（不一定是“辅音”）。

（3）[r-u][env-y][us]：字母“r”“s”“t”或者“u”后面跟“e”“n”“v”“w”“x”或者“y”，然后跟着“u”或“s”。

（4）[^\t\n]：不匹配制表符或者\n。

（5）["-a]：在ASCII表中，所有字符都位于“"”和“a”之间，即34~97。

（6）[\u4e00-\u9fa5]：匹配给定字符串中所有汉字。

6. 表示字符集的特殊字符

（1）\d{4}-\d{1,2}-\d{1,2}：匹配指定格式的日期，例如2017-4-29。“^[a-zA-Z]{3}\.-(\0)?\d{1-2}-\d{4}”包含Apr.-01-2017。

（2）(?!.*[\'\"\/;=%?]).+"：如果给定字符串中包含'、"、/、;、=、%、?，则匹配失败。

（3）(.)\\1+：匹配任意字符的一次或多次重复出现。

（4）ab{1,}：等价于“ab+”，匹配以字母a开头后面带1个或多个字母b的字符串。

（5）^\d{1,3}\.\d{1,3}\.\d{1,3}\.\d{1,3}：检查给定字符串是否为合法IP地址。

（6）^(13[4-9]\d{8})|15[01289]\d{8})：检查给定字符串是否为合法手机号。

（7）^\w+@(\w+\.)+\w+：检查给定字符串是否为合法电子邮件地址。

（8）^\d{18}|\d{15}：检查给定字符串是否为合法身份证格式。

（9）^(?=.*[a-z])(?=.*[A-Z])(?=.*\d)(?=.*[,._]).{8,}：检查给定的字符串是否为强密码，必须同时包含英语小写字母、大写字母、数字或特殊符号，并且长度至少8位。

7. 使用( )指定分组

（1）子模式后面加上?：可选。如“(http://)?(www\.)?python\.org”匹配“http://www.python.org”“http://python.org”“www.python.org”“python.org”。

（2）\d+(\.\d*)?：匹配简单浮点数的字符串，即任意十进制数字，后面可接一个小数点、零个或多个十进制数字，如“3.14159”“123”等。

（3）(Mr?s?\.)?[A-Z][a-z]*[A-Za-z-]+：匹配名字和姓氏，以及对名字的限制（如果有，首字母必须大写，后续字母小写），全名前可以有可选的“Mr.”“Mrs.”“Ms.”或“M.”作为称谓，以及灵活可选的姓氏，可以有多个单词、横线以及大写字母。

（4）(pattern)*：允许模式重复0次或多次。

（5）(pattern)+：允许模式重复1次或多次。

（6）(pattern){m,n}：允许模式重复m~n次。

8. 扩展表示法

（1）(?:\w+\.)*：以点作为结尾的字符串，例如“google.”“twitter.”“facebook.”，但是这些匹配不会保存下来供后续使用和数据检索。

（2）(?#comment)：此处并不做匹配，只是作为注释。

（3）(?-.com)：如果一个字符串后面跟着“.com”才能匹配操作，并不使用任何目标字符串。

（4）(?!.net)：如果一个字符串后面紧跟着的不是“.net”才做匹配操作。

（5）(?<=86-)：如果字符串之前为“86-”才做匹配，假定为电话号码，同样，并不使用任何输入字符串。

（6）(?<!192\.168\.)：如果一个字符串之前不是“192.168”才做匹配操作，假定用于过滤掉一组C类IP地址。

（7）(?(1)y|x)：如果一个匹配组1(\1)存在，就与y匹配，否则，就与x匹配。

构造正则表达式时，要注意到可能会发生的错误，尤其是涉及特殊字符时，例如下面这段代码作用是用来匹配 Python 程序中的运算符，但是因为有些运算符与正则表达式的元字符相同而引起歧义，如果处理不当则会造成理解错误，需要进行必要的转义处理。

```
>>> import re
>>> symbols=[',','+','-','*','/','//','**','>>','<<','+=','-=','*=','/=']
>>> for i in symbols:
...        patter=re.compile(r'\s*'+i+r'\s*')
error:multiple repeat
>>> for i in symbols:
...        petter=re.compile(r'\s*'+re.escape(i)+r'\s*')          #生成正则表达式
```

4.2.2 re 模块主要方法

re 模块可用来实现正则表达式的操作。

```
>>> import re
>>> dir(re)
['DEBUG','DOTALL','I','IGNORECASE','L','LOCALE','M','MULTILINE','S','Scanner','T','TEMPLATE','U','UNICODE','VERBOSE','X','_MAXCACHE','compile','copy_reg','error','escape','findall','finditer','match','purge','search','split','sre_compile','sre_parse','sub','subn','sys','template']
```

该模块的常用方法如表 4-4 所示，具体使用时，既可以直接使用 re 模块的方法来处理字符串，也可以将模式编译为正则表达式对象，然后使用正则表达式对象的方法来操作字符串。

表 4-4　re 模块常用方法

方　法	功　能
compile(pattern[,flags])	创建模式对象
search(pattern,string[,flags])	在整字符串中寻找模式，返回 match 对象或 None
match(pattern,string[,flags])	从字符串的开始处匹配模式，返回 match 对象或 None
findall(pattern,string[,flags])	返回字符串中模式的所有匹配项的列表
finditer(pattern,string[,flags])	与 findall()函数相同，但返回的不是一个列表，而是一个迭代器。对于每一次匹配，迭代器都返回一个匹配对象
split(pattern,string[,maxsplit=0])	根据正则表达式的模式分隔符，split 函数将字符串分割为列表，然后返回成功匹配的列表，分隔最多操作 max 次（默认分割所有匹配成功的位置）
sub(pattern,repl,string[,count=0])	使用 repl 替换所有正则表达式的模式在字符串中出现的位置，除非定义了 count，否则就将替换所有出现的位置
subn(pattern,repl,string)	使用 repl 替换所有正则表达式的模式在字符串中出现的次数
escape(string)	将字符串中所有特殊正则表达式字符转义
purge()	清除隐式编译的正则表达式模式
group(num=0)	返回整个匹配对象，或者编号为 num 的特定子组
groups(default=None)	返回一个饮食所有匹配子组的元组（如果没有成功匹配，则返回一个空元组）
groupdict(default=None)	返回一个包含所有匹配的命名子组的字典，所有的子组名称作为字典的键（如果没有成功匹配，则返回一个空字典）

其中，re 模块属性的参数 flags 含义如表 4-5 所示。

表 4-5　re 模块属性的参数 flags

参数 flags	功　能
re. I、re. IGNORECASE	忽略大小写的匹配
re. L、re. LOCALE	根据所使用的本地语言环境通过\w、\W、\b、\B、\s、\S 实现匹配
re. M、re. MULTILINE	^和 $分别匹配目标字符串中行的起始和结尾，而不是严格匹配整个字符串本身的起始和结尾
re. S、re. SCANNER	"." 通常匹配除了\n 之外的所有单个字符，该标记表示 "." 能够匹配全部字符
re. U、re. UNICODE	根据 Unicode 字符集解析字符，这个标志影响\w、\W、\b、\B 的含义
re. X、re. VERBOSE	通过反斜线转义，否则所有空格加上# （以及在该行中所有后续文字）都被忽略，除非在一个字符类中或者允许注释并且提高可读性

提示：Python 主要有两种方法完成字符串匹配：搜索（searching）和匹配（matching）。搜索指在字符串任意部分中搜索匹配的模式；而匹配是指判断一个字符串能否从起始处全部或者部分地匹配某个模式。搜索通过 search( ) 函数或方法来实现，而匹配通过调用 match( ) 函数或方法实现。

4.2.3　re 模块方法的使用

1. split( ) 方法

split( ) 方法通过指定分隔符对字符串进行切片，返回分割后的字符串列表。例如：

```
>>> import re
>>> greekLetter='Alpha&Beta&Gamma&Delta&Epsilon&Zeta&Eta&Theta&Lambda&Mu&Nu'\
        '&Xi&Pi&Rho&Sigma&Tau&Upsilon&Phi&Chi&Psi&Omega'
>>> re.split('[\&]+',greekLetter)
['Alpha','Beta','Gamma','Delta','Epsilon','Zeta','Eta','Theta','Lambda','Mu','Nu','Xi','Pi','Rho','
Sigma','Tau','Upsilon','Phi','Chi','Psi','Omega']
>>> re.split('[\&]+',greekLetter,maxsplit=4)        #分割 4 部分
['Alpha','Beta','Gamma','Delta','Epsilon&Zeta&Eta&Theta&Lambda&Mu&Nu&Xi&Pi &Rho&Sigma
&Tau&Upsilon&Phi&Chi&Psi&Omega']
>>> grL='Alpha   Beta    Gamma    Delta    Epsilon    '
>>> re.split('[\s]+',grL)
['','Alpha','Beta','Gamma','Delta','Epsilon','']
>>> re.split('[\s]+',grL.strip())                   #删除首、尾空格
['Alpha','Beta','Gamma','Delta','Epsilon']
>>> grL.split()                                     #也可不使用正则表达式，默认时以空格分割
['Alpha','Beta','Gamma','Delta','Epsilon']
>>> ''.join(grL.split())
'Alpha Beta Gamma Delta Epsilon'
>>> ''.join(re.split('[\s]+',grL.strip()))
'AlphaBetaGammaDeltaEpsilon'
>>> ''.join(re.split('[\s]+',gLr.strip()))
'Alpha Beta Gamma Delta Epsilon'
>>> ''.join(re.split('\s+',grL.strip()))
'Alpha Beta Gamma Delta Epsilon'
```

2. group( )、groups( )和 match( )方法

当处理正则表达式时，除了正则表达式对象之外，还有另一个对象类型：匹配对象。它是成功调用 match( )或 search( )方法时返回的对象。匹配对象有两个主要方法：group( )和 groups( )。

group( )要么返回整个匹配对象，要么根据要求返回特定子组。groups( )则仅返回一个包含唯一或者全部子组的元组。如果没有子组的要求，那么当 group( )仍然返回整个匹配时，groups( )返回一个空元组。

match( )从字符串起始部分对模式进行匹配。如果匹配成功，就返回一个匹配对象；如果匹配失败，就返回 None，匹配对象的 group( )方法能够用于显示那个成功的匹配。例如：

```
>>> print(re.match('Taiwan of China','Taiwan'))              #匹配失败
None
>>> print(re.match('Taiwan | China','Taiwan'))               #匹配成功
<_sre.SRE_Match object at 0x0000000030EAE00>
>>> ma=re.match('Tai','Taiwan of China')                     #模式匹配字符串
>>> if ma is not None:                                       #如果匹配成功,就输出匹配内容
...         ma.group()
'Tai'
>>> ma
<_sre.SRE_Match at 0x3b9ed78>                                #匹配成功
```

下面例子说明如何使用 group( )方法访问每个独立的子组以及使用 group( )方法获取一个包含所有匹配子组的元组。

```
>>> fireCall=re.match('(\w\w\w\w):(\d\d\d)','fire:119')
>>> fireCall.group()            #完整匹配
'fire:119'
>>> fireCall.group(1)           #子组 1
'fire'
>>> fireCall.group(2)           #子组 2
'119'
>>> fireCall.groups()           #全部子组的元组
('fire','119')
```

下面示例展示了不同的分组排列。

```
>>> m=re.match('ab','ab')                  #没有子组
>>> m.group()                              #完整匹配
'ab'
>>> m.groups()                             #所有子组
()
>>> m=re.match('(ab)','ab')                #一个子组
>>> m.group()                              #完整匹配
'ab'
>>> m.group(1)                             #子组 1
'ab'
>>> m.group(2)                             #子组 2 不存在
IndexError:no such group
>>> m.groups()                             #全部子组
('ab',)
```

```
>>> m=re.match('(a)(b)','ab')              #两个子组
>>> m.group()                              #完全匹配
'ab'
>>> m.group(1)                             #子组 1
'a'
>>> m.group(2)                             #子组 2
'b'
>>> m.groups()                             #全部子组
('a','b')
>>> m=re.match('(a(b))','ab')              #两个子组
>>> m.group()                              #完全匹配
'ab'
>>> m.group(1)                             #子组 1
'ab'
I>>> m.group(2)                            #子组 2
'b'
>>> m.groups()                             #全部子组
('ab','b')
```

接下来讨论有关匹配的重复、特殊字符及分组问题。在第 4.2.1 节中曾看到过一个关于简单电子邮件地址的正则表达式（\w+@ \w+\. com）。或许用户想要匹配比这个正则表达式所允许的更多邮件地址。为了表示主机名是可选的，需要创建一个模式来匹配主机名，使用“?”操作符来表示该模式出现零次或者一次，然后按照如下所示的方式，插入可选的正则表达式到之前的正则表达式中：\w+@ (\w+\.)? \w+\. com。例如：

```
>>> re.match(pattern,'huguosheng@ stiei. edu. cn').group()         #匹配
'huguosheng@ stiei. edu. cn'
>>> pattern='\w+@ (\w+\. )? \w+(\. com | . cn)'                    #生成正则表达式
>>> print re.match(pattern,'huguosheng@ stiei. edu. cn').group()   #匹配
'huguosheng@ stiei. edu. cn'
```

3. search( )方法

如果搜索的模式出现在一个字符串中间部分的概率，远大于出现在字符串起始部分的概率，search( )方法就派上用场了。search( )的工作方式与 match( )完全一致，不同之处在于search( )会用它的字符串参数，在任意位置对给定正则表达式模式搜索第一次出现的匹配情况。如果搜索到成功的匹配，就会返回一个匹配对象；否则，返回 None。下例说明 match( )和 search( )之间的区别。

```
>>> ma=re.match("China","Taiwan of China")                    #匹配失败
>>> print ma
None
>>> ma=re.search("China","Taiwan of China")                   #搜索成功
>>> print ma
<_sre. SRE_Match object at 0x03B9EFA8>
>>> print(re.search('Taiwan | China','Tai! wan! | Taiwan'))   #匹配成功
<_sre. SRE_Match object at 0x00000000030EAE00>
>>> print(re.match('Taiwan | China','Ta! iwan! | Taiwan'))    #匹配失败
None
```

4. findall()方法、finditer()方法

findall()方法查询字符串中某个正则表达式模式全部的非重复出现情况。这与search()在执行字符串搜索时类似，但与match()和search()不同之处在于，findall()总是返回一个列表。如果没有匹配成功，返回一个空列表，如果成功，列表将包含所有成功的匹配部分。例如：

```
>>> import re
>>> re.findall('car','carry the barcardi to the car')          #查找'car'字符串
['car','car','car']
>>> pattern='[a-zA-Z]+'
>>> greekLetter='Alpha&Beta&Gamma&Delta&Epsilon&Zeta&Eta&Theta&Lambda&Mu&Nu'\
        '&Xi&Pi&Rho&Sigma&Tau&Upsilon&Phi&Chi&Psi&Omega'
>>> re.findall(pattern,greekLetter)                             #查找所有单词
['Alpha','Beta','Gamma','Delta','Epsilon','Zeta','Eta','Theta','Lambda','Mu','Nu','Xi','Pi','Rho','
Sigma','Tau','Upsilon','Phi','Chi','Psi','Omega']
>>> permanentFive='United State of America,British Empire,The French Republic,The Russian Federa-
tion,'\'Peoples Republic of China'
>>> re.findall('\\bF.+? \\b',permanentFive)
['French','Federation']
>>> re.findall('\\bF\w*\\b',permanentFive)                     #查找以'F'开头的单词
['French','Federation']
>>> re.findall('\\b\w*\\b',permanentFive)                      #查找所有单词
['United','','State','','of','','America','','British','','Empire','','The','','French','','Republic','','The','
','Russian','','Federation','','Peoples','','Republic','','of','','China','']
>>> re.findall('\\b\w.+? \\b',permanentFive)
['United','State','of','America','British','Empire','The','French','Republic','The','Russian','Federation
','Peoples','Republic','of','China']
>>> re.findall(r'\b\w.+? \b',permanentFive)                    #使用原始字符串,减少需要的符号数量
['United','State','of','America','British','Empire','The','French','Republic','The','Russian','Federation
','Peoples','Republic','of','China']
>>> re.findall('\\Bi.+? \\b',permanentFive)  #含有i字母的单词中第一个非首字母i的剩余部分
['ited','ica','itish','ire','ic','ian','ion','ic','ina']
>>> re.findall('\d\.\d\.\d+','Python 2.7.13,Python 3.6.1')  #查找并返回×.×.×形式的数字
['2.7.13','3.6.1']
```

finditer()函数是与findall()函数类似但更节省内存的变体。两者之间以及和其他变体函数之间的差异在于，和返回的匹配字符串相比，finditer()在匹配对象中迭代。

```
>>> str="Taiwan and Tibet are inalienable parts of China's territory."
>>> re.findall(r'(t\w+)and(t\w+)',str,re.I)                    #根据正则表达式查找
[('Taiwan','Tibet')]
>>> re.finditer(r'(t\w+)and(t\w+)',str,re.I).next().groups()   #根据生成正则表达式查找
('Taiwan','Tibet')
>>> re.finditer(r'(t\w+)and(t\w+)',str,re.I).next().group(1)   #根据生成正则式迭代查找
'Taiwan'
>>> re.finditer(r'(t\w+)and(t\w+)',str,re.I).next().group(2)
'Tibet'
>>> [fi.groups()for fi in re.finditer(r'(t\w+)and(t\w+)',str,re.I)]
[('Taiwan','Tibet')]
```

用户也可以在单个字符串中执行单个分组的多重匹配，例如：

```
>>> re.findall(r'(t\w+)',str,re.I)
```

```
['Taiwan','Tibet','ts','territory']
>>> it=re.finditer(r'(t\w+)',str,re.I)
>>> g=it.next()
>>> g.groups()
('Taiwan',)
>>> g.group(1)
'Taiwan'
>>> g=it.next()
>>> g.groups()
('Tibet',)
>>> g.group(1)
Out[48]:'Tibet'
>>> [g.group(1)for g in re.finditer(r'(t\w+)',str,re.I)]
['Taiwan','Tibet','ts','territory']
>>> [g.group(2)for g in re.finditer(r'(t\w+)',str,re.I)]
IndexError:no such group
```

提示：使用finditer()函数完成的所有额外工作都旨在获取它的输出来匹配findall()输出。与match()和search()类似，findall()和finditer()方法的版本支持可选的pos和endpos参数，用于控制目标字符串的搜索边界。

5. sub()方法、subn()方法

sub()方法使用给定的替换内容将匹配模式的子字符串（最左端并且重叠子字符串）替换掉，subn()方法返回替换结果和替换次数。例如：

```
>>> import re
>>> re.sub('name','Mr. Hu','attn:name\n\nDear name,\n')
'attn:Mr. Hu\n\nDear Mr. Hu,\n'
>>> print re.sub('name','Mr. Hu','attn:name\nDear name,\n')
attn:Mr. Hu,

Dear Mr. Hu


>>> print re.subn('name','Mr. Hu','attn:name,\n\nDear name\n')
('attn:Mr. Hu,\n\nDear Mr. Hu\n',2)
>>> print re.sub('{name}','Mr. Hu','attn:{name}')                  #字符串替换
attn:Mr. Hu
>>> persons='Female Male Ladyboy Transsexual'
>>> re.sub('Female|Male|Ladyboy|Transsexual','respected',persons)#字符串替换
'respected respected respected respected'
>>> person='Female    Male    Ladyboy    Transsexual   '
>>> re.sub('\s+','',person)                                         #删除所有空格
'FemaleMaleLadyboyTranssexual'
>>> re.sub('\s+','',person)                                         #连续多个空格保留一个
'Female Male Ladyboy Transsexual'
>>> num=re.subn('\\bfoo\\b','noon','foo is foo foois foo isnotfoo')
>>> print num
('noon is noon foois noon isnotfoo',3)
```

6. escape()方法

escape()方法可以对字符串中所有可能被解释为正则运算符的字符进行转义。如果字符串

很长且包含很多特殊字符，回避输入一大堆反斜杠，或者字符串来自于用户（比如通过 raw_input 函数获取输入的内容），且要用作正则表达式的一部分的时候，可以使用这个函数。

```
>>> re.escape('http://www.python.org')                #字符串转义
'http\\:\\/\\/www\\.python\\.org'
```

7. 点号（.）匹配方法

点号（.）除了不能匹配换行符（\n）或非字符外，可以匹配任何单个字符。例如：

```
>>> re.match('.bed','bed').group()                     #点号匹配空格字符
'bed'
>>> re.match('.bed','\nbed').group()                   #点号不能匹配换行符(\n)
AttributeError:'NoneType'object has no attribute'group'
>>> re.match('b.d','bad,bed,bid,bod,bud').group()      #点号匹配'a'
'bad'
>>> re.match('b.+d','bad,bed,bid,bod,bud').group()     #点号匹配'a'、'e'、'i'、'o'、'u'
'bad,bed,bid,bod,bud'
```

如果要在正则表达式中搜索一个真正的句号（小数点），用户可通过使用一个反斜线（\）对句号的功能进行转义：

```
>>> piPattern='3.14'                         #表示正则表达式的点号
>>> piDot='3\.14'                            #表示小数的点号(dec.point)
>>> re.match(piDot,'3.14').group()           #精确匹配
'3.14'
>>> re.match(piPattern,'3.14').group()       #点号匹配'.'
'3.14'
>>> re.match(piPattern,'3d14').group()       #点号匹配'd'
'3d14'
>>> re.match(piDot,'3d14').group()           #匹配不成功
AttributeError:'NoneType'object has no attribute'group'
```

8. 匹配字符串的开头、结尾及单词边界

下例显示了表示位置的正则表达式操作符。这种操作符更多用于表示搜索而不是匹配，原因是匹配 match()总是从字符串开始位置进行匹配。

```
>>> re.search('Diaoyu','Chinese Diaoyu Island').group()          #匹配成功,不分首、尾
'Diaoyu'
>>> re.search('Diaoyu','Diaoyu Island of China').group()         #匹配成功,不分首、尾
'Diaoyu'
>>> re.search('^Diaoyu','Diaoyu Island of China').group()        #在字符串首匹配成功
'Diaoyu'
>>> re.search('^Diaoyu','Chinese Diaoyu Island').group()         #在字符串首匹配不成功
AttributeError:'NoneType'object has no attribute'group'
>>> re.search(r'\bof ','Diaoyu Island of China').group()         #在边界,匹配成功
'of '
>>> re.search(r'\bof ','Diaoyu Island ofChina').group()          #在边界,匹配成功
'of '
>>> re.search(r'\bof ','Diaoyu Islandof China').group()          #有边界,匹配失败
AttributeError:'NoneType'object has no attribute'group'
>>> re.search(r'\Bof ','Diaoyu Islandof China').group()          #没有边界,匹配成功
'of '
```

4.2.4 使用正则表达式对象

Python 代码最终会被编译成字节码，然后在解释器上执行，或者说解释器在执行字符串代码前都必须把字符串编译成代码对象。因此使用预编译的代码对象比直接使用字符串要快。同样，对正则表达式来说，在模式匹配发生前，正则表达式模式必须编译成正则表达式对象。由于正则表达式在执行过程中将进行多次比较操作，因此强烈建议使用预编译。re. compile( )提供预编译功能，它将正则表达式编译生成正则表达式对象，然后再使用正则表达式对象提供的方法进行字符串处理，使用编译后的正则表达式对象提高字符串处理速度。

模块函数会对已编译的对象进行缓存，因此不是所有使用相同正则表达式模式的 search( )和 match( )都需要编译，既节省了缓存查询时间，又不必对于相同的字符串反复进行函数调用。purge( )函数能够用于清除这些缓存。

1. 正则表达式对象的 match( )、search( )和 findall( )方法

正则表达式对象的 match(string[,pos[,endpos]])方法在字符开头或指定位置进行搜索，模式必须出现在字符串开头或指定位置；search(string[,pos[,endpos]])方法在整个字符串或指定范围中进行搜索；findall(string[,pos[,endpos]])方法在字符串中查找所有符合正则表达式的字符串并以列表形式返回。例如：

```
>>> import re
>>> permanentFive='United State of America,British Empire,The French Republic,'\
                    'The Russian Federation,Peoples Republic of China'
>>> pattern=re.compile(r'\bR\w+\b')                #以'R'开头的单词
>>> pattern.findall(permanentFive)
['Republic','Russian','Republic']
>>> pattern=re.compile(r'\w+a\b')                  #以'a'结尾的单词
>>> pattern.findall(permanentFive)
['America','China']
>>> pattern=re.compile(r'\b[a-zA-Z]{3}\b')         #字母个数为 3 的单词
>>> pattern.findall(permanentFive)
['The']
>>> pattern.match(permanentFive)                   #从字符串开头开始匹配,不成功,没有返回值
>>> pattern.search(permanentFive)                  #在整个字符串中搜索,成功
<_sre.SRE_Match object at 0x000000000305CE68>
>>> pattern=re.compile(r'\b\w*n\w*\b')             #所有含有字母'n'的单词
>>> pattern.findall(permanentFive)
['United','French','Russian','Federation','China']
>>> re.findall(r"\w+tion",permanentFive)           #所有以'tion'结尾的单词
['Federation']
>>> re.purge()                                     #清空正则表达式模式缓存
```

2. 正则表达式对象的 sub( )和 subn( )方法

正则表达式对象的 sub(repl,string,count)方法根据正则表达式的模式将 repl 替换 string 中相应的 count 个字符；而 subn(repl,string)方法根据正则表达式的模式将 repl 替换 string 中相应的字符，并返回替换次数。例如：

```
>>> str='The nineteen Congress of the Communist Party of China was held at the'\
    'Great Hall of the people in Beijing in October 8,2017.'
```

```
>>> pattern=re.compile(r'\\ba\w*\b',re.I)        #将以字母'a'或'A'开头的单词替换为*
>>> print(pattern.sub('*',str)
* nineteen Congress of * Communist Party of China was held at * Great Hall of * people in Beijing in October 8,2017.
>>> print(pattern.sub('*',str,1))                 #只替换1次
* nineteen Congress of the Communist Party of China was held at the Great Hall of the people in Beijing in October 8,2017.
>>> print(pattern.subn('*',str))                  #替换并显示次数
('* nineteen Congress of * Communist Party of China was held at * Great Hall of * people in Beijing in October 8,2017.',4)
>>> print(pattern.subn('*',str)[1])               #只显示替换次数
4
```

3. 正则表达式对象的split()方法

正则表达式对象的split(string)方法按照正则表达式的模式规定的分隔符将字符串string进行分割，返回列表。例如：

```
>>> number=r'one,two three.four/five\six? seven[eight%nine|ten'
>>> pattern=re.compile(r'[,./\\? \[|%~]')
>>> pattern.split(number)
['one','two three','four','five','six','seven','eight','nine','ten']
>>> number=r'1.one2.two3.three4.four5.five6.six7.seven8.eight9.nine10.ten'
>>> pattern=re.compile(r'\d\.+')
>>> pattern.split(number)
['one','two','three','four','five','six','seven','eight','nine1','ten']
>>> number=r'one two,three4.four/five[six%seven,eight,nine,ten'
>>> pattern=re.compile(r'[\s,.\d\./[%]+')
>>> pattern.split(number)
['one','two','three','four','five','six','seven','eight','nine','ten']
```

4.2.5 子模式与match对象

使用圆括号“()”表示一个子模式，圆括号内的内容作为一个整体出现，例如“(red)+”可以匹配redred、redredred等多个重复情况。

正则表达式模块或正则表达式对象的match()方法和search()方法匹配成功后都会返回match对象。match对象的主要方法如表4-6所示。

表4-6 match对象常用方法

方　法	功　能
group(n,m)	返回匹配的第n个到第m个子模式内容
groups()	返回一个包含匹配的所有子模式内容的元组
groupdict()	返回包含匹配的所有命名子模式内容的字典
start()	返回指定子模式内容的起始位置
end()	返回指定子模式内容的结束的前一个位置
span()	返回一个包含指定子模式内容起始位置和结束位置前一个位置的元组

下面代码使用 re 模块的 search( )方法返回的 match 对象来删除字符串指定内容:

```
>>> email='huguosheng@ stiei# $%. edu. cn'
>>> newMatch=re. search("# $%&",email)
>>> email[ :newMatch. start( ) ]+email[ newMatch. end( ) : ]
'huguosheng@ stiei. edu. cn'
```

下面代码演示 match 对象 group( )、groups( )方法使用。

(1) group( )方法。

```
>>> import re
>>> groupMatch=re. match(r"(\w+)(\w+)","Hongkong Macao Taiwan")
>>> groupMatch. group( )
'Hongkong Macao'
>>> groupMatch. group(0)
'Hongkong Macao'
>>> groupMatch. group(1)
'Hongkong'
>>> groupMatch. group(2)
'Macao'
>>> groupMatch. group(1,2)
('Hongkong','Macao')
```

(2) groups( )方法。

```
>>> groupsMatch=re. match(r"(\d+)\-(\d+)","021-57131333")
>>> groupsMatch. groups( )
('021','57131333')
>>> groupsMatch. groups(1)
('021','57131333')
>>> groupsMatch. groups(2)
('021','57131333')
```

(3) groupdict( )方法。

```
>>> import re
>>> groupMatch=re. match(r"(? P<first>\w+)(? P<second>\w+)(? P<third>\w+)","Hongkong
Macao Taiwan,all belong to China")
>>> groupMatch. groupdict( )
{'second':'Macao','third':'Taiwan','first':'Hongkong'}
```

(4) 综合应用。

```
import re
m=re. match(r'(\w+)(\w+)(? P<sign>. * )','hello world! ')
print "m. string:",m. string
print "m. re:",m. re
print "m. pos:",m. pos
print "m. endpos:",m. endpos
print "m. lastindex:",m. lastindex
print "m. lastgroup:",m. lastgroup
print"m. group(1,2):",m. group(1,2,3)
print "m. groups( ):",m. groups( )
print "m. groupdict( ):",m. groupdict( )
```

```
print "m.start(2):",m.start(2)
print "m.end(2):",m.end(2)
print "m.span(2):",m.span(2)
print r"m.expand(r'\2\1\3'):",m.expand(r'\2 \1 \3')
```

运行结果：

```
m.string:hello London 2020
m.re:<_sre.SRE_Pattern object at 0x01E91760>
m.pos:0
m.endpos:17
m.lastindex:3
m.lastgroup:sign
m.group(1,2,3):('hello','London','2020')
m.groups():('hello','London','2020')
m.groupdict():{'sign':'2020'}
m.start(2):6
m.end(2):12
m.span(2):(6,12)
m.expand(r'\2 \1\3'):London hello 2020
```

例 4-7 使用正则表达式提取字符串中的电话号码。

代码如下：

```
import re
telNo='''' huguosheng':021-57131333,' Huanghe':0716-4189386,' Xiaojia':0519-830587\70,'
Wuxingxing':0572-5311618,'fanxiaoyan':020-39956888.'''
pattern=re.compile(r'(\d{3,4})-(\d{7,8})')          #生成正则表达式
index=0
print ('-'*100)
print ('Search Result:')
while True:
    matchResult=pattern.search(telNo,index)           #查找
    if not matchResult:
        break
    print ('Searched content:',matchResult.group(0),'Start form:\
            ',matchResult.start(0),'End at:',matchResult.end(0),'Its span is:\
            ',matchResult.span(0))
    index=matchResult.end(2)
```

运行结果：

```
----------------------------------------------------------------------------------------------------
Search Result:
('Searched content:','021-57131333','Start form:',13,'End at:',25,'Its span is:',(13,25))
('Searched content:','0716-4189386','Start form:',36,'End at:',48,'Its span is:',(36,48))
('Searched content:','0519-83058770','Start form:',59,'End at:',72,'Its span is:',(59,72))
('Searched content:','0572-5311618','Start form:',86,'End at:',98,'Its span is:',(86,98))
('Searched content:','020-39956888','Start form:',112,'End at:',124,'Its span is:',(112,124))
```

例 4-8 用 urllib2、re、os 模块下载文件的脚本。

代码如下：

```
import urllib2
import re
import os
URL='http://photo.ifeng.com/'
read=urllib2.urlopen(URL).read()               #参考第 11.4 节
pat=re.compile(r'src="http://.+?.js">')        #生在正则表达式
urls=re.findall(pat,read)
for i in urls:
    url=i.replace('src="','').replace('">','')
try:
    iread=urllib2.urlopen(url).read()
    fileName=os.path.basename(url)
    with open(fileName,'wb') as jsName:
        jsName.write(iread)
print jsName
except:
    print "url error"
```

运行结果：

```
<closed file'iis_v3_0.js',mode'wb'at 0x028E62E0>
```

习题 4

1. 编写函数，用于判断输入的字符串是否由字母和数字构成，并统计字符个数。

2. 编写程序，计算字符串单词的个数。

3. 编写程序，用户输入一个字符串，将偶数下标位的字符提出来合并成一个串 A，再将奇数下标位置的字符提取出来合成串 B，再将 A 和 B 连接起来输出。

4. 编写程序，统计字符串中出现的每个字母出现次数，并输出成一个字典，如{'a':3,'A':5,'b':2}。

5. 编写程序，统计字符串中每个单词出现次数，并输出成一个字典。

6. 编写程序，将输入的一串字符从前到后每个字符向后移动一位，最后一个字符存放到第一个位置，并输出结果。

7. 编写程序，把一段英文中字母“a”改写成“A”。

8. 编写程序，把一段英文中每句话的首个单词的第一个字母改为大写。

9. 编写程序，将一段英文中有连续重复的单词只保留一个。

10. 编写程序，输入一段英文，输出英文中所有长度为 3 个字母的单词。

11. 编写程序，输入一段英文，输出字符数最多的单词。

12. 编写程序，要求输入一段英文，以及此段中的一个单词和另外一个单词，然后显示用第二个单词替换第一个单词后的句子。

第5章　函　　数

函数是一段预先定义的、由若干代码构成的代码段，它执行完全相同的逻辑，实现特定的功能，可设定不同的初始条件并多次调用。函数大大提高了代码重用性、可读性和可靠性。Python 语言包含内建函数、模块中库函数、自定义函数和使用方便的 lambda 表达式（函数）。本章重点讲解库函数的引用、函数的自定义与调用及 lambda 函数，并通过案例讲解运用函数的递归方法，简单、方便地解决复杂、困难的问题。

5.1　函数基础知识

函数是将复杂的问题分解为若干子问题，并一一解决。函数可以被其他模块和程序多次调用。

Python 函数分两类：内建函数和自定义函数。每类函数又分为有返回值和无返回值两种。不返回值的函数经常使用 print 语句显示输出或创建文件进行输出。下面先看有返回值的函数。

5.1.1　内建函数

Python 有许多内建函数，它们像完成某个功能的小程序或模块，也像一个黑盒子，有输入、内部处理和输出结果功能。表 5-1 列出了部分内建函数名及功能。

表 5-1　部分内建函数名及功能

函　数	功　能
abs(number)	返回一个实数的绝对值
chr(number)	返回 ASCII 码为给定数字的字符
int(number)	将数字转换为整数
ord(char)	返回给定单字符的 ASCII 值
round(float[,n])	将给定的浮点数四舍五入，小数点后保留 n 位（默认为 0）
max(n1,n2,……)	返回最大值
sin(float)	返回正弦函数值
exp(float)	返回指数函数值
log(float)	返回 e 为底的对数值

例如：

```
>>> ord('A')            #'A'的 ASCII 码值为 65
65
>>> ord('a')            #'a'的 ASCII 码值为 65
```

```
97
>>> chr(66)              #ASCII 码值 66 为字符'B'
'B'
>>> chr(98)              #ASCII 码值 98 为字符'b'
'b'
>>> abs(-1.23)           #求绝对值
1.23
>>> int(4.56)            #取整数
4
>>> round(2.3456,3)      #四舍五入
2.346
```

有些函数在调用时，必须先用关键字 import 导入包含该函数的模块，例如，表 5-1 中的 log()包含在 math 模块中，如果没有导入直接调用，就会出错：

```
>>> log(2.718281828)              #没有导入 math 模块,出错
NameError:name'log'is not defined
>>> import math                   #导入 math 模块,正确
>>> math.log(2.718281828)
0.9999999998311266
```

函数由函数名、形式参数（简称形参）和返回值的类型 3 个要素组成，函数参数由一个、两个或多个组成。如函数 max(n1,n2,……)的参数为任意多个，chr(66)中的 66 是实际参数（实参）。

更多的内建函数参见附录 C。

5.1.2 库模块

Python 通过称为库模块的文件支持函数的重用。库模块是一个扩展名为 .py 的文件，包含了可以被其他任何程序使用（可以称为 imported）的函数和变量。

Python 自带了一组库模块，也就是标准库。表 5-2 列举了常见的标准库模块。

表 5-2　标准库中的一些模块

模　块	其中函数处理的任务
os	删除和重命名文件
os.path	确定指定的文件夹中文件是否存在。此模块是 os 的子模块
pickle	在文件中存储对象（如字典、列表和集合），并能从文件中取回对象
random	随机选择数字和子集
tkinter	支持程序拥有一个图形用户界面
turtle	支持图形化 turtle

可以通过：

```
>>> import os
>>> dir(os)
```

查看 os 库模块中函数。

要想获得库模块中的函数和变量的访问，可以在程序的开始位置放置以下形式的语句：

```
>>> import 模块名
```

然后，模块中的函数可以在程序中通过函数名前附加模块名和点号的方式来使用。例如：

```
>>> import math
>>> cos(0)        #不能调用 math 模块中 cos 函数
NameError:  name'cos'is not defined
>>> math. cos(0)
1.0
```

import 语句的一种变形是：

```
>>> from 模块名 import *
```

在这样的语句执行之后，模块中的函数可以直接使用而不需要附加模块名和点号。这种用法经常用在一个程序使用模块中的很多函数时。例如：

```
>>> from math import *        #可以调用 math 模块中 sin、cos 函数
>>> sin(3.1415926/2)
0.9999999999999997
>>> cos(3.1415926/2)
2.6794896585028633e-08
```

当程序有多个库模块使用时，程序员更喜欢采用第一种 import 语句，因为它给出了一种特定的函数来自于哪个模块的明确信息。

5.1.3 自定义函数

除了使用内建函数外，可以自定义返回值的函数（称为用户自定义函数）。这种自定义函数格式如下：

```
def 函数名(形参1,形参2,...):
    语句块(函数体)
    return 表达式
```

提示：

① def 为定义函数的关键字。

② 函数名不应与内建函数和变量重名，并符合变量命名规则。

③ 在函数定义中，形参表包含在函数名后面的圆括号内，参数可以有多个（用逗号分开），形式参数和 return 语句都是可选的。

④ 函数头必须以冒号结束。

⑤ 函数体中每条语句都要缩进相同数量的空格（通常为 4 个空格）。

⑥ 函数体内可有多条 return 语句，可以出现在程序任意位置，但一旦第一个 return 语句得到了执行，函数将立即终止。

⑦ 函数运行结束后，程序运行流程就会返回调用此函数的程序段，继续执行。

下面给出两个函数的例子。

例 5-1 温度转换。

```
#-*-coding:UTF-8-*-
def fToC(t):            #华氏温度转化为摄氏温度
    t=(5.0/9)*(t-32)
    return t
print ("请输入华氏度:")
ft=eval("input()")
c=fToC(ft)              #调用自定义函数
print ("相应的摄氏度:"+str(c)+"度")
```

运行结果:

```
请输入华氏度:100
相应的摄氏度:37.78 度
```

例 5-2 从全名中提取姓氏。

```
#-*-coding:UTF-8-*-
def familyName(fullName):
    firstSpace=fullName.index(" ")
    return fullName[firstSpace:]

fullName=input("请输入你的全名:")
print ("姓:"+familyName(fullName))
```

运行结果:

```
请输入你的全名:"国胜 胡"
姓: 胡
```

5.1.4 函数参数值传递

如果函数调用中的实参是一个变量，那么由实参变量指向的对象（而不是实参变量自身）传递给了形参变量。因此，如果对象是不可变的且函数改变了形式参数变量的值，实参所指向的对象不会发生任何改变。即使两个变量有相同的名字，它们也会被当作完全不同的变量。因此，当实参变量指向数值、字符串或元组对象时，不管怎样通过函数调用改变参数变量的值都是不可能的。

例 5-3 本例中根据两个数求最大值与最小值，在自定义函数中形参 a 代表最大值，形参 b 代表最小值。以实参 a=3 和 b=5 调用自定义函数时，希望 a 存放最大值，b 存放最小值，但是事与愿违。

代码如下:

```
def max_min(a,b):          #求最大值和最小值,分别存放在形参 a、b 中
    a=max(a,b)
    b=min(a,b)
    return a,b
a=3
b=5
max_min(a,b)               #希望最大值分别存放在实参 a、b 中
print ("a=%d"%a,"b=%d"%b)
```

运行结果:

```
a=3,b=5
```

很显然，a 与 b 的值都没有变化。再看另一个例子：

例 5-4　二值交换。

```
def exchange(a,b):              #形参 a、b 值互换
    t=a
    a=b
    b=t
    return a,b

a=3
b=5
exchange(a,b)                   #希望实参 a、b 值互换
print ("a=%d"%a,"b=%d"%b)
```

运行结果：

```
a=3,b=5
```

从结果看，a,b 值并没有互换。

5.1.5　返回布尔型或列表型的函数

前面，自定义函数的返回值都是数值或者字符串。然而，一个函数可以返回任何类型的值。下面的两段代码分别返回布尔型值和列表型值。

例 5-5　测试元音单词。元音单词是包含了所有元音字母的单词，一些元音单词的例子有 sequoia、facetious 和 dialogue。下面程序使用了返回布尔值的函数确定一个用户输入的单词是否是元音单词：如果是元音单词，返回 True；如果不是元音单词，返回 False。函数 isVowelWord 依次检测单词中的元音字母，当发现有元音字母缺失或所有元音都找到后即终止。

```
#-*-coding:UTF-8-*-
def isVowelWord(word):                    #检测元音单词的自定义函数
        word=word.upper()
        vowelArray=('A','E','I','O','U')
    for vowel in vowelArray:
        if vowel not in word:
            return False
    return True

word=input("请输入一个单词：")   #输入单词给实参 word
if isVowelWord(word):                     #判断实参 word 是否是元音单词
    print (word,"包含所有元音字母.")
else:
    print (word,"未包含所有元音字母.")
```

运行结果：

```
请输入一个单词:'information'
information,不包含所有元音字母
```

```
请输入一个单词:'pneumonoultramicroscopicsilicovolcanoconiosis'          #矽肺病
pneumonoultramicroscopicsilicovolcanoconiosis,包含所有元音字母
```

例 5-6 寻找一段字符串中包含的元音字母。下面的程序展示了用户输入的字符串中包含的元音字母，区分大小写，同时结果中元音字母不重复。程序使用了一个返回列表值的函数。

```
#-*-coding:UTF-8-*-
def seekingVowels(word):                    #自定义查找元音字母函数
    vowelArray=('A','a','E','e','I','i','O','o','U','u')
    vowelList=[]
    for vowel in vowelArray:
        if (vowel in word) and (vowel not in Vowels):
            Vowels.append(''+vowel)         #添加元音字母
    return v owelList                       #返回找到元音的列表

word=raw_input("请输入一个单词:")
listOfVowels=seekingVowels(word)
stringOfVowels="".join(listOfVowels)        #由列表生成字符串
print ("您输入单词包含的元音字母有:"+stringOfVowels)
```

运行结果:

```
请输入一个单词:Do as you would be done by. Do in ROME as Romans do.
您输入单词包含的元音字母有:  a E e i O o u
```

5.1.6 无返回值函数

无返回值函数和前面介绍过的函数看起来类似，只是它们不包含任何 return 语句，也可能没有参数。

例 5-7 上海市人口密度。上海市 2015 年常住人口 2415.27 万，面积 6340.5 平方公里，求每平方米人口数。

```
#-*-coding:UTF-8-*-
def main():
    describeTask()
    calculateDensity("上海",24256800,6340500000.00)      #调用求密度函数

def describeTask():
    print ("这段代码用于计算上海市人口密度.")

def calculateDensity(city,pop,landArea):                 #定义求人口密度歪数
    density=pop/landArea
    print (city+"人口密度是:"+str(density)+"人/每平方米.")

main()
```

运行结果:

```
这段代码用于计算上海市人口密度.
上海人口密度是:0.00382569198013 人/每平方米.
```

5.1.7 变量作用域

在函数内部创建的变量只能被同一函数内部的语句访问，并且当函数退出后变量就不存在（每次函数被调用时变量重新创建），例如案例 5-5、案例 5-6 中的 vowel、vowelArray 和 vowelList 变量。这样的变量对于函数而言是局部的，对于函数的参数也是如此。

因此，如果在两个不同的函数中创建同样名称的变量，它们之间没有任何关系，可以当作完全不同的变量。对于函数的参数同样成立。例如下面程序展示了函数 main 中的变量 x 和函数 trivial 中的变量 x 是不同的变量。Python 在处理时，将它们的名字变成了类似 main_x 和 trivial_x。

```
#-*-coding:UTF-8-*-
def main():                 #局部变量 x=2 只在 main()函数中起作用
    x=2
    print (str(x)+":main()中函数起作用")
    trivial()
    print (str(x)+":main()中起作用")

def trivial():
    x=3                     #局部变量 x=3 中要在 trivial()函数中起作用
    print (str(x)+" :trivial()函数中起作用")

main()
```

运行结果：

```
2:main()函数中起作用
3:trivial()函数中起作用
2:main()函数中起作用
```

在某函数中定义的变量一般只能在该函数内部使用，这种只能在程序的特定范围内使用的变量称为**局部变量**。在一个文件中所有函数之外定义的变量可以供该文件中的任何函数使用，这种变量称为**全局变量**。

例 5-8 局部变量示例。下面的程序产生了一个 NameError 的回溯错误消息，原因是主程序创建的变量 x 无法被函数 trivial 识别。

```
#-*-coding:UTF-8-*-
def main():
    x=2                     #局部变量 x=2 为 main()函数中局部变量
    trivial()

def trivial():
    print (x)               #此 x 为 trivial()函数局部变量,非 main()中定义的 x

main()
```

错误信息：

```
File "D:/myPythonTest/domainOfVariable.py",line 9,in trivial
    print(x)
```

```
NameError:global name'x'is not defined
```

Python 提供定义全局变量，使得一个变量可以被程序中任何部分识别的方法是将创建它的赋值语句放在程序的顶部。

任何函数都能读取全局变量的值，然而它的值不能在函数的内部进行修改。例如：

```
#-*-coding:UTF-8-*-
x=2                    #x 为全局变量,在整个代码中均可识别
def main():            #局部变量 x=2 只在 main()函数中起作用
    print (str(x)+":main()中函数起作用")
    trivial()
    print (str(x)+":main()中起作用")          #全局变量 x 值仍然是 2

def trivial():
    x=4                #全局变量 x 值 4 只在 trivial()函数中起作用,在函数体外还是 x=2
    print (str(x)+":trivial()函数中起作用")

main()
```

运行结果：

```
2:main()中函数起作用
4:trivial()函数中起作用
2:main()中起作用
```

如果，在修改语句前增加下面的语句就可以修改全局变量的值：

```
global variableName
```

提示：global 语句仅影响所在函数体内其后的语句，它不允许在其他函数内部修改全局变量的值。

例 5-9　全局变量。在下面代码中全局变量由 x=2 修改为 x=4 有效。

```
#-*-coding:UTF-8-*-
x=2                    #x 为全局变量,在整个代码中均可识别
def main():
    print (str(x)+":main()中函数起作用")
    trivial()          #全局部变量 x=4 已变动
    print (str(x)+":main()中起作用")          #全局部变量 x=4 仍有效

def trivial():
    global x           #全局部变量 x 申明
    x=4                #全局部变量 x=4 变动后对其后代码均有效
    print (str(x)+":trivial()函数中起作用")

main()
```

许多程序员避免使用全局变量，尤其在大型程序中，全局变量会使程序可读性降低，并且很容易引起错误。然而有一类称为命名常量（named constant）的全局变量，它们经常被使用。

5.1.8 命名常量

程序有时会多次使用特殊常量。这样常量有时表示圆周率 3.1415926 或最小年龄 18，程序员通过使用大写字母的命名来创建一个全局变量，用下画线分隔，并赋给一个常量。例如：

```
CIRCLE_PI=3.1415926
MINIMUM_VOTING_AGE=18
```

在程序执行过程中不能再对以上的全局变量赋值。这种全局变量称为**命名常量**。例如：

```
CIRCLE_PI=3.1415926
r=10
def main():
    print("PI=",CIRCLE_PI)
    perimeter()
    print("SQUARE=",CIRCLE_PI * r * r)          #求面积

def perimeter():                                #求周长
    global r                                    #申明全局变量 r
    print("PERIMETER=",2 * CIRCLE_PI * r)

main()
```

运行结果：

```
PI=3.1415926
PERIMETER=62.831852
SQUARE=314.15926
```

5.1.9 lambda 函数的定义

Python 允许使用 lambda 表达式来创建 lambda 函数。格式如下：

```
函数名=lambda [参数 1,[参数 2,[……,参数 n]:表达式
```

这种函数默认返回表达式的值。例如：

```
>>> s=lambda x,y:x+y
>>> s(2,3)
5
```

Lambda 函数的参数可预先设置默认值。例如：

```
>>> s=lambda x,y,z=10:x+y+z        #z 设置默认值 10
>>> s(20,20)
 50
>>> s(20,20,20)                    #z=20 替换预设的默认值 10
 60
```

当然，lambda 函数不必赋给某个变量，即函数名字都可以不要。所以有时 lambda 函数也称为匿名函数。请看下例：

```
>>> (lambda x=0,y=0,z=0:x * x+y * y+z * z)(3,4,5)
 50
```

再看一个运用 lambda 函数求 n 阶乘 n！的例子。

```
>>> n=5
>>> reduce(lambda x,y:x * y,range(1,n+1))
120
```

lambda 表达式也可以用在 def 函数中。例如：

```
>>> def s(x):
...        return lambda y:x+y
>>> s(2)(3)
5
>>> (s(2))(3)
5
```

上述定义的 s 函数返回了一个 lambda 表达式，其中 lambda 表达式获取到了上层 def 作用域的变量名 x 的值。s(2)是 s 函数的返回值，s(2)(3)即是调用了 action 返回的 lambda 表达式。这里也可以把 def 直接写成 lambda 形式。例如：

```
>>> s=lambda x:lambda y:x+y
>>> s(3)(2)
 5
```

Lambda 函数只是在函数简单，只有一个表达式时才考虑使用，否则，还是定义一个普通函数为好。

提示：

① lambda 的主体是一个表达式，而不是一个代码块，因此仅能在 lambda 表达式中封装有限的逻辑进去。例如：

```
>>> justify=lambda x:'big' if x>100 else 'small'
>>> justify(101)
 'big'
>>> fac=lambda n:1 if n==1 else n * fac(n-1)   #函数递归调用见第 5.3 节
>>> fac(5)
 120
```

② lambda 函数拥有自己的名字空间，且不能访问自有参数列表之外或全局名字空间里的参数。

③ lambda 表达式起到函数速写的作用，允许在代码内嵌入一个函数的定义。例如：

```
>>> import math
>>> square_root=lambda x:math.sqrt(x)
>>> square_root(2)
 1.4142135623730951
>>> out=lambda  * x:sys.stdout.write(" ".join(map(str,x)))
>>> out('Taiwan of China')
Taiwan of China
```

5.2 函数的调用

5.2.1 调用函数

一个函数可以调用另一个函数。当被调用的函数结束时（即 return 语句之后或者被调用函数的最后一个语句执行完毕之后），控制流程返回到调用函数中调用发生之后的位置。

例 5-10 函数的调用示例。从键盘上任意输入整数，求阶乘 n!。

代码如下：

```
#-*-coding:UTF-8-*-
def main():            #main 函数调用下面定义的 3 个函数:start、factorial 和 end
    start()
    m=input("请输入一个正整数:")
    val=factorial(m)
    print val
    end()
def start():           #自定义函数
    print "程序开始......"
def factorial(n):      #自定义求阶乘函数
    i=1
    fac=1
    while i<=n:
        fac=fac*i
        i=i+1
    return fac
def end():
    print "程序结束!"

main()
```

运行结果：

```
程序开始......
请输入一个正整数:5
    120
程序结束!
```

提示：

① 一个函数被调用的前提是其已存在，或是库模块中函数，或是用户已定义好的函数。对于模块中函数，在运用之前运用 import 语句导入模块即可。

② 函数有两种情况：一种是有返回值的函数，一种是只完成一定的操作，不返回值。对于有返回值函数，函数的调用形式是：

```
变量=函数名([实参列表])// val=factorial(m)
```

对于不返回值的函数，调用形式是：

```
函数名([实参列表])//start(),end()
```

③ 调用函数时，函数的形参与实参要求个数相等，并且对应的形参和实参的类型相同。若被调函数是无参函数，则实参表列为空。

④ 数据传递是通过形参接收实参的数值完成的。函数的实参和形参之间的数据传递是单方向的值传递方式，即只能把实参的值传递给形参，而形参值的任何变化都不会影响实参。如例 5-3、例 5-4 所示。

⑤ 调用函数时，当实参个数多于一个时，用逗号让各参数彼此分隔开。

5.2.2 可变长参数

定义某个函数时，既可以指定固定个数的形参，也可指定可变长参数，即参数的个数可以是 0，也可以是任意多个。在 Python 中，有两种变长参数，分别是元组变长参数和字典变长参数。

含有变长参数的函数的定义方式是：

```
def 函数名(arg1,arg2,…, * tuple_args, ** dic_arg)
```

其中，arg1、arg2 表示普通的形参；* tuple_args 表示一个元组变长参数，该参数可以接收一组任意长的数据；** dic_arg 表示一个字典变长参数，该参数可以接收多个关键字形式的参数，即按照“参数 1=数据 1，参数 2=数据 2，……”的形式赋值的参数。

元组变长参数和字典变长参数可以同时使用，也可以只使用一个。

对于一个含有变长参数的函数而言，当实参多于参数表前部的普通形参的个数时，则后续的参数将根据写法的不同，按顺序插入一个元组 tuple_args 中或者插入一个字典 dic_arg 中。例如：

```
>>> def foo(x, * tuple_args):            #可变长元组参数
...     print x
...     print tuple_args
>>> foo(1)          #x=1,tuple_args=()
1
()
>>> foo(0,1,'NUDT',2,'SYSU',3,'SCUT')
0
(1,'NUDT',2,'SYSU',3,'SCUT')
```

再比如：

```
>>> def foo(x, * tuple_args, ** dic_arg):     #可变长元组参数和可变长字典参数
...     print x
...     print tuple_args
...     print dic_arg
>>> foo(1)
1
()
{}
>>> foo(0,1,'NUDT',second='SYSU',third='SCUT')
0
(1,'NUDT',)
{'second':'SYSU','third':'SCUT'}
```

提示：在 Python 中定义函数时，可以同时使用无默认值参数、有默认值参数、元组变长参数和字典变长参数。但参数定义的顺序必须是无默认值参数、有默认值参数、元组变长参数和字典变长参数。4 种参数的位置不可调换。例如，如下的自定义函数：

```
>>> def func(p1,p2='a',p3):            #p3 位于 p2 后,错误
...     return p1+p2+p3
```

会出现语法错误提示：

```
SyntaxError:non-default argument follows default argument
```

5.2.3 返回多个值的函数

函数可以返回任何类型的对象，不仅仅只有数字、字符（串）或布尔值，还可以返回元组等。

例 5-11 储蓄账户。下面代码中的 balanceAndInterest 函数返回了一个元组，给出了储蓄账户中存款的相关数据。

代码如下：

```
#-*-coding:UTF-8-*-
INTEREST_RATE=0.0376        #余额保 2017 年 3 月 30 日年化收益率,命名常量

def main():                 #main 函数调用自定义的 getInput、balanceAndInterest、putOutput 函数
    (principal,numberOfYears)=getInput()
    (bal,intEarned)=balanceAndInterest(principal,numberOfYears)
    putOutput(bal,intEarned)

def getInput():                         #自定义输入本金函数
    principal=eval(input("请输入本金:"))
    numberOfYears=eval(input("请输入存款年数:"))
    return  (principal,numberOfYears)

def balanceAndInterest(prin,numYears):  #计算账户本息与利息
    balance=prin*((1+INTEREST_RATE)**numYears)
    interestEarned=balance-prin
    return (balance,interestEarned)

def putOutput(bal,intEarned):
    print("余额:$(0:,.2f)   利息:$(1:,.2f)",(bal,intEarned))

main()
```

运行结果：

```
请输入本金:10000
请输入存款年数:10
余额:14464.37   利息:4464.37
```

例 5-12 返回多值示例。下面代码一次返回和、平均值、最大值、最小值 4 个值。

代码如下：

```
def multiValue( * grade):            #自定义求和、平均值、最大值、最小值函数
    s=sum(grade)
    a=s/len(grade)
    m=max(grade)
    n=min(grade)
    return s,a,m,n

def main():
    v1,v2,v3,v4=multiValue(89,95,93,80)
    print ("sum=",v1)
    print ("avg=",v2)
    print ("max=",v3)
    print ("min=",v4)

main()
```

运行结果：

```
sum=357
avg=89
max=95
min=80
```

提示：例 5-11 和例 5-12 分别返回 2 个值和 4 个值，这是许多其他高级语言不具备的特性，但实际上它只返回了一个值——一个包含 2 个值的元组和 4 个值的元组。当然实例 5-11 中，return 语句可以写成：

```
return balance,interestEarned
```

并且 main() 函数第 5 行可以写成：

```
bal,intEarned=balanceAndInterest(principal,numberOfYears)
```

5.2.4 列表解析

当用户想要对列表中的每个元素执行一个特定的函数时，最常见的方法是用 for 循环来完成。然而，更加简单的方式是使用列表解析。如果 list0 是一个列表，那么下面语句创建一个新的列表 list1，并将 list0 中的每个元素放入列表中，f 函数可以是 Python 内建的函数，也可是自定义函数。

```
list1=[f(x)for x in list0]
```

例如：

```
>>> import math
>>> list0=[1,4,9,16,25,36]
>>> list1=[math.sqrt(x) for x in list0]
>>> print list1
[1.0,2.0,3.0,4.0,5.0,6.0]
```

如果自定义函数 g（x）定义如下：

```
>>> def g(x):
        return (x**2)
```

那么

```
>>> print [g(x)for x in list0]
[1,16,81,256,625,1296]
```

列表解析中的 for 子句能够可选地跟随一个 if 子句。例如，使用上面的 g(x)和 list1，那么

```
>>> [g(x)for x in list0 if x%2==1]
[1,81,625]
```

除了列表外，列表解析也可以应用在其他对象上，如字符串、元组、由 range 函数产生的算术表达式。表 5-3 给出了列表解析的一些其他例子。

表 5-3　列表解析的例子

列表解析	结　果
[ord(x)for x in "abc"]	[97,98,99]
[x**0.5 for x in(4,-1,9,0,2) if x>=0]	[2.0,3.0,0.0,1.4142135623730951]
[x**2 for x in range(6)]	[0,1,4,9,16,25]

5.3　函数的嵌套与递归调用

1. 函数的嵌套

Python 语言允许在一个函数的定义中出现对另一个函数的调用，这就是函数的嵌套调用，即在被调用函数中又调用其他函数。

例如，在下例中，用户自定义函数 squareFac 和 factorial，squareFac 又调用 factorial 函数，它们之间是平行的。

例 5-13　函数的嵌套调用。编写代码求$(1!)^2+(2!)^2+\cdots+(6!)^2$之和。

代码如下：

```
#-*-coding:UTF-8-*-
def main():
    sumFac=0
    i=1
    while i<=6:
        sumFac=sumFac+squareFac(i)
        i=i+1
    print ("前 6 个整数阶乘之和：",sumFac)

def squareFac(n):           #阶乘平方
    return factorial(n) * factorial(n)

def factorial(k):           #自定义阶乘函数
    fac=1
```

```
    i=1
    while i<=k:
        fac=fac * i
        i=i+1
    return fac

main()
```

运行结果：

```
前6整数阶乘之和:533417
```

2. 函数的递归

一个函数在它的函数体内调用它自身称为递归调用，这种函数称为递归函数，Python 允许函数的递归调用。在递归调用中，主调函数又是被调函数。执行递归函数将反复调用其自身，每调用一次就进入新的一层。

下例中，我们将 n 阶问题转化为 n-1 的问题，即 factorial(k)=k * factorial(k-1)，这就是递归表达式，可以看出：当 n>1 时，求 n！可以转化为求解 n×(n-1)！的新问题，而求解(n-1)！问题与原来 n！方法完全相同，只是所处理对象在递减 1，由 n 变成了 n-1。以此类推，直至所处理对象的值减至 0（即 n=0）时，阶乘的值为 1，递归结束不再进行下去，至此，求 n！的这个递归算法结束。总之，上面公式说明了每一循环的结果都有赖于上一循环的结果，递归总有一个“结束条件”，如 n！的结束条件为 n=0。

例 5-14 函数的递归调用示例，求 n!。

```
def main():
    n=eval(input("请输入一个整数 n:"))
    if n<0:
        print ("输入错误!")
    else :
        print factorial(n)

def factorial(k):          #递归方法求阶乘
    if (k==0 | k==1):
        return 1
    else :
        return k * factorial(k-1)

main()
```

运行结果：

```
请输入一个整数 n:5
    120
```

在函数的递归调用中，一个重要问题是：当函数自己调用自己时，要保证当前函数中变量的值不丢失，以便在返回时保证程序的正确性。在递归调用时，系统将自动把函数中当前变量的值保留下来，在新的一轮调用过程中，系统为该次调用的函数所用到的变量和形参另开辟存储单元。因此，递归调用的层次越多，同名变量（即每次递归调用时当前变量）所占用的存储单元也越多。

当最后一次函数调用运行结束时，系统将逐层释放调用时所占用的存储单元。每次释放本次所调用的存储单元时，程序的执行流程就返回到上一层的调用点。同时取用当时调用函数进入该层时函数中的变量和形参所占用的存储单元中的数据。

上例中，对于 factorial 函数中的调用语句 factorial(k) = k * factorial(k-1)，当 n=6 时，其递归调用过程如下：

递归级别		执行操作
0		factorial(6)
1		factorial(5)
2		factorial(4)
3		factorial(3)
4		factorial(2)
5		factorial(1)
5	返回 1	factorial(1)
4	返回 2	factorial(2)
3	返回 6	factorial(3)
2	返回 24	factorial(4)
1	返回 120	factorial(5)
0	返回 720	factorial(6)

例 5-15 回文单词判断。回文单词是指一个单词从前往后读跟从后往前读是一样的，如 racecar、kayak 和 pullup 等。因此利用回文单词的第一个和最后一个字母是相同，并且去掉这两个字母之后剩下的单词仍然是回文单词，运用递归来判断一个单词是否是回文单词。

代码如下：

```
def isPalindrom(word):
    word=word.lower()              #转化为小写
    if len(word)<=1:
        return True
    elif word[0]==word[-1]:        #首尾相同
        word=word[1:-1]
        return isPalindrom(word)
    else:
        return False

>>>print isPalindrom("STIEI")
```

运行结果：

```
False
>>>print isPalindrom("Able was I ere I saw Elba")
True
```

提示：

① 递归算法中的基本问题叫作终止情况（terminating case）、终止条件（stopping condition）。

② 任何可以由递归解决的问题都可以使用迭代解决。迭代方法通常执行得更快，并且

占用更少的内存。不过，递归算法的代码通常更短，并且更加易读。

③ 如果一个递归算法的编写不正确，使得终止条件永远都不会达到的话，程序将可能会终止并输出“RuntimeError:maximum recursion depth exceeded.”。

④ 当两个过程互相调用时也会产生递归，这种递归叫作间接递归。下列代码中，变量 counter 用来终止递归过程。

```
counter=0
def main():
    one()

def one():
    global counter
    counter+=1
    if counter<5:
        print ("1 ")
        two()

def two():
    print ("2 ")
    one()

main()
1
2
1
2
1
2
1
2
```

习题 5

1. 阅读下列程序，写出运行结果。

(1)
```
def main():
    p=float(input("Enter the population growth as a percent: "))
    print ("The population will double in about {0:2f} years.".format(doublingTime(p)))
def doublingTime(x):
    ##Estimate time required for a population
    ##to double at a growth rate of x percent
    time=72/x
    return time
main()
```
(假定输入为 2)

(2)
```
def main():
    taxableIncome=16000
    print ("Your income tax is $(0:,.2f}".format(stateTax(taxableIncome)))
```

```
def stateTax(income):
    ##Calculate state tax for a single resident of Kansas
    if income<=15000:
        return .03 * taxableIncome
    else :
        return 450+(.049 * (income-15000))

main()
```

(3)
```
x=7
def main():
    x=5
    f()
    print (x)

def f():
    print (x)

main()
```

(4)
```
x=7
def main():
    global x
    x=5
    f()
    print (x)

def f():
    print (x)

main()
```

(5)
```
def main():
    #The file Independence.txt contains seven lines:
    #Each line contains one of the following words:
    #When,in ,the, course,of,human,events
    independenceList=obtainList("Independence.txt")
    print (" ".join(independenceList))

def obtainList(file):
    infile=open(file,'r')
    independenceList=[line.rstrip() for line in infile]
    infile.close()
    return independenceList

main()
```

(6)
```
def main():
    grades=[80,75,90,100]
    grades=dropLowest(grades)
    average=sum(grades)/len(grades)
    print (round(average))
```

```python
def dropLowest(grades):
    lowestGrade=min(grades)
    grades.remove(lowestGrade)
    return grades

main()
```

2. 编写自定义函数，实现从屏幕输入 3 个数，并求出其中最大值。

3. 编写函数，模仿内置函数 sort()。

4. 编写程序，求出 $1+\frac{1}{1!}+\frac{1}{2!}+\frac{1}{3!}+\cdots+\frac{1}{n!}$之和，函数形参为 n，n 由用户在主函数中输入。

5. 编写程序，运用递归方法判断一个数是否是回文数。回文数是一个正向和逆向都相同的整数，如 1234321、2002 等。

6. 编写程序，运用递归方法分别求出第 3 章习题 10、习题 11 中斐波那契数列、卢卡斯数列前 n 项之和，n 由用户在主函数中输入。

7. 编写程序，运用递归方法求 $a+aa+aaa+aaaa+\cdots+\underbrace{aa\cdots a}_{n}$之和，$a$、$n$ 由用户在主函数中输入。

8. 用牛顿迭代法求方程 $f(x)=x-e^{-x}$ 在区间［0，1］中的根。牛顿迭代法解非线性方程根的迭代公式为

$$x_{n+1}=x_n-\frac{f(x_n)}{f'(x_n)}$$

其中，$f'(x)$ 是 $f(x)$ 的导数。结束条件为 $|x_{n+1}-x_n|<10^{-6}$。

9. 编写程序，研究递归算法时间复杂度。在习题 6 基础上，仿照例 3-15 方法，比较 $n=10$、20、30、40、50 的耗时。

第6章 文件操作

文件格式分为文本文件和二进制文件，它们的操作模式不同。文件操作包括打开、修改、关闭、删除、复制和目标创建、遍历、复制、删除等。本章主要讲解文本文件操作、二进制文件操作以及目录操作方法。重点是文件操作模式，pickle 模块、struct 模块、os 模块、os. path 模块、shutil 模块的使用和目录操作。

6.1 文件对象

文件的基本操作包括打开、判断文件是否存在、修改、关闭、删除、复制、创建目录、遍历目录等。文件的打开与关闭是建立文件对象和文件的一种关联关系。文件的格式、类型不同，它的打开方式和读写方式也不同。一般地，根据数据的编码方式，文件格式分为文本文件和二进制文件。

1. 文本文件

文本文件也称为 ASCII 文件，存储的是常规字符串，字符串中每个字符对应一个字节。例如，数 5678 的存储形式为 ASCII 码：00110101 00110110 00110111 00111000。文本文件由若干文本行组成，通常每行以换行符“\n”结尾。常规字符串是指记事本或其他文本编辑器能正常显示、编辑且能够直接阅读和理解的字符串，如英文字母、汉字、数字字符串。

2. 二进制文件

二进制文件是按二进制的编码方式来存放文件的。例如，数 5678 的存储形式 00010110 00101110，只占两个字节。它无法用记事本或其他普通文本处理软件进行编辑，通常也无法直接阅读和理解，需要使用专门的软件进行解码后读取、显示、修改或执行。常见的如图形图像文件、音视频文件、可执行文件、资源文件、各种数据文件、各类 Office 文档等都属于二进制文件。系统在处理这些文件时，并不区分类型，都看成是字符流，按字节进行处理。输入输出字符流的开始和结束只由程序控制，而不受物理符号如回车符的控制，因此也把这种文件称作流式文件。

一个文件可以以文本模式或二进制模式打开，这两种的区别是：在文本模式中回车被当成一个字符“\n”，而二进制模式认为它是两个字符 0x0D，0x0A；如果在文件中读到 0x1B，文本模式会认为这是文件结束符，而二进制模式不会对 0x1B 进行处理，而文本方式会按一定的方式对数据作相应的转换。

无论是文本文件还是二进制文件，其操作流程基本是一致的，即：首先打开文件并创建文件对象，然后通过该文件对象对文件内容进行读取、写入、删除、修改等操作，最后关闭并保存文件内容。Python 内置了文件对象，通过 open( ) 函数即可以指定模式打开指定文件并创建文件对象，格式如下：

```
文件对象名=open(文件名[,打开方式[,缓冲区]])
```

其中，文件名如果不在当前目录中，还需要指定完整路径，为了减少完整路径中“\”符号的输入，可以使用原始字符串。如 r'd:\myPythonTest'。

打开模式指定了打开文件后的处理方式：只读（r）、只写（w）、追加（a）、读写（+）等，如表 6-1 所示。

表 6-1　文件打开模式

模　式	说　明	模　式	说　明
r	读模式	b	二进制模式（可与其他模式组合使用）
w	写模式	+	读、写模式（可与其他模式组合使用）
a	追加模式		

缓冲区指定了读写文件的缓存模式：数值 0 表示不缓存，数值 1 表示缓存，大于 1 表示缓冲区大小，默认值是缓存模式。

如果打开文件正常，open( )函数返回 1 个文件对象，通过该文件对象可以对文件进行各种操作，如果指定文件不存在、访问权限不够、磁盘空间不足或其他原因导致创建文件对象失败则抛出异常。如下列执行失败的原因是 mytest. txt 文件不存在。

```
>>> fp=open('mytext. txt','r')          #以只读方式打开不存在的文件
IOError: [Errno 2] No such file or directory: 'mytext. txt'
```

但对不存在的文件是可以以“写”操作模式创建文件对象：

```
>>> fp=open('mytext. txt ','w')          #以写的方式创建不存在的文件
```

这样可以查看在当前目录下已生成大小为 0 KB、文件名为“mytext. txt”的文件，如图 6-1 所示。

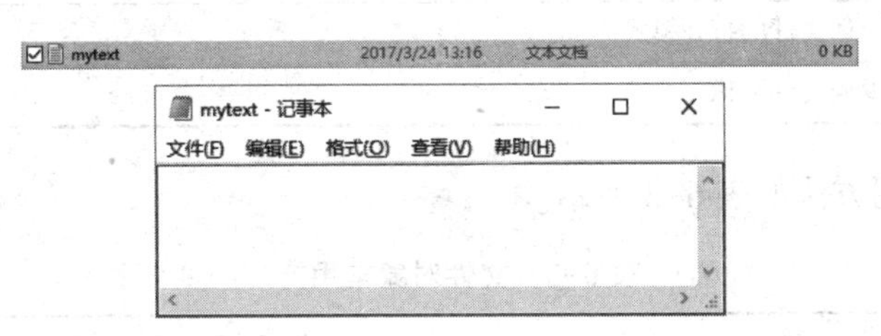

图 6-1　用记事本打开 mytext. txt 文件查看，内容为空

```
>>> fp. write("Shanghai introduced")          #向文件写内容
```

当对文件内容操作完以后，一定要关闭文件，以保证所做的任何修改都得到保存。

```
>>> fp. close( )          #关闭文件
```

这样从图 6-2 可看到文件 mytext. txt 大小为 1 KB，运用记事本打开文件可看到刚写入的内容。

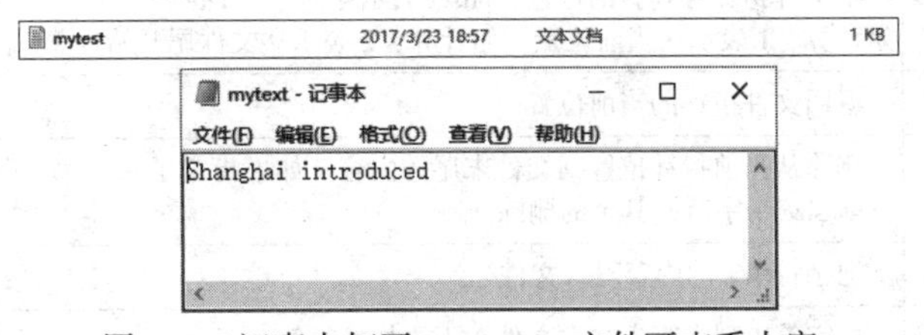

图 6-2　记事本打开 mytext. txt 文件可查看内容

当然也可通过函数来查看文件内容：

```
>>> fp=open("mytext.txt",'r')
>>> fp.read()        #读文件内容
'Shanghai introduced'
>>> fp.close()
>>> fp=open("mytext.txt",'r')
>>> fp.read(5)
'Shang'
```

或

```
>>> fp=open("foodgroup.txt",'r')           #以读方式打开 foodgroup.txt 文件
>>> fp.readline()                          #读第一行内容
'~0100~^~Dairy and Egg Products~\n'
>>> fp.readline()                          #读第二行内容
'~0200~^~Spices and Herbs~\n'
>>> fp.readlines()                         #读剩余所有内容
['~0300~^~Baby Foods~\n','~0400~^~Fats and Oils~\n','~0500~^~Poultry Products~\n','~0600~^~Soups,Sauces,and Gravies~\n','~0700~^~Sausages and Luncheon Meats~\n','~0800~^~Breakfast Cereals~\n','~0900~^~Fruits and Fruit Juices~\n','~1000~^~Pork Products~\n','~1100~^~Vegetables and Vegetable Products~\n',…]
```

文件对象的常用属性如表 6-2 所示。

表 6-2　文件对象属性

属　性	说　明
closed	判断文件是否关闭，若文件被关闭，则返回 True
mode	返回文件的打开模式
name	返回文件名称

文件对象的常用方法如表 6-3 所示。

表 6-3　文件对象常用方法

模　式	说　明
flush()	把缓冲区内容写入文件，但不关闭文件
close()	把缓冲区内容写入文件，同时关闭文件，并释放文件对象
read([size])	从文件中读取 size 个字节的内容作为结果返回，如果省略 size，则表示一次性读取所有内容
readline()	从文本文件中读取一行内容作为结果返回
readlines()	把文本文件中的每行文本作为一个字符串存入列表中，返回该列表
seek(offset[,whence])	把文件指针移到新的位置，offset 表示相对于 whence 的位置。whence 为 0 表示从文件头开始计算，1 表示从当前位置开始计算，2 表示从文件尾开始计算，默认为 0
tell()	返回文件指针的当前位置
truncate([size])	删除从当前指针位置到文件末尾的内容。如果指定了 size，则不论指针在什么位置都只留下前 size 个字节，其余的删除
write(s)	把字符串 s 的内容写入文件
writelines(s)	把字符串列表写入文本文件，不添加换行符

6.2 文本文件操作

下面通过几个实例来演示文本文件的读写操作。对于 read( )、write( )以及其他读写方法，当读写操作完成之后，都会自动移动文件指针进行定位，也可以使用 seek( )方法，如果需要获知文件指针当前位置可以使用 tell( )方法。

例 6-1 向文件写入指定内容。

方法 1：

```
>>> fp=open('mytest. txt','w')          #若文件不存在,则创建文件,若存在,则可能覆盖原内容
>>> fp. write("Shanghai introduced\n Shanghai,is located shore of the East China Sea,\nIt has an area of about 6,340 square kilometre. \nThe population of shanghai is about fourteen million.")
>>>fp. close()
```

运行结果如图 6-3 所示。

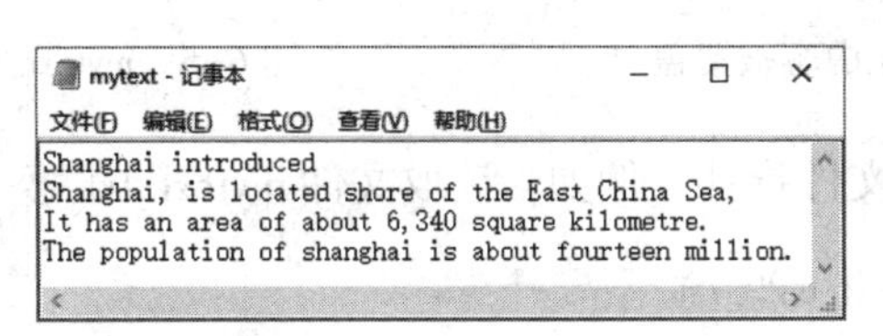

图 6-3　文件写入多行内容

方法 2：

```
>>> fp=open("mytext. txt",'w')
>>> shi="Shanghai introduced\nShanghai,is located shore of the East China Sea,\nIt has an area of about 6,340 square kilometre. \nThe population of shanghai is about fourteen million."
>>> fp. write(shi)          #写入多行
>>> fp. close()
```

或

```
>>> shi="Shanghai introduced\nShanghai,is located shore of the East China Sea,\nIt has an area of about 6,340 square kilometre. \nThe population of shanghai is about fourteen million."
>>> with open('text. txt','w') as fp:
...     fp. write(shi)
>>> fp. close()
```

例 6-2 写模式与追加模式的区别。写模式如果文件不存在，会生成文件并写入相应内容，如例 6-1。如果文件存在，再用写模式打开并写入其他内容，则文件中原来内容被覆盖。例如，执行下列代码后：

```
>>> dyi="Diaoyu islands are China's inherent territory."
>>> with open('mytext. txt','w') as fp:          #覆盖原内容
...     fp. write(dyi)
...
>>>
```

mytext. txt 文件内容被新的内容所替代，如图 6-4 所示。

这里使用上下文管理关键字 with 可以自动管理资源，不论何种原因跳出 with 块，总能保证文件被正确关闭，不需要运用 fp. close( )来关闭文件。

而追加模式有所不同，它保留原有的内容，只是在文件结尾追加新的内容，如下代码：

```
>>> fp=open("mytext.txt",'a+')          #以 a+方式追加内容
>>> scio="\nJapan grabbed Diaoyu Dao from China. \nBackroom deals between the United States and Japan Concerning Diaoyu Dao are illegal and invalid. \nJapan's claim of sovereignty over Diaoyu Dao is totally unfounded. \nChina has taken resolute measures to safeguard its sovereignty over Diaoyu Dao."
>>> fp.write(scio)          #不会覆盖
>>> fp.close()
```

运行结果如图 6-5 所示。

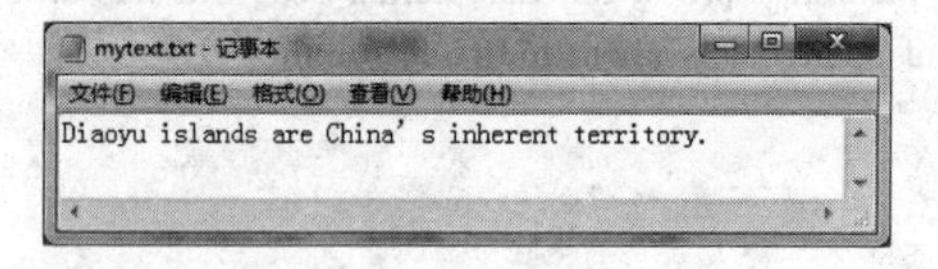

图 6-4　mytext. txt 原内容被覆盖

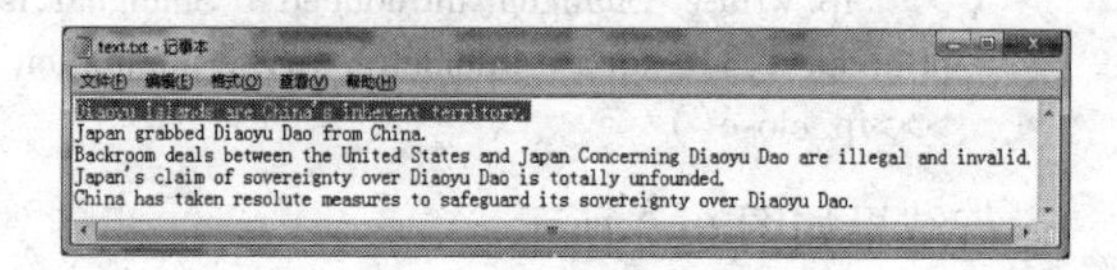

图 6-5　mytext. txt 文件追加内容

例 6-3　了解并运用文件指针。例如，读取文件 mytext. txt 第一个字符：

```
>>> fp=open("mytext.txt",'r')
>>> fp.read(1)
>>> 'D'
此时文件指针指向文件第 2 个字符
>>> fp.read(6)
>>> 'iaoyu'
文件指针指向第 8 个字符'i'
>>> fp.seek(0)
文件指针移到第 1 个字符'D'
>>> print(fp.read(14))
Diaoyu islands
>>> fp.close()
```

例 6-4　显示文本文件“mytext. txt”的所有内容。

```
fp=open('mytext.txt','r')
allLines=fp.readlines()                 #读取文件所有行
for line in allLines:                   #逐行显示
    print (line)
fp.close()
```

或者

```
fp=open('mytext.txt','r')
while True:
    line=fp.readline()
    if line=='':          #如果最后一行含有'\n'字符

        break
    print (line)
fp.close()
```

运行结果：

```
Diaoyu islands are China's inherent territory.
Japan grabbed Diaoyu Dao from China.
Backroom deals between the United States and Japan Concerning Diaoyu Dao are illegal and invalid.
Japan's claim of sovereignty over Diaoyu Dao is totally unfounded.
China has taken resolute measures to safeguard its sovereignty over Diaoyu Dao.
```

例 6-5 读取如图 6-6 所示的 D 盘根目录下文本文件 data. txt 中所有整数，将其按升序排序后再写入文件 data_asc. txt 中。

代码如下：

```
with open('data.txt','r') as fp:
    data=fp.readlines()
data=[int(line.strip(' ')) for line in data]
data.sort()
data=[str(i)+'\n' for i in data]
with open('data_asc.txt','w') as fp:
    fp.writelines(data)
```

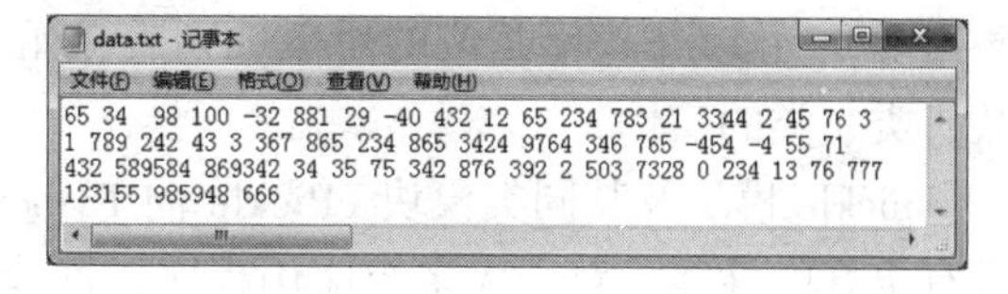

图 6-6　data. txt 文件内容

例 6-6 对例 6-5 程序 data_asc. py 运行后生成文件 data_asc_new. py，其中的内容不变，但在每行的行尾加上了行号。

```
filename='data_asc.py'
with open(filename,'r') as fp:
    lines=fp.readlines()
lines=[line.rstrip()+' '*(50-len(line))+'#'+str(index)+'\n' for index,line in enumerate(lines)]
with open(filename[:-3]+'_no.py','w') as fp:
    fp.writelines(lines)
```

运行结果如图 6-7 所示。

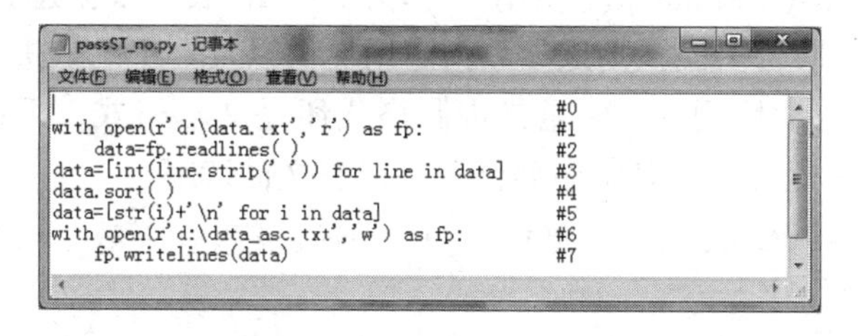

图 6-7　代码添加序号

6.3　二进制文件操作

图像、音频、视频、数据库文件等均属于二进制文件。二进制文件不能使用记事本或其他文本编辑器正常读写，也无法通过 Python 文件对象直接读取和读懂文件内容。必须正确理解二进制文件结构和序列化规则，才能准确地理解其中内容并且设计正确的反序列化规则。所谓序列化，简单地说就是把内存中的数据在不丢失其类型信息的情况下转成对象的二进制形式的过程，对象序列化后的形式经过正确的反序列化过程应该能够准确地恢复为原来的对象。

Python 中常用的序列化模块有 struct、pickle、json、marshal 和 shelve，其中 pickle 有 C

语言实现的 cPickle，速度约提高 1000 倍，应优先考虑使用。本节主要介绍 struct 和 pickle 模块在对象序列化和二进制文件操作方面的应用。

6.3.1 使用 pickle 模块

pickle 是较为常用并且速度非常快的二进制文件序列化模块，所谓序列化是指将程序中运行对象的信息保存到文件中，其实质就是将任意一个 Python 对象转化成一系列字节存储到文件中，而反序列化则相反，指程序从文件中读取信息并用来重构上一次保存的对象。Python 的 pickle 模块实现了基本类型变量（布尔型、整型、浮点型、复数型、字符串、字节数组等）、由基本类型组成的对象（列表、元组、字典和集合及相互嵌套）和其他对象（函数、类、类的实例）。

pickle 模块及其同类模块 cPickle 向 Python 提供了 pickle 支持。后者是用 C 编码的，它具有更好的性能，对于大多数应用程序，推荐使用该模块。

导入 cPickle，并可以作为 pickle 来引用它的语句：

```
import cPickle as pickle
```

在导入该模块后，用户就可以利用 pickle 接口开发。pickle 模块提供了以下函数：

（1）dump(object,file,[,protocol]) 将对象 object 写到文件 file 中，这个文件可以是实际的物理文件，但也可以是任何类似于文件的对象，这个对象具有 write()方法，可以接受单个的字符串参数。参数 protocol 是序列化模式，默认值为 0，表示以文本的形式序列化。protocol 的值还可以是 1 或 2，表示以二进制的形式序列化。load(file)从文件 file 中读取一个字符串，并将它重构为包含在 pickle 文件中的对象。

（2）dumps(object)返回一个字符串，它包含一个 pickle 格式的对象；loads(string) 返回包含在 pickle 字符串中的对象。

默认情况下，dumps()和 dump()使用可打印的 ASCII 表示来创建 pickle。两者都有一个 final 参数（可选），如果为 True，则该参数指定用更快以及更小的二进制表示来创建 pickle。loads()和 load()函数自动检测 pickle 是二进制格式还是文本格式。下面通过两个实例来了解一下如何使用 pickle 模块进行对象序列化和二进制文件读写。

例 6-7 使用 pickle 模块写入二进制文件，包括整数、实数、列表、元组、集合、字典、字符串等。

代码如下：

```
import cPi ckle as pickle

i=10                                              #定义各种对象
l=1000000000
f=100.001
s="Shanghai Expo 2010"
lst=[[1,1,2],[3,5,8],[13,21,34],[55,89,144]]
tu=(1,2,4,8,16,32,64,128,256,512,1024)
st=(1,6,15,20,15,6,1)
dic={'a':'HU GUOSHENG','b':'HUANG HE','c':'WU XINXIN','d':'FAN XIAOYAN','e':'SHAO YIN'}
fp=open(r'd:\myPickle.dat','wb')                  #打开文件
try:                                              #异常检测,详见第7章
```

```
        pickle.dump(i,fp)                #将整数序列化,写入文件中,协议模式为0
        pickle.dump(l,fp)
        pickle.dump(f,fp)
        pickle.dump(s,fp)
        pickle.dump(lst,fp,1)            #用二进制形式序列化列表,写入文件中
        pickle.dump(tu,fp)
        pickle.dump(st,fp)
        pickle.dump(dic,fp)
    except:
        print ('Write File Exception! ')
    finally:
        fp.close()
```

运行结果如图 6-8 所示。

myPickle.dat 2017/3/25 8:25 DAT 文件 1 KB

图 6-8 运行结果

可以看到在 D 盘根目录下生成了包含上述各类数据的二进制文件 myPickle. dat。

例 6-8 读取实例 6-7 中写入的二进制文件 myPickle. dat 的内容。

```
import cPi ckle as pickle

fp=open(r'd:\myPickle.dat','rb')
number_of_data=pickle.load(fp)           #返回对象个数
i=0
while i<number_of_data-1:
    print (pickle.load(fp))
    i=i+1
fp.close()
```

运行结果:

```
10
100000
100.001
Shanghai Expo 2010
[[1,1,2],[3,5,8],[13,21,34],[55,89,144]]
(1,2,4,8,16,32,64,128,256,512,1024)
(1,6,15,20,15,6,1)
{'a': 'HU GUOSHENG','c': 'WU XINXIN','b': 'HUANG HE','e': 'SHAO YIN','d': 'FAN XIAOYAN'}
```

6.3.2 使用 struct 模块

对于数据类型，Python 不像其他语言预定义了许多类型（如 C#只整型就定义了 8 种），它只定义了 6 种基本类型：整数、浮点数、字符串、元组、列表、字典。这 6 种数据类型可以满足用户大部分要求。但是，如果 Python 需要通过网络与其他平台进行交互时，必须考虑到将这些数据类型与其他平台或语言之间的类型进行互相转换。比如 C++写的客户端发送一个 int 型 4 字节变量的数据（二进制表示）到 Python 写的服务器，Python 接收后怎么解析成 Python 认识的整数呢（而不是字符串、元组或列表）？Python 的标准模块 struct 就用来

解决这个问题。struct 是比较常用的对象序列化和二进制文件读写模块，它的基本功能是将一系列不同类型的数据封装成一段字节流；或反之，将一段字节流解开成为若干个不同类型的数据。

struct 模块中有 5 个函数。

（1） struct. pack( )数据封装函数：

```
struct. pack(format,arg1,arg2,…)
```

该函数按照给定的格式 format 把数据 arg1,arg2,…封装成字节流。

（2） struct. unpack( )数据解封函数：

```
struct. unpack(format,string)
```

该函数按照给定的格式 format 解析字节流 string，返回解析出来的元组。

（3） struct. calcsize( )计算格式大小函数：

```
struct. calcsize(format)
```

它用于计算给定格式 format 占用多少字节的内存。

还有两个不常用的函数 struct. pack_into( )和 struct. unpack_from( )主要用于内存有效利用。

上述函数中的 format 是格式化字符串，由数字加格式字符构成。例如格式串“3i2f?2s”表示内存中占 3×4 个字节的整数，2×4 个字节的实数，1 个字符的布尔型和 2 个字符的字符串，长度为 23 的字节流，用于函数 pack，则封装成长度为 23 的一段字节流。若用于函数 unpack，则表示从后面的字节流中按照字节数 4、4、4、4、4、1、1、1 依次取出数据并将这些字节流片段组成元组返回。

struct 有很多格式符，它们和 C 语言的数据类型一一对应，如表 6-4 所示。

表 6-4　struct 支持的格式符

格　式　符	C 语言类型	Python 类型	数据字节数	备　　注
c	字符	长度为 1 的字符串	1	
b	有符号字符	整数	1	(3)
B	无符号字符	整数	1	(3)
?	布尔型	布尔	1	(1)
h	短整数型	整数	2	(3)
H	无符号短整数型	整数	2	(3)
i	整数型	整数	4	(3)
I	无符号整数型	整数	4	(3)
l	长整数型	整数	4	(3)
L	无符号长整数型	整数	4	(3)
q	长长整数型	整数	8	(2) (3)
Q	无符号长长整数型	整数	8	(2) (3)
f	单精度浮点型	实数 float	4	(4)
d	双精度浮点型	实数 float	8	(4)
s	字符串 char[ ]	字符串 string	任意	

提示：表 6-4 格式符 q 和 Q 只在机器支持 64 位操作时有意义。

Python 为了和 C 或 C++等语言的编译器配合，pack、unpack 函数使用了字节对齐处理，即将格式化字符串的长度扩展为 4 个字节的倍数。比如格式符“3i2f? 2s”长度为 23 的字节流，但为了字节对齐，函数把 2s 扩展到 3s，于是变成长度为 24 的字节流。

当然，用户可以通过在格式化字符串的前面加上一个“!”或“=”来取消字节对齐处理。它们的区别是：“!”依网络字节序对数据编码，“=”按照主机字节序对数据编码。比如说整数 64，依网络字节序编码是\x00\x00\x00\x40，按照主机（本地计算机）字节序编码是\x40\x00\x00\x00。字节序的不同是因为硬件厂商设计产品时存储多字节信息的方式不同。编程时只要按照同一种字节序对对齐处理方式封装字节流和解析字节流即可。

下面通过两个例子来简单介绍使用 struct 模块对二进制文件进行读写的用法。

例 6-9 使用 struct 模块写入二进制文件。

代码如下：

```
import struct
url="I like to visit:http://www.python.org"
num=201411
real=3098.00
LV=True
str=struct.pack('if? 37s',num,real,LV,url)    #'if? 37s'为格式字符串,长度为 9
print 'length:',len(str)
print 'length:',struct.calcsize('if? 12s')    #求'if? 12s'格式字符串长度
print str
print repr(str)          #repr 函数创建一个字符串,以合法的 Python 表达式的形式来表示
fp=open(r'd:\myStruct.dat','wb')
fp.writelines(str)
fp.write(url.encode())                        #encode 函数将字符串转换为字节序列后写入文件
fp.close()
```

运行结果如图 6-9 所示。

```
length: 9
length: 21
�    �AE
'\xc3\x12\x03\x00\x00\xa0AE\x01'
```

图 6-9 运行结果

并在 D 盘根目录下查看到文件 myStruct.dat，如图 6-10 所示。

myStruct.dat	2017/3/25 8:58	DAT 文件	1 KB

图 6-10 查看文件

提示：repr(arg)函数返回 Python 合法的字符串，例如：

```
>>> temp=10
>>> print "repr usage: "+temp                #出错
TypeError: cannot concatenate 'str' and 'int' objects
>>> print "repr usage: "+repr(temp)          #字符串相连,正确
repr usage: 10
```

例 6-10 读取例 6-9 中写入的二进制文件 myStruct.dat 的内容。

```
import struct
```

```
fp=open(r'd:\myStruct.dat','rb')
str=fp.read(9)          ## unpack requires a string argument of length 9
tu=struct.unpack('if?',str)
print(tu)
num,real,LV=tu
print('num=',num,'real=',real,'LV=',LV)
url=fp.read(39)
url=url.decode()
print("url=",url)
```

运行结果：

```
(201411,3098.0,True)
('num=',201411,'real=',3098.0,'LV=',True)
('url=',u'I like to visit:http://www.python.org')
```

6.4 文件级操作

如果仅需要对文件内容进行读写，可以使用第6.1节中介绍的文件对象；如果需要处理文件路径，可以使用os.path模块中的对象和方法；如果需要使用命令行读取文件内容，可以使用fileinput模块；创建临时文件和文件夹可以使用tempfile模块；另外，pathlib模块提供了大量用于表示和处理文件系统路径的类。

6.4.1 os与os.path模块

os模块除了提供使用操作系统功能和访问文件系统的简便方法之外，还提供了大量文件级操作的方法，如表6-5所示。os.path模块提供了大量用于路径判断、切分、连接以及文件夹遍历的方法，如表6-6所示。

表6-5 os模块常用文件操作方法

方　法	功能说明
access(path,mode)	按照mode指定的权限
open(path,flags,mode=o0777,*,dir_fd=None)	按照mode指定的权限打开文件，默认权限为可读、可写、可执行
chmod(path,mode,*,dir_fd=None,follow_symlinks=True)	改变文件的访问权限
remove(path)	删除指定的文件
rename(src,dst)	重命名文件或目录
stat(path)	返回文件的所有属性
fstat(path)	返回打开文件的所有属性
listdir(path)	返回path目录下的文件和目录列表
startfile(filepath[,operation])	使用关联的应用程序打开指定文件

所有方法可通过dir(os)查询：

```
>>> import os
>>> dir(os)
```

```
['abort','access','altsep','chdir','chmod','close','closerange','curdir','defpath','devnull','dup','dup2','environ','errno','error','execl','execle','execlp','execlpe','execv','execve','execvp','execvpe','extsep','fdopen','fstat','fsync','getcwd','getcwdu','getenv','getpid','isatty','kill','linesep','listdir','lseek','lstat','makedirs','mkdir','name','open','pardir','path','pathsep','pipe','popen','popen2','popen3','popen4','putenv','read','remove','removedirs','rename','renames','rmdir','sep','spawnl','spawnle','spawnv','spawnve','startfile','stat','stat_float_ times','stat_result','statvfs_result','strerror','sys','system','tempnam','times','tmpfile','tmpnam','umask','unlink','unsetenv','urandom','utime','waitpid','walk','write']
```

表 6-6　os. path 模块常用文件操作方法

方　法	功 能 说 明	方　法	功 能 说 明
abspath(path)	返回绝对路径	isdir(path)	判断 path 是否为目录
dirname(p)	返回目录路径	isfile(path)	判断 path 是否为文件
exists(path)	判断文件是否存在	join(path, * paths)	连接两个或多个 path
getatime(filename)	返回文件最后访问时间	split(path)	对路径进行分割，以列表形式返回
getctime(filename)	返回文件创建时间	splitext(path)	对路径进行分割，返回扩展名
getmtime(filename)	返回文件最后修改时间	splitdrive(path)	对路径进行分割，返回驱动器名
getsize(filename)	返回文件大小	walk(top,func,arg)	遍历目录
isabs(path)	判断 path 是否为绝对路径		

同理，os. path 模块所有方法可通过 dir(os. path)查询：

```
>>> import os. path
>>> dir(os. path)
['abspath','altsep','basename','commonprefix','curdir','defpath','devnull','dirname','exists','expanduser','expandvars','extsep','genericpath','getatime','getctime','getmtime','getsize','isabs','isdir','isfile','islink','ismount','join','lexists','normcase','normpath','os','pardir','pathsep','realpath','relpath','sep','split','splitdrive','splitext','splitunc','stat','supports_unicode_filenames','sys','walk','warnings']
```

下面通过几个示例来演示 os 和 os. path 模块的使用方法。

```
>>> import os
>>> import os. path
>>> os. path. exists(r'd:\myPickle. dat')
True
>>> os. rename('d:\\myPythonTest\\myPickle. dat',r'd:\myPythonTest\yourPickle. dat')
```

结果显示修改成功，如图 6-11 所示。

yourPickle.dat	2017/3/25 8:41	DAT 文件	1 KB

图 6-11　显示修改成功

```
>>> os. path. exists('myPickle. dat')                #检验 myPickle. dat 文件是否存在
False
>>> os. path. exists('yourPickle. dat')
True
>>> os. path. getsize('yourPickle. dat')             #获取文件大小
350L
>>> os. path. getatime('yourPickle. dat')            #自 1970 年 1 月 1 日 0 时开始文件访问计算
1490401546. 6698108
```

```
>>> os.path.getctime('yourPickle.dat')                    #自1970年1月1日0时开始文件建立计算
490401546.6698108
>>> os.path.getmtime('yourPickle.dat')                    #自1970年1月1日0时开始文件修改计算
1490402490.4056165
>>> from time import gmtime,strftime
>>> time.gmtime(os.path.getmtime(r'd:\myPickle.dat'))  #以struct_time形式输出最近修改时间
time.struct_time(tm_year=2017,tm_mon=10,tm_mday=1,tm_hour=22,tm_min=59,tm_sec=12,tm_wday=6,tm_yday=274,tm_isdst=0)
>>> strftime("%a,%d %b %Y %H:%M:%S +0000",time.gmtime(os.path.getmtime(r'd:\myPickle.dat')))
'Sun,01 Oct 2017 22:59:12 +0000'
```

Python time strftime()函数接收以时间元组，并返回以可读字符串表示的当地时间，格式由参数format决定。strftime()方法语法为：

```
time.strftime(format[,t])
```

其中，format为格式字符串，t为可选的参数，它指向一个struct_time对象。

Python中时间日期格式化符号如表6-7所示。

表6-7 time.strftime函数格式化符号意义

符号	含义	符号	含义
%y	两位数的年份表示（00~99）	%Y	四位数的年份表示（0000~9999）
%m	月份（01~12）	%d	月内中的一天（00~31）
%H	24小时制小时数（0~23）	%I	12小时制小时数（01~12）
%M	分钟数（00~59）	%S	秒（00~59）
%a	本地简化的星期名称	%A	本地完整星期名称
%b	本地简化的月份名称	%B	本地完整的月份名称
%c	本地相应的日期和时间表示	%j	年内的一天（001~366）
%p	本地A.M.或P.M.的等价符	%U	一年中的星期数（00~53）星期天为星期的开始
%w	星期（0~6），星期天为星期的开始	%W	一年中的星期数（00~53）星期一为星期的开始
%x	本地相应的日期表示	%X	本地相应的时间表示
%Z	当前时区的名称	%%	%号本身

下面的代码可以列出当前目录下所有扩展名为py的文件，其中用到了列表推导式。

```
>>> import os
>>> print([fname for fname in os.listdir(os.getcwd()) if os.path.isfile(fname) and fname.endswith('.py')])
```

运行结果：

```
['birthday_wishes.py','data_asc.py','data_asc_no.py','dbtest.py','fetchalltest.py','Globa Reach.py','instructions.py','myPythonForm.py','pickle01.py','pickle02.py','receive_and_return.py','rowtest.py','struct01.py','struct02.py','Tic-Tac-Toe.py']
```

例6-11 文件改名。下面的代码用来将当前目录的所有扩展名为dat的文件重命名为扩展名为 txt 的文件。

```
#-*- coding:utf-8 -*-#
import os

file_list=os.listdir(".")                    #当前目录下所有文件
for filename in file_list:
    pos=filename.rindex(".")                 #扩展名首次出现位置
    if filename[pos+1:]=="dat":              #是.dat 文件吗
        newname=filename[:pos+1]+"txt"       #若是,改为.txt 文件
        os.rename(filename,newname)
        print(filename+"改名为:"+newname)
```

或

```
import os

file_list=[filename for filename in os.listdir(".") if filename.endswith('.dat')]
for filename in file_list:
    newname=filename[:-4]+'txt'
    os.rename(filename,newname)
    print(filename+"改名为:" +newname)
```

运行结果:

```
myStruct.dat 改名为:myStruct.txt
yourPickle.dat 改名为:yourPickle.txt
```

6.4.2 shutil 模块

shutil 模块为高级的文件、文件夹、压缩包处理模块，提供了大量的方法支持文件和文件夹操作，详细的方法可使用 dir(shutil)查看。

```
>>> import shutil
>>> dir(shutil)
'Error','ExecError','SpecialFileError','abspath','collections','copy','copy2','copyfile','copyfileobj','copymode','copystat','copytree','errno','fnmatch','get_archive_formats','getgrnam','getpwnam','ignore_patterns','make_archive','move','os','register_archive_format','rmtree','stat','sys','unregister_archive_format']
```

shutil 模块常用方法功能如表 6-8 所示。

表 6-8　shutil 模块常用方法

方　法	功　能
copyfileobj(fsrc,fdst[,length])	将文件内容复制到另一个文件中，可以复制部分内容
copyfile(src,dst)	复制文件
copymode(src,dst)	仅复制权限，内容、组、用户均不变
copystat(src,dst)	复制状态的信息，包括 mode bits,atime,mtime,flags
copy(src,dst)	复制文件和权限
copy2(src,dst)	复制文件和状态信息

(续)

方　法	功　能
ignore_patterns(* patterns) copytree(src,dst,symlinks=False,ignore=None)	递归的复制文件
rmtree(path[,ignore_errors[,onerror]])	递归的删除文件
move(src,dst)	递归的移动文件
make_archive(base_name,format,...)	创建压缩包并返回文件路径，如 zip、tar、“bztar”“gztar”

下面的代码使用 copyfile( ) 方法复制文件。

```
>>> import shutil
>>> shutil.copyfile('d:\\myPythonTest\\yourPickle.txt','d:\\myPythonTest\\myPickle.txt')
```

下面的代码将 d:\myPythonTest 文件夹以及该文件夹中所有文件压缩至 d:\myPythonTest.zip 文件。

```
>>> shutil.make_archive('d:\\myPythonTest','zip','d:\\myPythonTest')
'd:\\myPythonTest.zip'
```

结果显示压缩成功，如图 6-12 所示。

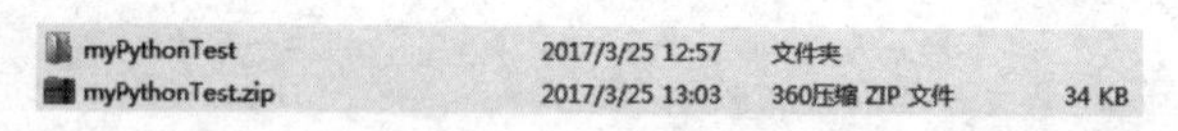

图 6-12　显示压缩成功

下面代码则将刚压缩得到的文件 d:\myPythonTest.zip 解压缩至 d:\ myPythonTest_unpack 文件夹：

```
>>> shutil.unpack_archive('d:\\myPythonTest.zip','d:\\myPythonTest_unpack')
```

解压后文件如图 6-13 所示。

图 6-13　解压后文件

下面的代码删除刚刚解压缩到的文件夹：

```
>>> shutil.rmtree(r'd:\myPythonTest_unpack')
```

6.5　目录操作

除了支持文件操作，os 和 os.path 模块还提供了大量的目录操作方法。os 模块常用的目录操作方法与成员如表 6-9 所示。

表 6-9　os 模块常用目录操作方法与成员

方　法	功能说明
mkdir(path[,mode=0777])	创建目录
makedirs(path1/path2…,mode=511)	创建多级目录

（续）

方　法	功能说明
rmdir(path)	删除目录
removedirs(path1/path2…)	删除多级目录
listdir(path)	返回指定目录下的文件和目录信息
getcwd()	返回当前工作目录
get_exec_path()	返回可执行文件的搜索路径
chdir(path)	把 path 设为当前工作目录
walk(top,topdown=True,oneerror=None)	遍历目录树，该方法返回一个元组，包括 3 个元素：所有路径名、所有目录列表与文件列表
sep	当前操作系统所使用的路径分隔符
extsep	当前操作系统所使用的文件扩展名分隔符

例 6-12　查看、改变当前工作目录，创建与删除目录。

```
>>> import os
>>> os.getcwd()                                  #返回当前工作目录
'D:\\myPythonTest'
>>> os.mkdir(os.getcwd()+'\\temp')               #创建目录
```

temp　2017/3/25 15:14　文件夹

```
>>> os.chdir(os.getcwd()+'\\temp')               #改变当前工作目录
>>> os.getcwd()
'D:\\myPythonTest\\temp'
>>> os.mkdir(os.getcwd()+'\\subtemp')            #在当前工作目录下创建新目录
>>> os.listdir('.')
['subtemp']
>>> os.rmdir('subtemp')                          #在当前目录下删除目录
```

目录操作结果如图 6-14 和图 6-15 所示。

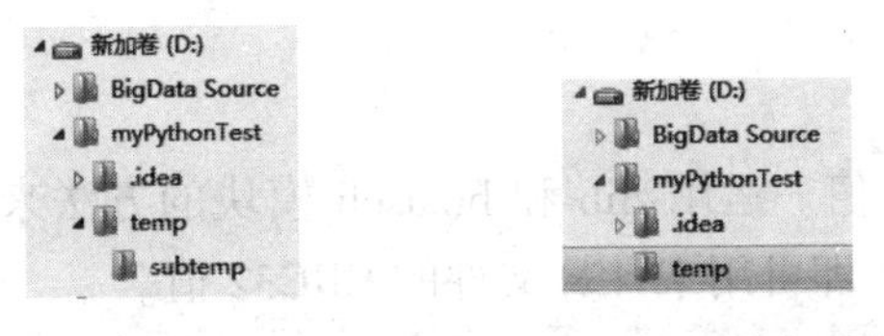

图 6-14　创建目录　　　　图 6-15　删除目录

例 6-13　遍历指定目录下所有子目录和文件。

方法 1：walk()方法。

```
import os

def traversal_dir01(path):
    if not os.path.isdir(path):
        print ('Error:',path,' is not a directory or does not exist.')
        return
    list_dirs=os.walk(path)
```

```
    for root,dirs,files in list_dirs:                    #遍历该元组的目录和文件信息
        for d in dirs:
            print (os.path.join(root,d))        #获取完整路径
        for fp in files:
            print (os.path.join(root,fp))       #获取文件绝对路径

traversal_dir01('d:\\myPythonTest')
```

方法2：递归方法。

```
import os

def traversal_dir02(path):
    if not os.path.isdir(path):
        print ('Error: ',path,' is not a directory or does not exist.')
        return
    for lists in os.listdir(path):
        sub_path=os.path.join(path,lists)
        print (sub_path)
        if os.path.isdir(sub_path):
            traversal_dir02(sub_path)          #递归

traversal_dir02('d:\\myPythonTest')
```

运行结果：

```
d:\myPythonTest\.idea
d:\myPythonTest\.idea\encodings.xml
d:\myPythonTest\data_asc.py
d:\myPythonTest\fetchalltest.py
d:\myPythonTest\food.db
d:\myPythonTest\foodgroup.txt
......
```

6.6 应用举例

例6-14 计算CRC32值。运用zlib和binascii模块的方法来计算任意字符串的CRC32值，该代码经过简单修改，即可用来计算文件的CRC32值。

```
>>> import zlib
>>> print(zlib.crc32('STIEI'.encode()))
12267208
>>> print(zlib.crc32('201411'.encode()))
-1524143485
>>> import binascii
>>> binascii.crc32('201411'.encode())
-1524143485
>>> binascii.crc32('foodgroup.txt'.encode())
1252725479
```

例6-15 计算字符串MD5值。MD5值可以用来判断文件发布之后是否被篡改，广泛应

用于数字签名，对于文件完整性保护具有重要意义。

```
>>> import hashlib
>>> import md5

>>> md5Value=hashlib. md5( )
>>> md5Value. update('Shanghai Technical Institute of Electronics information'. encode( ) )
>>> md5Value=md5Value. hexdigest( )
>>> print( md5Value)
d8b4938f3113100cd0ab37840f15fea6                #hash 值

>>> md5Value=md5. md5( )
>>> md5Value. update('Shanghai Technical Institute of Electronics informations'. encode( ) )
>>> md5Value=md5Value. hexdigest( )
>>> print( md5Value)
8b7dc12c6a9ee53def74974532542069                #hash 值
```

从上可以看出，两个字符串只相差最后一个字符“s”，但 MD5 值完全不同。当然，用户也可对文件求 hash 值。例如下列代码求文件 myPickle. dat 的 hash 值：

```
>>> md5Value=md5. md5( )
>>> md5Value. update( r'd:\myPickle. dat'. encode( ) )          #对文件求 hash 值
>>> md5Value=md5Value. hexdigest( )
>>> print( md5Value)
fd2c4edc670737a97b49967ee5df7f64
```

对上面的代码稍加完善，即可实现自己的 MD5 计算器，将下面代码存为 md5Calc. py。

```
import hashlib
import os
import sys
fileName=sys. argv[1]
if os. path. isfile( fileName) :
    md5Value=hashlib. md5( )
    md5Value. update( fileName. encode( ) )
    md5Value=md5Value. hexdigest( )
    print ( md5Value)
```

在 c:\python27>命令行输入：python d:\myPythonTest\md5Calc. py   r'd:\myPickle. dat'得到文件 myPickle. dat 的 hash 值。

```
fd2c4edc670737a97b49967ee5df7f64
```

例 6-16　编写程序，进行文件夹增量备份。指定源文件夹与目标文件夹，自动检测自上次备份以来源文件夹中内容的改变，包括修改的文件、新建的文件、新建的文件夹等，自动复制新增或修改过的文件到目标文件夹中，自上次备份以来没有修改过的文件将被忽略而不复制，从而实现增量备份。

代码如下：

```
#- * - coding:utf-8 - * -#
import os
import filecmp
```

```
import shutil
import sys

def autoBackup(scrDir,dstDir):
    if ((not os.path.isdir(scrDir)) or (not os.path.isdir(dstDir)) or
            (os.path.abspath(scrDir) != scrDir) or (os.path.abspath(dstDir) != dstDir)):
        usage()
    for item in os.listdir(scrDir):
        scrItem = os.path.join(scrDir,item)
        dstItem = scrItem.replace(scrDir,dstDir)
        if os.path.isdir(scrItem):

            if not os.path.exists(dstItem):   #创建新增的文件夹,保证结构与原始文件夹一致
                os.makedirs(dstItem)
                print ('make directory'+dstItem)
            autoBackup(scrItem,dstItem)
        elif os.path.isfile(scrItem):
            if ((not os.path.exists(dstItem)) or (not filecmp.cmp(scrItem,
                            dstItem,shallow=False))):   #只复制新增或修改过的文件
                shutil.copyfile(scrItem,dstItem)
                print ('file:'+scrItem+'==>'+dstItem)

def usage():
    print ('scrDir and dstDir must be existing absolute path of certain directory')
    print ('For example:{0} c:\\olddir c:\\newdir',format(sys.argv[0]))
    sys.exit(0)

if __name__=='__main__':
    if len(sys.argv) != 3:
        usage()
    scrDir,dstDir=sys.argv[1],sys.argv[2]
    autoBackup(scrDir,dstDir)
```

运行结果:

```
scrDir and dstDir must be existing absolute path of certain directory
('For example:{0} c:\\olddir c:\\newdir','D:/myPythonTest/filbackup.py')
```

例 6-17 编写程序,统计指定文件夹大小以及文件和子文件夹数量。

代码如下:

```
import os

totalSize=0
fileNum=0
dirNum=0
def traversalDir(path):
    global totalSize
    global fileNum
    global dirNum
    for lists in os.listdir(path):
        sub_path=os.path.join(path,lists)
        if os.path.isfile(sub_path):
```

```
            fileNum=fileNum+1                                    #统计文件数量
            totalSize=totalSize+os.path.getsize(sub_path)        #统计文件总的大小
        elif os.path.isdir(sub_path):
            dirNum=dirNum+1                                      #统计文件夹数量
            traversalDir(sub_path)                               #递归遍历子文件夹

def main(path):
    if not os.path.isdir(path):
        print ('Error: "',path,'" is not a directory or does not exist.')
        return
    traversalDir(path)

def sizeConvert(size):
    K,M,G=1024,1024**2,2014**3
    if size>=G:
        return str(size/G)+'G Bytes'                             #换算成 GB
    elif size>=M:
        return  str(size/M)+' M Bytes'                           #换算成 MB
    elif size>=K:
        return  str(size/K)+' K Bytes'                           #换算成 KB
    else : return str(size)+' Bytes'

def output(path):
    print ('The total size of '+path+' is:'+sizeConvert(totalSize)+'('+str(totalSize)+' Bytes')
    print ('The total number of files in '+path+' is :',fileNum)
    print ('The total number of directory in '+path+' is:',dirNum)

if __name__=='__main__':
    path=r'c:\python27'
    main(path)
    output(path)
```

运行结果：

```
The total size of c:\python27 is:855 M Bytes(897297141 Bytes
('The total number of files in c:\\python27 is :',29318)
('The total number of directory in c:\\python27 is:',2977)
```

例 6-18　编写程序，递归删除指定文件夹中指定类型的文件。可用于清理系统中的临时垃圾文件或其他指定类型的文件，稍加扩展还可以删除大小为 0 字节的文件。例如：若希望删除如图 6-16 所示的扩展名为 xml、log 和 txt 的文件，可通过下面代码实现。结果如图 6-17 所示。

图 6-16　删除子目录 deletingFile 下文件前

```
from os.path import isdir, join, splitext
from os import remove, listdir
import sys

filetypes = ['.xml', '.log', '.txt']

def delCertainFiles(directory):
    if not isdir(directory):
        return
    for filename in listdir(directory):
        temp = join(directory, filename)
        if isdir(temp):
            delCertainFiles(temp)
        elif splitext(temp)[1] in filetypes:
            remove(temp)
            print(temp, ' deleted...')

def main():
    directory = r'D:\deletingFile'          #directory = sys.argv[1]

    delCertainFiles(directory)
main()
```

运行结果：

```
('D:\\deletingFile\\encodings.xml', ' deleted...')
('D:\\deletingFile\\idea.log', ' deleted...')
('D:\\deletingFile\\IntelSerialIO.log', ' deleted...')
('D:\\deletingFile\\misc.xml', ' deleted...')
('D:\\deletingFile\\modules.xml', ' deleted...')
('D:\\deletingFile\\scopes\\scope_settings.xml', ' deleted...')
('D:\\deletingFile\\vcs.xml', ' deleted...')
('D:\\deletingFile\\workspace.xml', ' deleted...')
```

图 6-17　删除子目录 deletingFile 下文件后

如果文件夹中有带特殊属性的文件或子文件夹，如下面 d:\deletingFile 文件夹下扩展名为 .txt、.xml 的文件属性设置为“只读”，上面的代码可能会无法删除文件。

Python 标准库 zipfile 提供了对 zip 和 apk 文件的访问。

```
>>> import zipfile
>>> fp = zipfile.ZipFile(r'd:\tools.zip')
>>> for f in fp.namelist():
...         print(f)
>>> fp.close()
```

运行结果：

```
Tools/
Tools/Scripts/
Tools/Scripts/2to3.py
Tools/Scripts/README.txt
...
```

Python 扩展库 rarfile（可通过 pip 工具安装）提供了对 rar 文件的访问。

```
>>> import rarfile
>>> fp=rarfile.RarFile(r'd:\andriod-17.rar')
>>> for f in fp.namelist():
...         print(f)
>>> fp.close()
```

习题 6

1. 文件 numbers.txt 包含了整数 5，8，4，11，86，43，89，54，33，7。每一个整数占用一行。不使用列表，编写程序实现以下任务：

（1）打印文件 numbers.txt 中首个数字。

（2）打印文件 numbers.txt 中最大数字。

（3）打印文件 numbers.txt 中最小数字。

（4）打印文件 numbers.txt 中数字总和。

（5）打印文件 numbers.txt 中数字平均数。

（6）打印文件 numbers.txt 中最后数字。

2. 文件 SomeMonths.txt 起初包含了 12 个月份的名字。编写程序，删除文件中所有不包含字母 r 的月份。

3. 编写程序，统计 words.txt 文件中英文单词的个数、数字个数。

4. 编写程序，将文本文件中存放的若干数字读出，并排序后输出。

5. 编写程序，将文本文件中存放的电话号码、手机号码和邮箱地址读出，存放在 3 个文件中。

6. 打开一个英文的文本文件，将其中每个英文字母加密后写入一个新文件，加密方法是 A 变成 B，B 变成 C，……，将 Y 变成 Z，将 Z 变成 A；小写字母亦如此，其他字符不变。

7. 已知两个文本文件 A 和 B。文件 A 存储姓名，每个名字一行；文件 B 存储每个人对应的电话，每个电话一行。电话的顺序和姓名的顺序正好相反。读取 A 和 B，将人名及其电话合成一行（以空格分开）后写入新文件。

8. 假设要将下棋的信息（棋子颜色、横坐标、纵坐标）保存到二进制文件中，请用 struct 结构实现。棋子颜色可以是黑或白，坐标范围在 0~19 之间。尝试保存若干步骤，再用 struct 读出最后三步的数据并显示出来。

9. 假设一个文本文件 words.txt 有 1000 行，编写程序，将其分成 10 个文件 words_

01. txt、words_02. txt、…、words_10. txt，每个文件 100 行。

10. 编写程序，将包含学生成绩的字典保存为二进制文件，然后再读出内容并显示。

11. 编写程序，将当前工作目录修改为“D:\”并验证，再将当前工作目录恢复为原来的目录。

12. 编写程序，用户输入一个目录和一个文件名，搜索该目录及其子目录中是否存在该文件。然后，只输入文件名中关键词，搜索全部目录及其子目录查看文件是否存在，并显示所有可能的文件名及路径。

第7章　异常与异常处理

异常是指程序运行时引发的错误，原因很多，如除数为0、下标越界、文件不存在、类型错误、键值错误、磁盘空间不足等。这些都需要合理地使用异常处理使程序正常运行，从而程序更加健壮、有更强容错性，也为用户提供更加友好的提示。程序出现异常或错误后能否调试程序并快速定位和解决存在的问题是程序员综合水平和能力的重要体现之一。本章主要讲解异常类的主要关键字 try、except、finally 和 else 的使用、BaseException 类及其子类结构、继承 Python 内建异常类来实现自定义的异常类、使用 sys 模块来回溯引发异常的最直接原因等。

7.1　异常处理

Python 提供了一种叫作异常处理的机制（exception handling），使得程序在运行阶段发生错误时，程序员有机会处理并恢复。

7.1.1　异常

在程序设计与运行时，经常会出现错误现象，例如下面示例：

（1）错误一：0不能做除数。

```
>>> import math
>>> 2.0/math.log(1)  或>>>num=10%0
ZeroDivisionError: float division by zero                 #被0除错误
```

（2）错误二：试图打开一个不存在的文件。

```
>>> ft=open("notexistfile.txt",'r')
IOError: [Errno 2] No such file or directory: 'notexistfile.txt'        #文件不存在错误
```

（3）错误三：变量名有大小写之分。

```
>>> x,y=4,2
>>> a=x/y
>>> print A                                    #变量A与a不同,变量A未定义错误
NameError: name 'A' is not defined
>>> print a                                    #a存在,其值为2
2
```

（4）错误四：对象类型不支持特定的操作。

```
>>> age=18
>>> print("我的年龄是："+age)
TypeError: cannot concatenate 'str' and 'int' objects       #不能将字符串和整数相连
```

（5）错误五：参数类型不匹配。

```
>>> v=eval(input("Please enter a number: "))
```

```
Please enter a number： 3098
TypeError：eval( ) arg 1 must be a string or code object    #参数必须为字符串或对象
```

除此之外，还有诸如下标越界、网络异常、类型错误、名字错误、字典键错误、磁盘空间不足等错误，这些情况并非由程序员错误的逻辑或拼写错误所导致的。因此这些错误称为**异常（exception）**。如果这些异常得不到正确处理将会导致程序终止运行，而合理地使用异常处理机制可以使得程序更加健壮，具有更强的容错性，不会因为用户不小心的错误输入或其他运行时的原因而造成程序终止。或者，也可以使用异常处理机制为用户提供更加友好的提示。

异常处理是指因为程序执行过程中出错而正常控制流之外采取的行为。严格来说，语法错误和逻辑错误不属于异常，但有些语法或逻辑错误往往会导致异常。尽管异常处理机制非常重要也非常有效，但不建议使用异常来代替常规的检查，例如必要的 if…else 判断。在编程时应避免过多依赖于异常处理机制来提高程序健壮性。

7.1.2 内建异常类

内建异常类可通过下列语句查看。

```
>>> import exceptions
>>> dir(exceptions)
['ArithmeticError','AssertionError','AttributeError','BaseException','BufferError','BytesWarning','DeprecationWarning','EOFError','EnvironmentError','Exception','FloatingPointError','FutureWarning','GeneratorExit','IOError','ImportError','ImportWarning','IndentationError','IndexError','KeyError','KeyboardInterrupt','LookupError','MemoryError','NameError','NotImplementedError','OSError','OverflowError','PendingDeprecationWarning','ReferenceError','RuntimeError','RuntimeWarning','StandardError','StopIteration','SyntaxError','SyntaxWarning','SystemError','SystemExit','TabError','TypeError','UnboundLocalError','UnicodeDecodeError','UnicodeEncodeError','UnicodeError','UnicodeTranslateError','UnicodeWarning','UserWarning','ValueError','Warning','WindowsError','ZeroDivisionError']
```

Python 内建异常类的继承层次树形图请参考附录 F。

表 7-1 列出了几种异常的类型以及一些可能的原因。

表 7-1 部分常见异常

异 常 名	描述与例子
AttrbuteError	向一个对象发起了不可用的功能请求（通常是一个方法） ('huguosheng','huanghe','wuxinxin').sort() AttributeError：'tuple' object has no attribute 'sort' #元组没有 sort 属性 或 x=3,print(x.endswith(3)) AttributeError：'int' object has no attribute 'endswith' #整数没有 endswith 属性
IndexError	索引跨界 letter='stiei'[6] IndexError：string index out of range #字符个数为 5，索引 0~4
InportError	import 语句无法找到请求的模块 import Math ImportError：No module named Math #Math 模块不存在
IOError	请求的文件不存在或不在指定位置 open("nonexistentFile.dat",'rb') FileNotFoundError：No such file or directory：'nonexistentFile.dat' #nonexistentFile.dat 文件不存在
KeyError	字典中没有该键 Name={'h':"huguosheng",'w':"wuxinxin",'s':"shenghongyu"},sName=Name['z'] KeyError：'z' #键'z'不存在

（续）

异 常 名	描述与例子
NameError	变量的值无法找到 temp=a NameError：name 'a' is not defined　　#变量 a 无定义
TypeError	一个函数或者一个操作符收到的参数类型错误 import math,[a,b]=abs([-3,3]) TypeError：bad operand type for abs()：'list'　　#列表没有 abs()操作 或 temp='a'+3 TypeError：cannot concatenate 'str' and 'int' objects　　#字符型和整数型不能连接 或 temp=len(3098) TypeError：object of type 'int' has no len()　　#整数对象没有 len()函数
ValueError	函数或操作符收到的参数类型正确，但是值不正确 x=int('a') ValueError：invalid literal for int() with base 10：'a'　　#字符不能作 int()函数的实参 或 L=['huguohg','huanghe','wuxinxin'],L. remove('xiaojia') ValueError：list. remove(x)：x not in list　　#'xiaojia'不在列表 L
ZeroDivisionError	在除法或取余操作中第二个操作数为 0 d=1. 0/0 ZeroDivisionError：float division by zero　　#0 不能作除数 或 r=24%0 ZeroDivisionError：integer division or modulo by zero　#0 不能取模

7.1.3 内建异常简单应用

例 7-1　简单异常处理。下面代码打开一个文件，向该文件写入数据，具有捕捉异常及异常处理功能，但并未发生异常。

代码如下：

```
#- * - coding:UTF-8 - * -#
try:
    fp = open(r'd:\myTestFile. txt','w')
    #因 D 盘根目录原先不存在文件 myTestFile. txt,以写方式可以新建该文件
    fp. write("这是写文件的测试代码,用于测试异常和异常处理!")
    #因文件 myTestFile. txt 属性可读可写,所以向文件写入内容成功
except IOError:        #该异常没有发生
    print "Error:没有找到文件或读取文件失败"
else:
    print "内容写入文件成功"
    fp. close()
```

运行结果：

```
内容写入文件成功
```

查看 D 盘根目录，可以看到创建了新文件 myTestFile. txt，用记事本打开文件，内容如图 7-1 所示。

图 7-1　新文件 myTestFile. txt

如果把文件 myTestFile. txt 的属性改为只读，再运行实例 7-1 程序，就产生异常：

```
Error:没有找到文件或读取文件失败
```

7.2 Python 异常处理结构

7.2.1 try…except 结构

第 7.1.3 节给出异常处理的简单应用，本节详细介绍异常处理方法。异常处理结构中最常见、最基本的是 try…except 结构，语法如下：

```
try:
    <try 代码块>          #被监控的语句,可能会引发异常
except 异常名 [as exec1]:
    <except 代码块>        #处理异常的代码
```

try 的工作原理是：当开始一个 try 语句后，Python 就在当前程序的上下文中作标记，这样当异常出现时就可以回到这里，try 代码块先执行，然后根据执行时是否出现异常作出相应处理：

- try 语句中的代码块包含可能出现异常的语句，而 except 语句用来捕捉相应的异常，except 语句中的代码块用来处理异常。
- 如果 try 中的代码块没有出现异常，则 Python 将执行 else 语句后面的代码（如果有 else 的话），然后控制流通过整个 try 语句。
- 如果出现异常但没有被 except 捕获，异常将被递交到上层的 try。
- 如果所有层都没有捕获并处理该异常，则程序终止，并将该异常抛给最终用户。

如果需要捕获所有类型的异常或者对异常具体名称不清楚，可以使用 BaseException，即 Python 异常类的基类，代码格式如下：

```
try:
    <try 代码块>
except BaseException as e:
    <except 代码块>        #处理所有错误的代码
```

或

```
except:
    <except 代码块>        #处理所有错误的代码
```

上面结构可以捕获所有异常，但是一般并不建议这样做。因为不能有针对具体的异常处理类型做相应的处理。对于异常处理，希望显式捕捉可能会出现的异常，并且有针对性地编写代码进行处理，而在实现应用开发中，很难使用同一段代码去处理所有类型的异常。

下面的代码展示了处理异常的一种方式。Python 首先尝试去执行 try 语句块，如果一个 ValueError 异常发生了，则跳到 except 语句。不论是否发生异常，最后两条语句都会被执行。

```
#-*-coding:UTF-8-*-#
```

```
try:
    numOfStudenst=int(input("请输入新生人数:"))
except ValueError:
    print("\n 你输入的人数不是正整数。")
    numOfStudents=40
totalIncome=7500.00 * numOfStudents
print("总学费:",totalIncome)
```

一个 try 语句可以包含几个 except 子句。下面是 3 种 except 子句类型。

except：发生了任何异常都会执行这个语句块中的内容。

except ExceptionType：只有发生了特定类型的异常才会执行这个语句块中的内容，如上例所示。

except ExceptionType as exp：只有发生了特定类型的异常才会执行这个语句块中的内容，问题的附加信息赋值给了 exp 值。

如果之前讨论的 try 语句中，exception 子句是如下形式的话：

```
except ValueError as exec1:
```

那么变量 exec1 将会被赋值为异常的类型。在本例中，就是“unexpected EOF while parsing”。

在例 7-1 中的代码若改写为：

```
except IOError as exec1:
    print(exec1)
```

则系统显示异常：

```
[Errno 13] Permission denied: 'd:\\myTestFile.txt'        #没有访问权限
```

例 7-2 异常处理。假设下面的程序在运行时会发生不同的情况及处理。

代码如下：

```
#- * - coding:UTF-8 - * -#
def main():        #显示一个文件中数据的分母情况

    try:
        fileName=input("please erter the name of a file: ")
        infile=open(fileName,'r')
        num=float(infile.readline())
        print(1/num)
    except IOError as exec1:
        print(exec1)
    except ValueError as exec2:
        print(exec2)

main()
```

运行结果：

（1）假设 mytest.txt 文件不存在。

```
Please enter the name of a file: 'mytest.txt'
```

```
No such file or directory: 'sdfdsf. txt
```

（2）假设 mytest. txt 文件存在，但第一行为非数值，如字符串、列表等。

```
Please enter the name of a file: 'mytest. txt'
could not convert string to float: This is my first try.
```

（3）假设 mytest. txt 文件存在，第一行为 0。

```
Please enter the name of a file: 'mytest. txt'
ZeroDivisionError: integer division or modulo by zero
```

或

```
ZeroDivisionError: float division by zero
```

（4）假设 mytest. txt 文件存在，第一行为 0. 333333。

```
Please enter the name of a file: 'mytest. txt'
3. 000003
```

例 7–3 下面的程序使用异常处理来保证用户提供了正确的输入。

代码如下：

```
#- * - coding:UTF-8 - * -#

def main():
        Name = {'h':"hugusoheng",'f':"fanxiaoyan",'w':"wuxinxin"}
    while True:
        try:
            sName=input("please enter h,f or w: ")
            print (Name[sName])
            break
        except KeyError as exec1:
            print exec1

main()
```

运行结果：

（1）输入键不存在时。

```
Please enter h,f or w: 'a'
KeyError: 'a'.
```

（2）输入键为 h、f 或 w 时。

```
Please enter h,f or w: 'f
fanxiaoyan
```

7. 2. 2 else 与 finally 子句

try 语句在 except 子句后可以包含一个 else 子句。当没有错误发生时，将执行 else 子句下的语句。在这里可以放置不需要异常处理保护的代码。

一个 try 语句可以以一个 finally 子句结束，通常来说，finally 子句中的语句用来清理资源，如关闭文件等。一个 try 语句必须至少包含 except 或 finally 子句中的一个。

例 7-4 越界处理。下面代码为超出列表下标范围的异常处理。

代码如下：

```
#- * - coding:UTF-8 - * -#

sh_Resort=['Town Gods Temple','Yuyuan Garden','Nanjing Road','the Bund','Oriental Pearl Tower','Ji\'nan Temple']
print ("请输入字符串的序号：")
while True:
    No=input()
    try :
        print (sh_Resort[No])
    except IndexError:
        print ("列表元素的下标越界或格式不正确,请重新输入字符串的序号.")
    else :
        break        #结束循环
```

运行结果：

请输入字符串的序号。

```
3
the Bund
```

请输入字符串的序号。

```
10
列表元素的下标越界或格式不正确,请重新输入字符串的序号.
```

例 7-5 一个 except 语句捕获多个异常。实例 7-2 演示了两个 except 的异常处理结构，类似于多分支选择结构，分开处理。当然，也可以将要捕获的异常写在一个元组中，使用一个 except 语句捕获多个异常，并且共用同一段异常处理代码。

代码如下：

```
#- * - coding:UTF-8 - * -#

try :
    x=input('请输入被除数：')
    y=input('请输入除数：')
    z=float(x)/y
except(ZeroDivisionError,TypeError,NameError):
    print ("请检查除数不能为 0 或被除数和除数应为数值类型或变量不存在。")
else :
    print (x,'/',y,"=",z)
```

运行结果：

```
请输入被除数:10
请输入除数:20
(10,'/',20,'=',0.5)
请输入被除数:10
```

```
请输入除数:0
请检查除数不能为 0 或被除数和除数应为数值类型或变量不存在。
除数不能为 0。
请输入被除数:10
请输入除数:'20'
请检查除数不能为 0 或被除数和除数应为数值类型或变量不存在。
```

例 7-6 finally 语句是 try 语句的结束语句，无论异常情况发生与否，finally 语句都会最终被执行。

代码如下：

```
#-*- coding:UTF-8 -*-#

import sys
try :
    fp=open('foodgroup.txt','r')
    line=fp.readline()
    print line
finally :
    fp.close()
```

运行结果：

```
~0100~^~Dairy and Egg Products~
```

例 7-7 下面程序尝试计算存储在 mytest.txt 文件中包含的前 5 个“完美数”的总和及平均数，如图 7-2 所示。

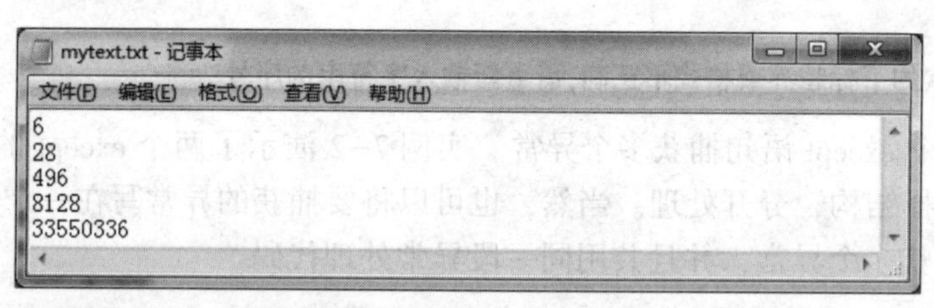

图 7-2　mytest.txt 文件

程序使用异常处理机制来应对一些意外情况，例如文件不存在、文件为空或文件中有不包含数字的行。

```
def main():
    total=0                                  #总数
    counter=0                                #计个数
    foundFlag=True
try :
        infile=open("mytext.txt",'r')
    except IOError:
        print ("文件不存在 .")
        foundFlag=False
    if foundFlag:
        try :
            for line in infile:
                counter+=1
```

```
                total+=float(eval(line))
            print("平均数:",total/counter)
        except ValueError:
            print("行:",counter,"不能转换成浮点数.")
            if counter>1:
                print("平均数:",total/(counter-1))
                print("总数:",total)
            else:
                print("无法计算平均数.")
        except ZeroDivisionError:
            print("文件为空.")
        else:
            print("总数:",int(total))
        finally:
            infile.close()

main()
```

运行结果:

（1）如果文件最后一行非空（只有5行）。

```
平均数:6711798.8
总数:33558994
```

（2）如果文件最后一行为空行（6行）。

```
SyntaxError: unexpected EOF while parsing
```

7.2.3 raise 语句

除了程序运行出现异常，系统触发异常并进行相应处理外，用户也可以使用 raise 语句自己触发异常。raise 语法格式如下:

```
raise [异常[,参数[,回溯]]]
```

其中，语句中 Exception 是异常的类型（如 NameError）参数是一个异常参数值。该参数是可选的，如果不提供，异常参数是“None”。最后一个参数是可选的（在实践中很少使用），如果存在，是跟踪异常对象。

一个异常可以是一个字符串类或对象。Python 的内核提供的异常大多数都是实例化的类，这是一个类的实例的参数。

定义一个异常非常简单，例如:

```
def isValidVal( a ):
    if a<0:
        raise Exception("Invalid value",a)        # 触发异常后,后面的代码就不会再执行
```

为了能够捕获异常，except 语句必须有用相同的异常来抛出类对象或者字符串。例如捕获以上异常，except 语句如下所示:

```
try:
    <try 代码>
```

```
except "Invalid value":
    触发自定义异常
else:
    <else 代码>
```

例 7-8 raise 捕获异常示例。

```
# -*- coding: UTF-8 -*-
def isValidVal( a ):        #自定义函数
    if a<0:
        raise Exception("Invalid value",a)        #触发异常,后面程序不执行
try:
    isValidVal(-1)      #触发异常
except:
    print("对不起,不正确值!")
else:
    print("恭喜! 有效值!")
```

运行结果:

```
Traceback (most recent call last):
D:/myPythonTest/123456. py",line 9,in <module>
    isValidVal(-1)
  File "D:/myPythonTest/123456. py",line 7,in isValidVal
    raise Exception("Invalid value",a)
Exception: ('Invalid value',-1)
```

若 isValidVal (-1) 改为 isValidVal (1), 则结果为:

```
恭喜! 有效值!
```

7.3 自定义异常

在 Python 中, 如果需要, 只需继承 Python 内置异常类 Exception, 就可以实现自定义异常类。例如最简单的自定义类:

```
class printException(Exception):     #自定义异常类
    pass
```

以下是以 RuntimeError 为基类创建的自定义异常类, 用于在异常触发时输出更多的信息。

在 try 语句块中, 用户自定义异常类后执行 except 块语句, 变量 e 是用于创建 Accesserror 类的实例。

```
class Accesserror(RuntimeError):     #自定义异常类
    def __init__(self,arg):
        self.args = arg
```

在定义以上类后, 用户可以触发该异常, 如下所示:

```
try:
    raise Accesserror("连接不上主机")          #抛出异常
except Accesserror,e:
    print ''.join(e.args)
```

运行结果：

```
连接不上主机
```

这里捕捉到异常后，打印出的内容就是“连接不上主机”，看来使用也很方便，但是，一旦使用了 raise 抛出了一个异常，那么之后的语句就不会再执行了。而且还有一点不足，每一次 raise 的时候，用户都需要写异常的说明，也就是“连接不上主机”这个字符串，接下来稍微做一点改进。

```
# -*- coding: UTF-8 -*-

class Accesserror(RuntimeError):          #自定义异常类
    def __init__(self,arg='连接不上主机'):
        self.args = arg
try:
    raise Accesserror()
except Accesserror,e:
    print ''.join(e.args)
```

新定义异常类有自己的初始化代码，有一个默认的错误说明，这样 raise 的时候，就不需要自己再输入错误说明了，用起来也一样方便。

再如下面的示例：

```
# -*- coding: UTF-8 -*-
class MyError(Exception):          #自定义异常类
    def __init__(self,value):
        self.value=value
    def __str__(self):
        return repr(self.value)
try:
    raise MyError(2*5)
except MyError as e:
        print ("My exception occurred,value:%d" %e.value)
```

运行结果：

```
My exception occurred,value: 4
```

如果自己编写的某个模块需要抛出多个不同但相关的异常，可以先创建一个基类，然后创建多个派生类分别表示不同的异常。例如：

```
class Error(Exception):                    #创建基类
pass

class InputError(Error):                   #派生类 InputError
pass
def __init__(self,expression,message):
```

```
            self.expression = expression
            self.message = message

    class TransitionError(Error):                    #派生类 TransitionError
    def __init__(self, previous, next, message):
        self.previous = previous
        self.next = next
        self.message = message
```

习题 7

1. 异常与错误有什么区别?
2. 使用 pdb 模块进行 Python 程序调试主要有哪几种用法?
3. Python 内建异常类的基类是什么?
4. 不使用 try 语句重写下面的代码。

```
phoneBook = {Fanxiaoyan":"021-57122333', "Xiaojia" "021-57121333"}
name = input("Enter a name: ")
try:
    print(phoneBook[name])
exceptKeyError:
    print("Name not found.")
```

5. Python 不会删除打开的文件。如果尝试删除的话，将会引发异常。编写程序，创建一个文件并使用异常处理来应对这种异常。

6. 下面每条语句都会产生一条 Traceback 错误信息，在表 7-2 中标为 a~t。将错误信息与语句连接起来。

(1) x=int("1.234")

(2) f=open("abc.txt",'p')

(3) num=abs('-3')

(4) total=(2+'3')

(5) x=['a','b'][2]

(6) x=list(range(1,9))[8]

(7) x=23
    print(x.startswith(2))

(8) x=8
    x.append(2)

(9) {'1':"uno",'2':"dos"}[2]

(10) {'Mars':'War',"Neptune":'Sea'}["Venus"]

(11) num=[1,3].index(2)

(12) num=(1,3).index(-3)

(13) letter=("ha"*5)[10]

(14) s=""[-1]

(15) x=[1,2,3]. items()

(16) (2,3,1). xyz()

(17) num=eval(123)

(18) value=min[1,'a']

(19) **del** (2,3,1)[2]

(20) **print** (2 **in** "**OneTwo**")

(21) {'**air**','**fire**','**earth**','**water**'}. sort()

(22) ["**air**","**fire**","**earth**"]. remove("**water**")

表 7-2 错误信息

(a) ValueError: tuple. index(x): x not in tuple
(b) IndexError: list index out of range
(c) AttibuteError: 'int' object has no attribute 'append'
(d) TypeError: eval() arg 1 must be a string, bytes or code object
(e) KeyError: 'Venus'
(f) ValueError: invalid literal for int() with base 10: '1.234'
(g) IndexError: string index out of range
(h) TypeError: 'tuple' object doesn't support item deletion
(i) AttributeError: 'int' object has no attribute 'startswith'
(j) TypeError: unsupported operand type(s) for +: 'int' and 'str'
(k) ValueError: invalid mode: 'p'
(l) TypeError: bad operand type for abs(): 'str'
(m) TypeError: 'in <string>' requires string as left operand, not int
(n) AttributeError: 'list' object has no attribute 'items'
(o) ValueError: 2 is not in list
(p) ValueError: list. remove(x): x not in list
(q) TypeError: 'built-in_function_or_method' object is not subscriptable
(r) AttributeError: 'set' object has no attribute 'sort'
(s) KeyError: 2
(t) AttributeError: 'tuple' object has no attribute 'xyz'

7. 写出下列程序输出结果。

(1)
```
univ=['NDUT','SYSU','SCUT']
try:
    print("The third university of uni is: ",univ[3])
except IndexError:
    print("Error occurred.")
```

(2)
```
flower="Bougainvilles"
try:
    lastLetter=flower[13]
    print(lastLetter)
```

```
except TypeError:
    print ("Error occurred. ")
except IndexError as exc:
    print (exc)
    print ("Oops")
```

（3）假设文件 Ages. txt 位于当前文件夹下，并且文件的第一行为 Twenty-oneU\n。

```
try:
    infile=open("Ages. txt",'r')       #FileNotFound in fails
    age=int(infile. readline())          #ValueError if fails
    print ("Age: ",age)
except IOError:
    print ('File Ages. txt not found. ')
except ValueError:
    print ("File Ages. txt contains an invalid age. ")
    infile. close()
else:
    infile. close()
```

（4）假设文件 Salaries. txt 位于当前文件夹下，并且第一行包含字符串 20 000。

```
def main ():
    try:
        infile=open("Salaries. txt",'r')    #FileNotFound if fails
        salary=int(infile. readline())          #ValueError if fails
        print ("Salary: ",salary)
    except IOError:
        print ("File Salaries. txt not found. ")
    except ValueError:
        print ("File Salaries. txt contains an invalid salary. ")
        infile. close()
    else:
        infile. close()
    finally:
        print ("Thank you for using our program. ")

main()
```

第 8 章　面向对象编程

面向对象程序设计方法使得软件设计更加灵活，更好支持代码复用和设计复用，并且使代码具有更好的可读性、可扩展性。面向对象程序设计的一个关键思想是将数据及对数据操作封闭在一起，组成一个整体，使数据使用更安全。本章主要讲解类、字段（成员）、成员函数、方法、对象、继承等，并通过案例讲解面向对象程序设计思想、概念以及如何通过自定义数据类型定义自己希望的类（成员变量和函数）、使用自己所定义的类或使用类的对象变量对成员进行访问。

8.1　类与对象

面向对象程序设计（Object-Oriented-Programming，OOP）是当前程序设计的主流思想和方法，它的基本单元是类和对象。

在 OOP 出现之前，程序设计都是面向过程的，为结构化程序设计，其特征是以函数为中心。函数是划分程序的基本单位，数据与函数没有封闭在一起形成有机的整体。其优点是易于理解和掌握，这与人们从上到下地逐步细化问题的思维方式和设计方法相接近。但是，结构化程序设计在处理比较复杂的问题时，或在程序开发中需求变化较多时，往往显得事倍功半，因为函数和数据没有成一个有机整体，程序可维护性、可重用性、可扩展性、安全性都较差。

OOP 是一种自下而上的程序设计方法。与过程化程序设计一开始就要用函数概括出整个程序不同，面向对象设计往往从问题的一部分开始，逐渐构建出整个程序。它以数据为中心，类（Class）作为表现数据的工具，是划分程序的基本单元，而函数是 OOP 类的方法，类实现了数据与函数功能的有机结合。

1. 对象

现实世界所见之物是各种各样对象，复杂对象可由简单对象经过某种方式组合而成。例如，共享单车、电动车、小轿车、SUV、公交车、出租车、卡车、轻轨、地铁、高铁、火车、飞机、轮船等交通工具。这些对象都有各自的属性，如飞机的外观、颜色和重量等。也有对外界呈现的行为，如飞机的滑行、爬升、飞行、减速、降落等。研究对象，主要是研究对象的属性和行为。

OOP 中的对象是现实世界实体的抽象，反映现实世界实体的属性和行为，实现了数据和行为的封装，即“对象=数据+作用在数据上的行为”。具体而言，程序中对象的概念可以这样理解：对象是一组数据和相关方法的有机结合体，其中数据表明对象的属性，方法表明对象的行为。

2. 类

OOP 将现实生活中的对象经过抽象，映射为程序中的对象。对象在程序中通过一种抽象数据类型来描述，这种抽象数据类型称为类，如小轿车、SUV、公交车、出租车对象可以抽象为“汽车”类。简单地说，类是具有相同操作功能和相同数据格式的对象的集合和抽象描述。一个类的定义是对一类对象的描述，是构造对象的模板，如设计图纸。对象是类的具体实例，就如同按照汽车设计图纸制造出来的汽车；使用一个类可以创建很多对象，就如同使用一份汽车设计图纸可以生产出很多部汽车。

OOP 重点在于设计类，类中涉及的数据称为属性，操作称为方法，方法和面向过程中的函数功能类似。

按照子类（派生类）和父类（基类）的继承关系，可把若干个对象类组成一个层次结构系统。比如交通工具类（父类）和汽车类（子类）有层次关系，汽车类继承了交通工具类将人、货物从甲地运送到乙地的共同属性和方法。同类，客车类（子类）、货车类（子类）与汽车类（父类）也有层次关系。如图 8-1 所示。

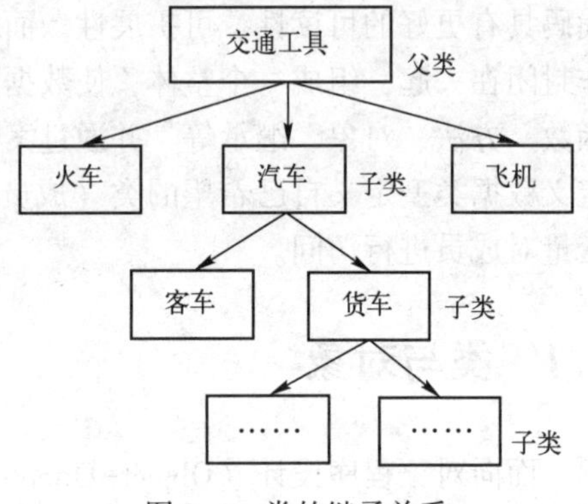

图 8-1　类的继承关系

对象彼此之间仅能通过传递信息相互联系，即“面向对象=对象+类+继承+传递消息”，如图 8-2 所示。

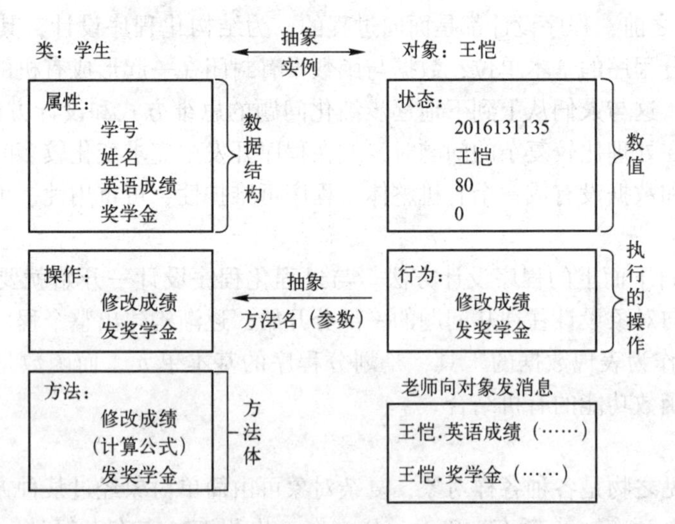

图 8-2　类、对象与消息传递

8.1.1　内置类

在前面的章节中，对象随处可见。例如“Hello，Python!”是一个字符串类型的对象，(1，2，3）是一个元组类型的对象。

例如，下面程序定义了 list 和 dict 两种数据类型的对象，结果显示分别属于内置的列表类和字典类。

```
>>> L=[1,2,3,4]
>>> D={'1':'crab shell pie','2':'fried bun','3':'pord chop with rice cakes','4':'soup dump ling'}
>>> print(type(L))
```

```
<class 'list'>
>>> print(class(D))
<class 'dict'>
```

所有的列表都是 list 的实例，尽管实例的内容不同，但实例包括的数据操作方法是相同的，如 append、count、extend、index、insert、pop、remove、reverse 和 sort 等方法对所有 list 对象都一样。第 2 章所学的 str、int、float、tuple、list、dictionary 和 set 数据类型，都是 Python 内置类。

8.1.2 类的自定义格式

类的自定义格式如下：

```
class 类名:
    类体
```

类的开头都要包含保留字 class，紧接着是类名和冒号。类名的命名规则和变量命名规则一致，一般首字母大写。

类方法的定义与通常函数定义相似。主要区别是方法定义的第一个参数为 self，当创建一个对象（即实例）时，每个方法中的 self 参数都指向这个对象，以便该方法知道具体操作的是哪个对象。下列代码是类定义的典型例子。

```
import math
class Circle:
    def __init__(self,radius=10):     } 构造方法
        self._radius=radius

    def setRadius(self,radius):       } 赋值方法
        self._radius=radius

    def getRadius(self):              } 取值方法
        return self._radius

    def area(self):                                    }
        return math.pi * self._radius * self._radius   }
    def perimeter(self):                               } 功能方法
        return 2 * math.pi * self._radius              }

    def __str__(self):                             } 状态表达式方法
        return ("半径："+str(self._radius))
```

上述代码定义了一个 Circle 类，它用于存储一个圆的半径。在这个类定义中有两个以下画线开始和结束的特殊方法：__init__和__str__。前者叫构造方法，它在创建一个对象时被自动调用。_radius 为实例变量。在本例中，__init__为一个圆对象创建_radius 实例变量，并对它赋初值。实例变量也称为类的属性，所有实例变量当前值的集合称作一个对象的状态。__str__是用户自定义方法，用于以字符串形式显示一个对象的当前状态。

赋值方法用于给定实例变量赋新值，取值方法用于获取实值变量的值，功能方法用于实现对操作对象的相应功能。

类是创建所有对象的模板，它定义所有对象（类的实例）共同具有的属性和方法，类可以直接在程序中定义，也可以定义模块里，通过 import 语句加载到程序中。

提示：

① 定义不含方法的类也是合法的，例如：

```
class Emptyclass:
pass
```

② 自定义 Circle 类将数据和该数据相关的操作绑定在一起，同时对用户隐藏方法的实现细节，这种方法称为**封装**。

③ self 参数只有在类的方法才有用。

④ 在 Python 中，self 只是约定俗成，不是关键词，用户可以定义成 this。

⑤ self 指的是类实例对象本身不是类本身。

8.1.3　对象的定义与使用

对象的定义格式有两种，与一般变量的定义格式类似：

```
对象名=类名(参数 1,参数 2,…)
```

或

```
对象名=模块名 . 类名(参数 1,参数 2,…)
```

上述语句声明一个变量指向该对象类型，自动调用该类的构造器，用 self 参数引用该对象，并将参数传递给其他参数。

例 8-1　假设上述定义的 Circle 类存在文件 circle. py 中，下面程序显示通过 import circle 调用 Circle 类以及演示 Circle 类 3 种构造方法的实现。语句 print(c)将调用__str__方法中自定义的形式显示对象状态，语句 show()将显示变量的值。

代码如下：

```
import circle
c=circle. Circle(20)        #创建半径为 20 的圆对象
print (c)
c=circle. Circle()          #创建半径默认值为 10 的圆实例
print (c)
```

运行结果：

```
半径：20
半径：10
```

实例 8-1 调用两个特殊方法：__init__和__str__。前者用于给实例变量赋值，后者显示这些实例变量的值。当然，也可以通过调用 Circle 类的功能方法来实现计算圆的面积与周长。例如：

```
# -*- coding: UTF-8 -*-#

import circle
```

```
c=circle.Circle()                              #以半径默认值创建对象
c.setRadius(10)                                #给实例变量赋值 10
print ("半径:%f"%c.getRadius())                #获取实例变量值
print ("面积:%f"%c.area())                     #调用计算面积方法
print ("周长:%f"%c.perimeter())                #调用计算周长方法
```

运行结果：

```
半径:10.000000
面积:314.159265
周长:62.831853
```

提示：上例中，代码第 3 行赋值方法可以通过

```
c._radius=10
```

来实现，第 4 行也可以用

```
print ("半径:",c._radius)
```

来代替，但是这不是好的编程习惯，破坏了程序可读性、可维护性和数据安全性。

例 8-2 输入学生的姓名、期中成绩和期末成绩，求学生的平均成绩，并根据成绩给学生分等级：平均分不低于 90 分为“A”，80 到 89 之间为“B”，70 到 79 之间为“C”，60 到 69 之间为“D”，其余为“E”。

代码如下：

```
# -*- coding: UTF-8 -*-
def main():                                            #计算并显示成绩等级
    name=raw_input("请输入姓名：")                      #获取姓名
    MTgrade=float(input("请输入期中成绩："))            #获取期中成绩
    FTgrade=float(input("请输入期末成绩："))            #获取期末成绩
    s=gradeLevel(name,MTgrade,FTgrade)                 #创建对象
    print ("\n 姓名\t   等级")
    s.show()                                           #显示结果
class gradeLevel:                                      #定义类
    def __init__(self,name='',MTgrade=0,FTgrade=0):
        self._name=name
        self._MTgrade=MTgrade
        self._FTgrade=FTgrade
    def setName(self,name):                            #设置姓名、期中成绩和期末成绩
        self._name=name
    def setMidterm(self,MTgrade):
        self.__MTgrade=MTgrade
    def setFinal(self,FTgrade):
        self._FTgrade=FTgrade
    def calcLevel(self):                               #计算平均成绩并评定等级
        average=(self._MTgrade+self._FTgrade)/2
        average=round(average)
        if average>=90:
            return "A"
        elif average>=80:
            return "B"
        elif average>=70:
```

```
                return "C"
            elif average>=60:
                return "D"
            else:
                return "E"
    def show(self):                                     #显示姓名、等级
            print ("%s\t   %s"%(self._name,self.calcLevel()))

main()
```

运行结果:

```
请输入姓名:范晓燕
请输入期中成绩:90
请输入期末成绩:80

姓名          等级
范晓燕        B
```

提示:

① 在例 8-2 中，show()方法可用前例中__init__方法来实现，只需将第 32、33 行改为:

```
def __init__(self):
    return self._name+" \t   "+self.calcGrade()
```

并将第 7 行

```
s.show()
```

替换成:

```
print (s)
```

② 例 8-2 没有对数据进行有效性检验，比如分数在 0~100，超出范围视为无效，请读者尝试增加校验功能。

③ 在例 8-2 中，每次只对一个对象进行处理，如果同时需要处理多个对象，怎么办?请看例 8-3。

例 8-3 改写例 8-2 代码，一次处理多个对象。假定上例定义的类 gradeLevel 单独保存在文件 gLevel.py 中。

代码如下:

```
# -*- coding:UTF-8 -*-
import gLevel                                           #调用 gradeLevel 类
def main():                                             #计算并显示成绩等级
    listOfStudents=[]                                   #定义一个存放对象的空列表
    flat='Y'                                            #循环控制变量
    while flat=='Y':                                    #循环控制
        s=gLevel.gradeLevel()                           #创建对象 s
        name=raw_input("请输入姓名:")                   #输入对象 s 的姓名、成绩
        MTgrade=float(input("请输入期中成绩:"))
        FTgrade=float(input("请输入期末成绩:"))
        s=gLevel.gradeLevel(name,MTgrade,FTgrade) #对象 s 变量赋值
```

```
        listOfStudents.append(s)                    #把对象 s 放入列表中
        flag=raw_input("继续(Y/N)?:").upper()
    print ("\n 姓名\t 等级")
    for each in listOfStudents:                     #显示列表中每个对象
        each.show()
main()
```

运行结果：

```
请输入姓名：张三
请输入期中成绩：90
请输入期末成绩：80
继续(Y/N)?：y
请输入姓名：李四
请输入期中成绩：90
请输入期末成绩：90
继续(Y/N)?：n

姓名      等级
胡国胜    B
吴新星    A
```

提示：列表中的项可以是任意数据类型，本例中将对象作为列表的项，程序易读、高效。

8.1.4 对象私有成员与公有成员

在 Python 程序中定义的实例成员变量和方法的默认都具有公共的访问权限，类之外的任何代码都可以随意访问这些成员。不过，如果需要的话也可以通过在变量和方法名之前加上两个下画线“__”将其变成为私有成员，如 gradeLevel 类定义的 self._name=name、self._MTgrade=MTgrade 和 self._FTgrade=FTgrade 都是私有成员。类之外的任何代码都将无法访问私有成员。

例 8-4 设计一个居民类，为它设计公共的 name 变量和私有的_address 变量，并通过构造方法进行初始化。

代码如下：

```
# -*- coding:UTF-8 -*-
class Resident:
    def __init__(self,name,address):            #构造方法
        self.name=name                          #公共成员变量
        self._address=address                   #私有成员变量
    def setAddress(self,address):               #设置私有成员变量的值
        self._address=address
    def getAddress(self):                       #获得私有成员变量值
        return self._address

p=Resident("张三","计算机楼 307")               #定义对象,实例
print (p.name)
print (p.address)                               # Resident 实例没有'address'属性
```

```
print (p. getAddress( ) )
p. name="李四"
p. setAddress("计算机楼 301")
print (p. name,p. getAddress( ) )
```

运行结果：

```
张三
print(p. address)----AttributeError：Resident instance has no attribute 'address'
计算机楼 307
李四,计算机楼 301
```

提示：

① 例 8-4 中的语句

```
print (p. address)
```

若替换成：

```
print (p. _address)
```

程序运行不会出错，但前面已提到，这不是一个好习惯。

② 除了私有变量之外，还有私有方法。例如，可以在 Resident 类中增加一个私有方法 _emptyAddress，实现 address 值清空。

```
def _emptyAddress(self):
    self. _address="
```

同样道理，_emptyAddress 方法不能在类之外调用而仅供类内的其他方法内部调用。

8.1.5 静态方法

静态方法不与任何类成员和对象成员发生依赖，仅把类作为一个命名空间或定义域看待。一般以装饰器@ staticmethod 开始，如下例中定义两个数相加的静态方法。静态方法一般通过类名来访问，也可以通过对象实例来访问。

例 8-5 静态方法示例。

代码如下：

```
class SMexample:              #定义类
    @ staticmethod            #定义静态方法
    def add(x,y):
        print ("%d+%d=%d"%(x,y,x+y))
if __name__=="__main__":
    o=SMexample()             #创建对象 o
    o. add(4,5)               #通过对象实例访问
    SMexample. add(5,6)       #通过类名访问
```

运行结果：

```
4+5=9
5+6=11
```

提示：静态方法不对特定实例进行操作，在静态方法中访问对象实例会导致错误。很多编程语言不允许实例调用静态方法。

Python 中，每个模块都有一个名称，可以通过内置变量__name__获得，例如：

```
>>> import os
>>> os. __name__
>>> 'os'
```

当一个模块被单独使用时，也就是说不是被 import 时，__name__的值为"**__main__**"。

```
if __name__ = ="__main__":
```

当 if 所在文件被当作模块被其他程序调用时（即被 import 时），if 下面的代码不被执行。这个功能经常用于进行测试。

8.1.6 类方法

类方法是将类本身作为对象进行操作的方法。类方法使用装饰器@ classmethod 定义，其第一个参数是类，约定写为 cls。类对象和实例都可以调用类方法，例如：

```
class Classmethod:
    name='Guangzhou '
    @ classmethod
    def repetition(cls,x):
        print cls. name  *  x

if __name__ = ='__main__':
    o=Classmethod()
    o. repetition(2)
    Classmethod. repetition(3)
    Classmethod. repetition('Changsha',3)        #超出 2 个参数,错误!
```

运行结果：

```
Guangzhou Guangzhou
Guangzhou Guangzhou Guangzhou
TypeError: repetition() takes exactly 2 arguments (3 given)
```

实例方法实例调用，类方法只能由类名调用，静态方法可以由类名或对象名进行调用。主要区别在于参数传递上的区别，实例方法传递的是 self 引用作为参数，而类方法传递的是 cls 引用作为参数。

8.2 继承

继承是面向对象程序设计的一个重要特点，它允许父类或基类创建一个子类或派生类。通过继承可以更好地划分类的层次，也是代码重用的重要手段。创建的子类可以继承父类的属性和方法，也可以增加自己新的属性和方法，同时还可以覆盖父类的方法。

类的继承格式如下：

```
class 子类名(基类名 1,基类名 2,…)
类体
```

例如：

```
class Filter:                      #父类
    def __init__(self):
        self.blocked=[]
    def filter(self,seq):          #过滤
        return [x for x in seq if x not in self.blocked]
class SPAMFilter(Filter):          #SPAMFilte 是 Filter 子类
    def __init__(self):      #重写父类中__init__方法
    self.blocked=['垃圾邮件']
f=Filter()
f.__init__()
L=f.filter('垃圾邮件','论文','垃圾邮件','垃圾邮件','汽车','汽车','垃圾邮件','树'])
print ','.join(L)
```

运行结果：

```
垃圾邮件,论文,垃圾邮件,垃圾邮件,汽车,汽车,垃圾邮件,树
```

可以看出，Filter 是用于过滤序列的父类，创建的对象不能过滤任何东西。若将第 10 行改为：

```
f=SPAMFilter()
```

运行结果：

```
论文,汽车,汽车,树
```

提示：

① 上述子类重写/覆盖了父类中的 init 方法。

② 子类没有定义 filter 方法，子类的对象**继承**了父类的 filter 方法，不用重写。

③ 内建的 issubclass 函数可以检查一个类是否是另一个类的子类：

```
>>> issubclass(SPAMFilter,Filter)
True
>>> issubclass(Filter,SPAMFilter)
False
```

④ 使用类的__base__可查看类的基类：

```
>>> SPAMFilter.__bases__
(__main__.Filter,)
```

⑤ 使用 isinstance 方法可以检查一个对象是否是一个类的实例：

```
>>> f=SPAMFilter()
>>> isinstance(f,SPAMFilter)
True
>>> isinstance(f,Filter)
True
```

例 8-6 定义一个父类 Student 和两个子类 LevelSt、PassSt，父类定义了两个实例变量和 5 个方法，子类继承父类所有属性和方法，同时各自定义根据成绩计算等级和成绩通过的方法。下面代码存储在 student. py 文件中。

```
# - * - coding: UTF-8 - * -#
class Student:                          #定义 Student 类
    def __init__(self,name='',grade=0):
        self._name=name
        self._grade=grade
    def setName(self,name):
        self._name=name
def setGrade(self,grade):
        self._grade=grade
    def getName(self):
        return self._name
    def show(self):
        print ("%s\t    %s"%(self._name,self.calcLevel()))

class LevelSt(Student):                 #根据成绩求等级
    def calcLevel(self):
        if self._grade>=90:
            return 'A'
        elif self._grade>=80:
            return 'B'
        elif self._grade>=70:
            return 'C'
        elif self._grade>=60:
            return 'D'
        else :
            return 'F'

class PassSt(Student):                  #根据成绩判断是否通过
    def calcLevel(self):
        if self._grade>=60:
            return '通过'
        else :
            return '不通过'
```

提示：在例 8-6 中，子类 LevelSt 和 PassSt 中都定义了 calcLevel 方法。虽然方法名字相同，但是它们功能不同。在面向对象语言中，这种在不同类中定义具有相同名字方法（功能不同）的情况称为**多态**(polymorphsim，来源于希腊语，意为“多种形式”)。在调用 calcLevel 方法时，具体执行的是哪个方法依赖于它所属的对象类型。

例 8-7 显示由 LevelSt 和 PassSt 类对象构成的学生成绩列表，显示所有学生名字和成绩，并按字典排列。

```
import student
def main():
    listOfSt=list_St()
    display(listOfSt)
```

```
def list_St():
    listOfSt=[]
    flag='Y'
    while flag=='Y':
        name=raw_input("请输入名字:")
        grade=float(input("请输入成绩:"))
        choice=raw_input("请选择(L or P):")
        if choice.upper()=='L':
            s=student.LevelSt(name,grade)
        else:
            s=student.PassSt(name,grade)
        listOfSt.append(s)
        flag=raw_input("继续?(y/n):").upper()
    return listOfSt

def display(listOfSt):
    print("\n姓名  \t  等级")
    listOfSt.sort(key=lambda x:x.getName())
    for each in listOfSt:
        each.show()

main()
```

运行结果:

```
请输入名字:张三
请输入成绩:88
请选择(L or P):P
继续?(y/n):y
请输入名字:李四
请输入成绩:93
请选择(L or P):l
继续?(y/n):y
请输入名字:王五
请输入成绩:100
请选择(L or P):L
继续?(y/n):n

姓名  等级
王五 A
张三 PASS
李四 A
```

提示:

例 8-7 中第 10 行:

```
name=raw_input("Enter a name:")
```

若改为:

```
name=input("Enter a name:")
```

结果有何不同?

习题 8

1. 填空题。

（1）root. mainloop( )的作用是________。

（2）Python 以下画线开头的变量名特点是________。

（3）与运算符“＊＊”对应的特殊方法名为________。与运算符“//”对应的特殊方法名为________。

（4）网格形式的布局管理器是________。

（5）假设 a 为类 A 的对象且包含一个私有数据成员“_Value”，那么在类的外部通过对象 a 直接将其私有数据成员“_Value”的值设置为 3 的语句可以是________。

（6）Tkinter 的鼠标右键事件是________。

（7）用于组件的事件绑定的方法是________。

（8）用于组件数据绑定的是组件的________属性。

（9）可作为其他组件的容器的组件是________。

（10）Python 绘图的屏幕坐标原点是画布的________位置。

2. 编写程序，设计一个三维向量类，并实现向量的加、减运算及向量与标量的乘、除运算。

3. 编写程序，判断赢家。1654 年法国贵族 Chevalier de Mere 对赌博非常感兴趣，并提出了最早的概率问题。他认为在赌博机会均等的赌场中，一对骰子投掷 24 轮，双面 6 点至少出现 1 次。Chevalier de Mere 请求最优秀的数学家帮助他判断这个游戏是否对玩家有利。请编写一个程序，模拟 10 000 次一对骰子投掷 24 轮，判断双面 6 点至少出现 1 次的百分比。(提示：结果在 49. 14%左右，因此，这个游戏对玩家有利。)

4. 编写程序，模拟“石头剪刀布”游戏。编写一个人与计算机之间的三局制“石头剪刀布”比赛。这个程序要求定义一个 Contestant 类以及两个 Human 和 Computer 子类。人作出选择后，计算机也随机作出选择。Contestant 类包含两个实例变量 name 和 score。

第9章　GUI编程

Python除了前面章节提到的功能外，还具有图形用户界面（GUI）的开发功能。Python语言GUI编程工具很多，如wxPython、Jython、Tkinter、IronPython、PyGObject、PyQt、PySide、Turtle等，也可以利用有关插件和其他语言混合编程，以便充分利用其他语言的GUI开发工具。本章通过案例详细介绍了wxPython和Tkinter两种模块的GUI编程方法。

9.1　wxPython

在前面章节中，编写的程序都是基于文本用户界面（Text-based User Interface，TUI）。本章主要讲图形用户界面（Graphical user Interface，GUI，读作“gooie”）编程，它通过可输入数据的对话框、有触发动作按钮之类的可视化对象组成视窗与用户交互。这些可视化对象（称作控件）负责处理鼠标单击这样的事件。由于事件处理是GUI编程的核心，所以GUI编程也称作事件驱动编程。

常用GUI工具集有功能强大的wxPython、Tkinter、PyGObject、PyQt、PySide等，或者也可以利用有关插件和其他语言混合编程以便充分利用其他语言的GUI界面，这里以扩展库wxPython和标准库Tkinter为例来介绍Python的GUI应用开发。

wxPython是Python编程语言的一个GUI工具箱。它使得Python程序员能够轻松创建具有健壮、功能强大的图形用户界面的程序。

wxPython还具有非常优秀的跨平台能力，同一个程序可以不经修改地在多种平台上运行。现今支持的平台有：32/64位微软Windows操作系统、大多数UNIX或类UNIX系统、苹果Mac OS X。

wxPython是开源软件，任何人都可以免费地使用它并且可以查看和修改它的源代码，或者贡献补丁，增加功能。

wxPython程序开发的5个基本步骤如下：

- 导入wxPython模块。
- 子类化wxPython应用程序类。
- 定义一个应用程序的初始化方法。
- 创建一个应用程序类的实例。
- 进入这个应用程序的主事件循环。

9.1.1　Frame窗体

Frame窗体是所有窗体的父类，包含标题栏、菜单、按钮等其他控件的容器，运行之后可移动、缩放。

下面代码能创建简易的窗体。

例 9-1 创建第一个 wxPython GUI 窗体，如图 9-1 所示。创建窗体可以通过鼠标移动、缩放实现。

代码如下：

```
import wx

app=wx.App()                  #初始化应用程序,创建一个实例
frame=wx.Frame(None)          #创建一个窗体
frame.Show()                  #显示窗体
app.MainLoop()                #请求实例开始处理事件
```

图 9-1　最简单窗体

当然，这个窗体默认的，没有标题、大小、位置、名称和标识符等属性。

```
import wx                          #需要导入 wx 模块

class MyFrame(wx.Frame):           #定义有默认值属性的表
    def __init__(self,superior):
        wx.Frame.__init__(self,parent=superior,title="MyPython Frame",size=(320,240))

if __name__=='__main__':
    app=wx.App()                   #创建一个实例
    frame=MyFrame(None)
    frame.Show(True)
    app.MainLoop()                 #请求实例开始处理事件
```

运行结果如图 9-2 所示。

图 9-2　wxPython 窗体示例

事实上，创建 GUI 窗体时，需要继承 wx.Frame 派生出子类，在派生类中调用基类构造函数进行必要的初始化，其构造函数格式：

```
__init__(self,Window parent,int id=-1,String title=EmptyString,Point pos=DefaultPosition,Size size=DefaultSize,long style=DEFAULT_FRAME_STYLE,String name=FrameNameStr)
```

各参数含义如表 9-1、表 9-2 所示。

表 9-1　参数含义

参　数	含　义
parent	父窗体。该值为 None 时表示创建顶级窗体
id	新窗体的 wxPython ID 号。可以明确传递一个唯一的 ID，也可传递-1，这时 wxPython 将自动生成一个新的 ID，由系统来保证其唯一性
title	窗体的标题

（续）

参　数	含　义
pos	wx. Point 对象，用来指定新窗体的左上角在屏幕中的位置，通常（0，0）是显示器的左上角坐标。当将其设定为 wx. DefaultPosition，其值为（-1，-1），表示让系统决定窗体的位置
size	Wx. Size 对象，用来指定新窗体的初始大小。当将其设定为 wx. DefaultSize 时，其值为（-1，-1），表示由系统来决定窗体的大小
style	指定窗体类型的常量，wx. Frame 的常用样式如表 9-2 所示。对一个窗体控件可以同时使用多个样式，使用“位或”运算符“ | ”连接即可。比如 wx. DEFAULT_FRAME_STYLE 样式就是由以下几个基本样式的组合：wx. MAXIMIZE_BOX | wx. MINIMIZE_BOX |wx. RESIZE_BORDER | wx. SYSTEM_MENU |wx. CAPTION | wx. CLOSE_BOX，通过“^”按位异或运算去掉个别的样式，如要创建一个默认样式的窗体，但要求用户不能缩放和改变窗体大小，可以使用这样的组合：wx. DEFAULT_FRAME_STYLE^（wx. RESIZE_BORDER | wx. MAXIMIZE_BOX | wx. MINIMIZE_BOX）
name	窗体名字，指定后可以使用这个名字来寻找这个窗体

表 9-2　wx. Frame 常用样式

样　式	说　明
wx. CAPTION	标题栏
wx. DEFAULT_FRAME_STYLE	默认样式
wx. CLOSE_BOX	标题栏上显示“关闭”按钮
wx. MAXIMIZE_BOX	标题栏上显示“最大化”按钮
wx. MINIMIZE_BOX	标题栏上显示“最小化”按钮
wx. RESIZE_BORDER	边框可改变尺寸
wx. SIMPLE_BORDER	边框没有装饰
wx. SYSTEM_MENU	系统菜单（有“关闭”“移动”“改变大小”等功能）
wx. FRAME_SHAPED	用该样式创建的窗体可以使用 SetShape( )方法来创建一个矩形窗体
wx. FRAME_TOOL_WINDOW	比正常小的标题栏，使窗体看起来像一个工具框窗体

wx. Frame. __init__( )方法只有参数 parent 没有默认值，最简单的调用方式：

```
wx. Frame. __init__( self, parent = None)
```

它将生成一个默认位置、默认大小、默认标题的顶层窗体。

在初始化窗体时可以明确给构造函数传递一个正整数作为新窗体的 ID，此时由程序员自己来保证 ID 不重复并且没有与预定义的 ID 号冲突，例如，不能使用 wx. ID_OK(5100)、wx. ID_CANCEL(5101)、wx. ID_ANY(-1)、wx. ID_COPY(5032)、wx. ID_APPLY(5102)等预定义 ID 号对应的数值。

如果无法确定使用哪个数值作为 ID，可以使用 wx. NewID( )函数来生成 ID 号，这样就可以确保 ID 号的唯一性。

当然，也可以使用全局常量 wx. ID_ANY（值为-1）来让 wxPython 自动生成新的唯一 ID 号，需要时可以使用 GetId( )方法来得到它，例如：

```
frame = wx. Frame. __init__( None, -1)
id = frame. GetId( )
```

如果要生成一个只有关闭按钮、标题栏（没标题）和菜单、大小能改变的窗体可在例 9-1 语句：

```
wx.Frame.__init__(self,parent=superior,title="MyPython Frame",size=(320,240))
```

中增加 style 属性的设置：

```
style=wx.DEFAULT_FRAME_STYLE^\
                    (wx.RESIZE_BORDER | wx.MAXIMIZE_BOX |wx.MINIMIZE_BOX)
```

或者

```
style=wx.SYSTEM.MENU | wx.CAPTION |wx.CLOSE.BOX
```

则窗体大小固定不变。

例 9-2 下面代码创建一个窗体，并在窗体上的文本框中动态显示当前窗体的位置与大小以及鼠标相对于窗体（即窗体左上坐标为(0,0)）的当前位置，可以移动鼠标并观察值的变化。

```
import wx
class MyFrame(wx.Frame):
    def __init__(self,superior):
        wx.Frame.__init__(self,parent=superior,title='MyPython Form',size=(640,480))
        self.Bind(wx.EVT_SIZE,self.OnSize)
        self.Bind(wx.EVT_MOVE,self.OnFrameMove)

        panel=wx.Panel(self,-1)                    #添加控制面板、控件显示窗体大小与位置
        label1=wx.StaticText(panel,-1,"FrameSize: ")
        label2=wx.StaticText(panel,-1,"FramePos: ")
        label3=wx.StaticText(parent=panel,label="MousePos: ")
        self.sizeFrame=wx.TextCtrl(panel,-1,"",style=wx.TE_READONLY)
        self.posFrame=wx.TextCtrl(panel,-1,"",style=wx.TE_READONLY)
        self.posMouse=wx.TextCtrl(panel,-1,"",style=wx.TE_READONLY)
        panel.Bind(wx.EVT_MOTION,self.OnMouseMove)      #绑定事件处理函数
        self.panel=panel

        sizer=wx.FlexGridSizer(3,2,5,5)                #运用 sizer 设置控件的布局
        sizer.Add(label1)
        sizer.Add(self.sizeFrame)
        sizer.Add(label2)
        sizer.Add(self.posFrame)
        sizer.Add(label3)
        sizer.Add(self.posMouse)

        border=wx.BoxSizer()
        border.Add(sizer,0,wx.ALL,15)
        panel.SetSizerAndFit(border)
        self.Fit()
    def OnSize(self,event):
        size=event.GetSize()
        self.sizeFrame.SetValue("%s,%s" % (size.width,size.height))
        event.Skip()                                   #继续寻找事务默认 handler
    def OnFrameMove(self,event):
        pos=event.GetPosition()
        self.posFrame.SetValue("%s,%s" % (pos.x,pos.y))
    def OnMouseMove(self,event):                       #鼠标移动事件处理函数
        pos=event.GetPosition()
        self.posMouse.SetValue("%s,%s" % (pos.x,pos.y))
```

```
if __name__ = ='__main__':
    app=wx.App()                                    #创建实例
    frame=MyFrame(None)
    frame.Show(True)

    app.MainLoop()                                  #消息循环
```

运行结果如图 9-3 所示。

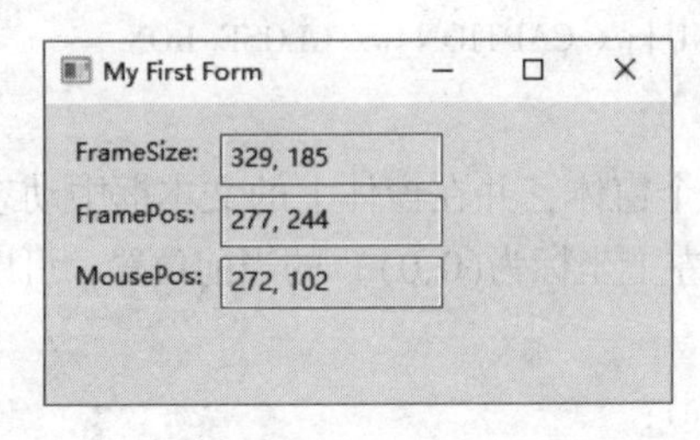

图 9-3　显示窗体大小、位置及鼠标位置

当改变窗体位置、大小或鼠标在窗体内移动时，文本框内的数据会实时变化，当鼠标移动到窗体之外时，文本框中的数值将不再变化。

9.1.2　控件

1. StaticText

静态文本（StaticText）控件主要用来显示文本或给用户操作提示，可以在创建时指定，也可以使用 SetLabel()、SetFont()方法动态设置文本和字体。

wx.StaticText 控件的构造函数参数和 style 样式如表 9-3、表 9-4 所示。

表 9-3　StaticText 参数

参　　数	描　　述
parent	父窗口控件
id	标识符。使用-1 可以自动创建一个唯一的标识
label	显示在静态控件中的文本
pos	窗口控件的位置（一个 wx.Point 或一个 Python 元组）
size	窗口部件的尺寸（一个 wx.Size 或一个 Python 元组）
style	样式标记
name	对象的名字，用于查找的需要

表 9-4　style 样式

样　　式	描　　述
wx.ALIGN_CENTER	文本位于 StaticText 控件的中心
wx.ALIGN_LEFT	文本在 StaticText 控件左对齐，这是默认的样式
wx.ALIGN_RIGHT	文本在 StaticText 控件右对齐
wx.ST_NO_AUTORESIZE	防止标签的自动调整大小
wx.ST_ELLIPSIZE_START	省略号（...）显示在开始，如果文本的大小大于标签尺寸
wx.ST_ELLIPSIZE_MIDDLE	省略号（...）显示在中间，如果文本的大小大于标签尺寸
wx.ST_ELLIPSIZE_END	省略号（...）显示在结尾，如果文本的大小大于标签尺寸

为了设置标签的字体，首先创建一个字体对象：

```
wx.Font(pointSize,fontFamily,fontStyle,fontWeight,underline=False,faceName=",
encoding=wx.FONTENCODING_DEFAULT)
```

其中，pointSize 是字体以磅为单位的整数尺寸。underline 参数仅工作在 Windows 系统下，如果取值为 True，则加下画线，取值为 False，则无下画线。faceName 参数指定字体名。encoding 参数允许在几个编码中选择一个，它映射内部的字符和字体显示字符。编码不是 Unicode 编码，只是用于 wx.Python 的不同的 8 位编码。大多数情况可使用默认编码。剩余 fontFamily、fontStyle、fontWeight 参数取值分别如表 9-5~表 9-7 所示。

表 9-5 fontFamily 参数值

参　数	描　述
wx.DECORATIVE	正式的、古老的英文样式字体
wx.DEFAULT	系统默认字体
wx.MODERN	单间隔（固定字符间距）字体
wx.ROMANSerif	字体，类似于 Times New Roman
wx.SCRIPT	手写体或草写体
wx.SWISS	Sans-serif 字体，类似于 Helvetica 或 Arial

表 9-6 fontStyle 参数值

参　数	描　述
wx. NORMAL	字体绘制不使用倾斜
wx. TALIC	字体是斜体
wx. SLANT	字体是倾斜的，罗马风格形式

表 9-7 fontWeight 参数值

参　数	描　述
wx. NORMAL	普通字体
wx. LIGHT	高亮字体
wx. BOLD	粗体

提示：为了获取系统的有效字体的一个列表，使用类 wx.FontEnumerator 实现。

```
import wx

e=wx.FontEnumerator                #实例化
fontList1=e.GetFacenames()         #获取字体
print ','.join(fontList1)
```

运行结果：

```
System,,Terminal,Fixedsys,Modern,Roman,Script,Courier,MS Serif,MS Sans Serif,Small Fonts,…,微软雅黑,…,宋体,新宋体,Times New Roman,仿宋,黑体,楷体,…,方正舒体,方正姚体,隶书…,Roboto Slab
```

例 9-3 StaticText 简单示例。在标题为“StaticText Example”的窗体内以默认字体样式显示“STIEI”文本。

代码如下：

```
import wx

class StaticTextExample(wx. Frame):
    def __init__(self,superior):
        wx. Frame. __init__(self,parent=superior,id=wx. ID_ANY,title="StaticText Eaxmple",
                            size=(360,240))                    #窗体样式
        panel=wx. Panel(self,-1)

        lbl1=wx. StaticText(panel,wx. ID_ANY,"STIEI",(100,10))
        #或分两步：txt='STIEI'和 lbl1=wx. StaticText(panel,-1,txt,(100,10))
if __name__=='__main__':
    app=wx. PySimpleApp()
    frame=StaticTextExample(None)
    frame. Show()
    app. MainLoop()
```

运行结果如图 9-4 所示。

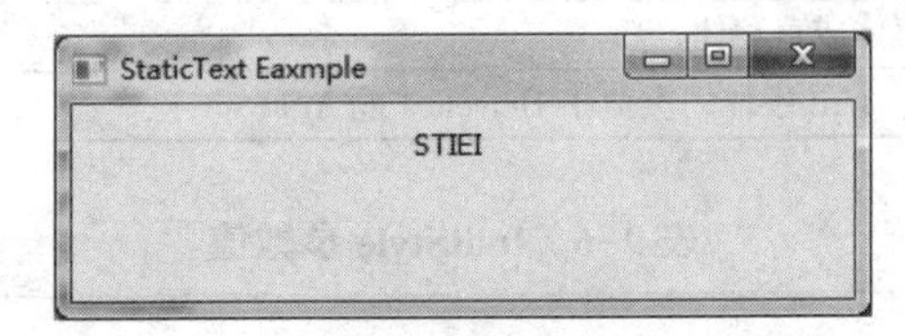

图 9-4　StaticText 显示文本

通过 wx. Font()可以改变字体显示方式，如希望字体按古老英文字体、斜体、粗体、加下画线、大小 24 显示，则可设置如下：

```
font=wx. Font(24,wx.  DECORATIVE,wx. ITALIC,wx. BOLD,underline=True)
```

为将 lbl1 的文本按上述定义的 font 显示，只需要添加一条语句：

```
lbl1. SetFont(font)
```

运行结果如图 9-5 所示。

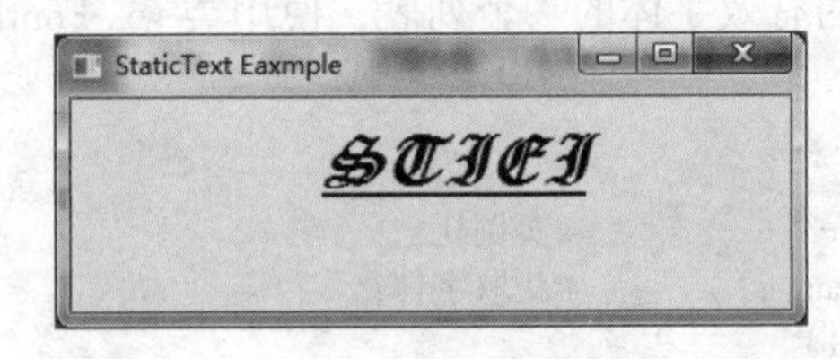

图 9-5　添加 Font 效果

进一步，通过两条语句：

```
lbl1. SetForegroundColour("Red")
lbl1. SetBackgroundColour("Yellow")
```

把字体设置成红色，背景设置为黄色，如图 9-6 所示。

还可以对文本显示成居中、居左和居右，如下面代码实现居中和居右。

```
lbl1=wx.StaticText(panel,wx.ID_ANY,"STIEI",(10,10),(400,-1),wx.ALIGN_LEFT)
lbl2=wx.StaticText(panel,wx.ID_ANY,"Shanghai Technical Institute of Electronics and "
                           "Information(center)",(10,50),(400,-1),wx.ALIGN_CENTER)
lbl3=wx.StaticText(panel,wx.ID_ANY,"at Fengxian(right)",(10,70),(400,-1),wx.ALIGN_
RIGHT)
```

结果如图 9-7 所示。

图 9-6　设置颜色

图 9-7　居左、居中、居右显示

另外，StaticText 可以一次显示多行，例如：

```
multiText="Now you see \nStaticText\nFont Example"
wx.StaticText(panel,wx.ID_ANY,multiText,(20,120))
```

显示结果如图 9-8 所示。

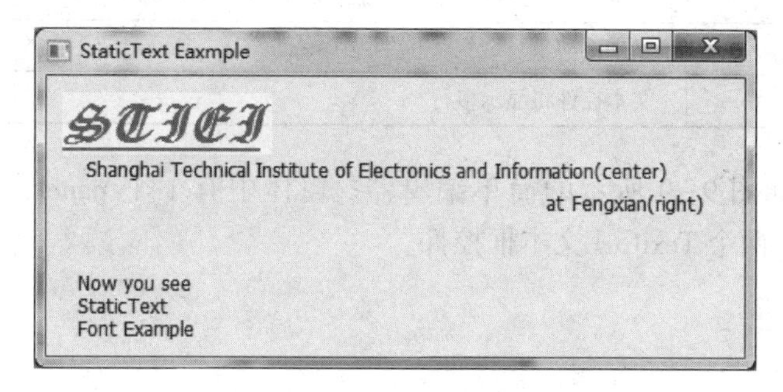

图 9-8　StaticText 一次显示 3 行

2. Button、TextCtrl

按钮（Button）控件主要用来响应用户的单击操作，按钮上面的文本一般是创建时直接指定的，也可通过 SetLabelText()和 GetLabelText()实现动态修改和获取按钮控件上显示的文本，实现同一按钮完成不同功能。Button 分为文本按钮、位图按钮和开关按钮。

（1）文本按钮（text button）：

```
wx.Button(parent,id,label,pos,size=wxDefaultSize,style=0,validator,name="button")
```

（2）位图按钮（bmp button）：

```
wx.BitmapButton(panel,-1,bmp,pos)
```

（3）开关按钮（toggle button）：

```
wx.ToggleButton(panel,-1,u"＊＊＊＊",pos)
```

当按下一个开关按钮时，它将一直保持被按下的状态直到再次敲击它。

Label 为按钮文本内容，pos 为按钮存放的位置，style 见表 9-4，bmp 为按钮上显示的位图。

文本框（TextCtrl）控件用来接收用户的文本输入，可以使用 GetValue( )和 SetValue( )方法获取或设置文本框中的文本。wx. TextCtrl 的样式如表 9-8 所示。

表 9-8　wx. TextCtrl 样式

样　　式	描　　述
wx. TE_LEFT	控件中的文本左对齐（默认）
wx. TE_CENTER	控件中的文本居中
wx. TE_RIGHT	控件中的文本右对齐
wx. TE_NOHIDESEL	文本始终高亮显示，只适用于 Windows 操作系统
wx. TE_PASSWORD	不显示所键入的文本，代替以星号显示
wx. TE_PROCESS_ENTER	当用户在控件内按〈Enter〉键时，一个文本输入事件被触发。否则，按键事件内在的由该文本控件或该对话框管理
wx. TE_PROCESS_TAB	通常的字符事件在〈Tab〉键按下时创建（一般意味一个制表符将被插入文本）。否则，tab 由对话框来管理，通常是控件间的切换
wx. TE_READONLY	文本控件为只读，用户不能修改其中的文本
wx. HSCROLL	水平滚动条
wx. TE_MULTILINE	文本控件将显示多行

例 9-4　生成如图 9-9 所示的简单编辑器。窗体中有 1 个 panel，3 个按钮“Open”“Save”和“Exit”，两个 TextCtrl 文本框控件。

代码如下：

```
import wx
class TextCtrlAddButtonExample(wx.Frame):
    def __init__(self,superior):
        wx.Frame.__init__(self,parent=superior,id=wx.ID_ANY,title="mySimpleEditor",
                         size=(495,250))                    #窗体样式
        panel=wx.Panel(self,-1)                             #实例化

        loadButton=wx.Button(panel,label='Open',pos=(240,5),size=(80,25))    #按钮样式
        saveButton=wx.Button(panel,label='Save',pos=(320,5),size=(80,25))
        exitButton=wx.Button(panel,label='Exit',pos=(400,5),size=(80,25))
        fileName=wx.TextCtrl(panel,pos=(5,5),size=(230,25))                  #文本样式
        editBox=wx.TextCtrl(panel,pos=(5,35),size=(475,170),style=
                           wx.TE_MULTILINE|wx.HSCROLL)


if __name__=='__main__':
    app=wx.PySimpleApp()                                    # 或 app=wx.App()
    frame=TextCtrlAddButtonExample(None)
    frame.Show()
    app.MainLoop()
```

运行结果：

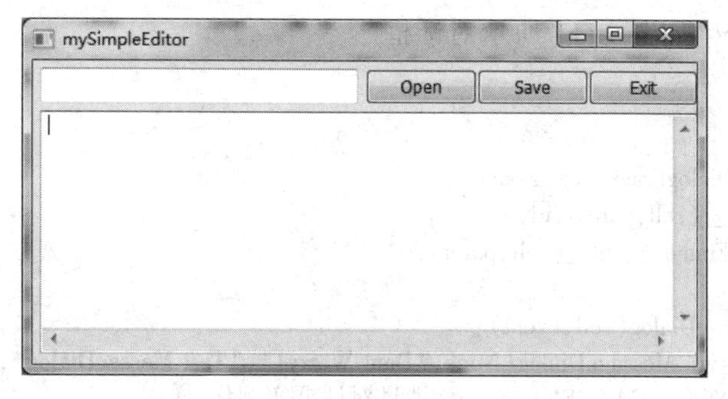

图 9-9　简单编辑器

当然，这个编辑器没有任何意义，还需考虑按钮和文本框的功能实现。首先考虑“Exit”按钮，这里希望单击该按钮后，能出现消息对话框（MessageDialog），然后单击“确定”按钮后，退出系统。如图 9-10 所示。

图 9-10　MessageDialog 对话框

为此，先定义“退出”方法 OnExit()：

```
def OnExit(self,event):
    dlg=wx.MessageDialog(self,'Really Quit','Caution',wx.CANCEL | wx.OK |wx.ICON_QUESTION)
    if dlg.ShowModal()= =wx.ID_OK:
        self.Destroy()
```

然后，将该方法与“Exit”按钮绑定：

```
self.Bind(wx.EVT_BUTTON,self.OnExit,exitButton)
```

这样就实现了退出功能。

打开文件对话框、保存文件以及字体对话框在后面继续讨论。

提示：wx.MessageDialog 消息对话框参数：

```
wxMessageDialog(wxWindow * parent,const wxString& message,const wxString& caption="Message box",long style=wxOK | wxCANCEL,const wxPoint& pos=wxDefaultPosition)
```

其中，style 参数取值如表 9-9 所示。

表 9-9　wx.MessageDialog 的 style 样式

样　式	描　述
wxOK	显示 OK 按钮
wxCANCEL	显示 Cancel 按钮
wxYES_NO	显示 Yes 和 No 按钮
wxYES_DEFAULT	显示 Yes 和 No 按钮，前者默认情况
wxNO_DEFAULT	显示 Yes 和 No 按钮，后者默认情况
wxICON_EXCLAMATION	显示感叹号图标
wxICON_HAND	显示错误图标
wxICON_ERROR	显示错误图标与 wxICON_ HAND 一样
wxICON_QUESTION	显示问号图标
wxICON_INFORMATION	显示一个信息（i）图标
wxSTAY_ON_TOP	消息框置于所有窗口的顶层（仅限 Windows）

例如下列代码产生如图 9-11 所示对话框。

```
import wx

class MessageDialogFrame(wx.Frame):
    def __init__(self,parent,id):
        wx.Frame.__init__(self,parent,-1)

    def OnCloseDialog(self,event):
        dlg=wx.MessageDialog(None,"Dont Worry!","Test MessagDialog",wx.YES_NO|wx.ICON_
EXCLAMATION|wx.CANCEL)          #消息对话框实例化、样式
        if dlg.ShowModal()==wx.ID_YES:
            self.Close(True)

if __name__=='__main__':
    app=wx.PySimpleApp()
    frame=MessageDialogFrame(None,-1)
    frame.OnCloseDialog(None)
```

另外，MessageDialog 对话框的 ShowModal( )方法保证应用程序在对话框关闭前不能响应其窗口的用户事件，返回一个整数，取值如下：

```
wx.ID_YES,wx.ID_NO,wx.ID_CANCEL,wx.ID_OK
```

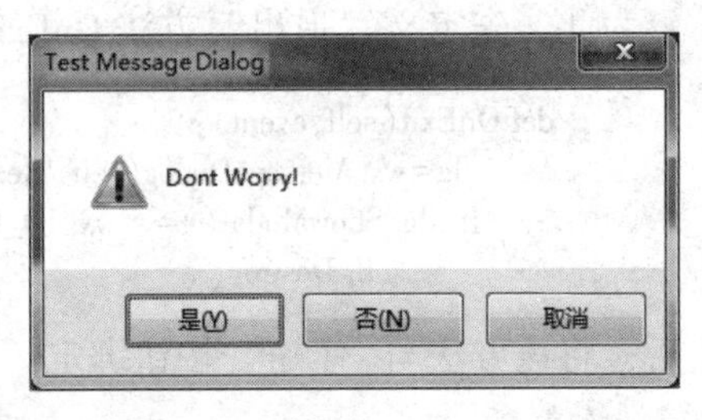

图 9-11　MessageDialog 对话框

3. Menu

菜单（Menu）控件分为普通菜单和弹出式菜单两大类，普通菜单为大多数窗口菜单栏的下拉菜单，弹出式菜单称为上下文菜单，一般需要使用鼠标右键激活，并根据不同的环境或上下文来显示不同的菜单项。

（1）普通菜单。

wx.Menu 类的一个对象被添加到菜单栏，可用于创建上下文菜单和弹出菜单。每个菜单可以包含一个或多个 wx.MenuItem 对象或级联 Menu 对象。wx.MenuBar 类有含参数和元参数构造函数。两类格式如下：

```
wx.MenuBar()
wx.MenuBar(n,menus,titles,style)
```

其中，参数“n”表示菜单的数目。menus 是菜单和标题的数组和字符串数组。如果 style 参数设置为 wx.MB_DOCKABLE，菜单栏可以停靠。

wx.MenuBar 类的方法见表 9-10。

表 9-10　wx.MenuBar 类方法

方　法	功　能
Append( )	添加菜单对象到工具栏
Check( )	选中或取消选中菜单
Enable( )	启用或禁用菜单
Remove( )	去除工具栏中的菜单

wx. Menu 类对象是一个或多个菜单项，其中一个是可被用户选择的下拉列表，其常见方法如表 9-11 所示。

表 9-11 wx. Menu 类方法

方 法	功 能
Append()	在菜单增加了一个菜单项
AppendMenu()	追加一个子菜单
AppendRadioItem()	追加可选单选项
AppendCheckItem()	追加一个可检查的菜单项
AppendSeparator()	添加一个分隔线
Insert()	在给定的位置插入一个新的菜单
InsertRadioItem()	在给定位置插入单选项
InsertCheckItem()	在给定位置插入新的复选项
InsertSeparator()	插入分隔行
Remove()	从菜单中删除一个项
GetMenuItems()	返回菜单项列表

一个菜单项目，可直接使用 Append() 函数添加，或 wx. MenuItem 追加一个对象方法。

```
wx.Menu.Append(id,title,style)
Item=wx.MenuItem(parentmenu,id,title,style)
wx.Menu.Append(Item)
```

wxPython 中有大量标准的 ID 被分配给标准菜单项。在某些操作系统平台上，它们与标准图标也关联：

```
wx.ID_SEPARATOR,wx.ID_ANY,wx.ID_OPEN,wx.ID_CLOSE,wx.ID_NEW,wx.ID_SAVE,wx.ID_
SAVEAS,wx.ID_EDIT,wx.ID_CUT,wx.ID_PASTE
```

style 参数含义如表 9-12 所示。

表 9-12 style 参数

参 数	描 述
wx. ITEM_NORMAL	普通菜单项
wx. ITEM_CHECK	检查（或切换）菜单项
wx. ITEM_RADIO	单选菜单项

wx. Menu 类也有 AppendRadioItem()和 AppendCheckItem()，但不需要任何参数。

菜单项可以设置为显示图标或快捷方式。wx. MenuItem 类通过 SetBitmap() 函数显示位图：

```
wx.MenuItem.SetBitmap(wx.Bitmap(image file))
```

EVT_MENU 事件绑定有助于进一步实现菜单选项的功能：

```
self.Bind(wx.EVT_MENU,self.menuhandler)
```

例 9-5 创建菜单。演示 wxPython 的上述大部分的菜单系统的特征。它在菜单栏中显示一个普通文件菜单，内含创建、打开、保存、保存为以及退出选项，其中退出选项带图标显示，并且绑定事件处理函数。

代码如下:

```
import wx
APP_EXIT=1                                                    #定义一个控件 ID
class Example(wx.Frame):
    def __init__(self,superior):
        wx.Frame.__init__(self,parent=superior,title="")      #调用类的初始化
        self.frame=wx.Frame(parent=None,title='',size=(640,480))
        menuBar=wx.MenuBar()                                  #生成菜单栏
        fileMenu=wx.Menu()                                    #生成一个菜单

fileItemNew=wx.MenuItem(fileMenu,101,'New')                   #生成一个菜单项
        fileMenu.AppendItem(fileItemNew)
        fileItemOpen=wx.MenuItem(fileMenu,102,'Open')
        fileMenu.AppendItem(fileItemOpen)
        fileItemSave=wx.MenuItem(fileMenu,103,'&Save\tCtrl+S')
        fileMenu.AppendItem(fileItemSave)
        fileMenuSaveAs=wx.MenuItem(fileMenu,104,'Save As')
        fileMenu.AppendItem(fileMenuSaveAs)
        fileMenu.AppendSeparator()
        fileItemQuit=wx.MenuItem(fileMenu,APP_EXIT,"&Quit\tCtrl+Q")
        fileItemQuit.SetBitmap(wx.Bitmap(r'd:\noconnect.bmp'))   #给菜单项前面加个小图标
        fileMenu.AppendItem(fileItemQuit)                     #把菜单项加入到菜单中
        menuBar.Append(fileMenu,"&File")                      #把菜单加入到菜单栏中

        self.SetMenuBar(menuBar)                              #把菜单栏加入到 Frame 框架中

        self.Bind(wx.EVT_MENU,self.OnQuit,id=APP_EXIT)        #给菜单项加入事件处理
        self.SetSize((640,480))                               #设置 Frame 的大小,标题和居中对齐
        self.SetTitle("MysimpleMenu")
        self.Centre()
        self.Show(True)                                       #显示框架
    def OnQuit(self,e):                                       #自定义函数,响应菜单项
        self.Close()

if __name__=="__main__":
myMenu=wx.App()                                               #生成一个应用程序
Example(None)                                                 #调用我们的类
myMenu.MainLoop()                                             #消息循环
```

运行结果如图 9-12 所示。

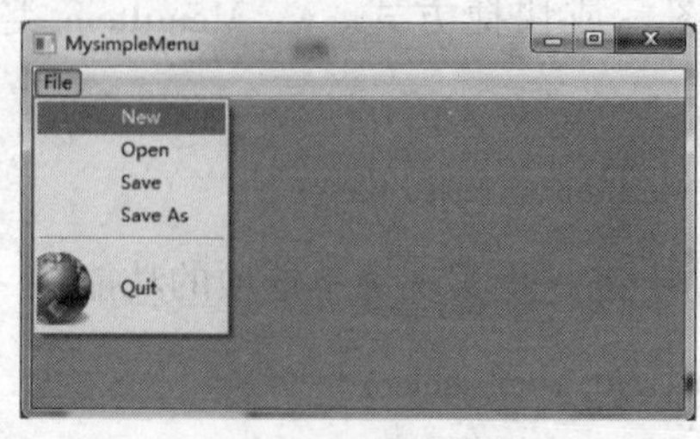

图 9-12　普通菜单

(2) 弹出式菜单。

```
popupMenu=wx.Menu()                                   #创建菜单
```

```
popupCopy = popupMenu. Append(901,'Copy')          #创建菜单项
popupCut = popupMenu. Append(902,'Cut')
popupPaste = popupMenu. Append(903,'Paste')
```

接下来为窗体绑定鼠标右键单击操作：

```
self. Bind(wx. EVT_RIGHT_DOWN,self. OnRClick)
```

然后编写右键单击处理函数，用户右击时弹出上面定义的弹出式菜单。

```
def OnRClick(self,event):
    pos = (event. GetX(),event. GetY())                        #获取鼠标当前位置
    self. panel. PopupMenu(self. popupMenu,pos)                #在鼠标当前位置弹出上下文菜单
```

（3）为菜单项绑定单击事件处理函数。

无论普通菜单还是弹出式菜单，为菜单项绑定事件处理函数的方式是一样的，如下面代码中第二个数值型的参数是菜单项的 ID，最后一个参数是事件处理函数的名称。绑定之后，运行程序并单击某菜单项，则会执行相应的事件处理函数中的代码。

```
wx. EVT_MENU(self,102,self. OnOpen)
wx. EVT_MENU(self,103,self. OnSave)
wx. EVT_MENU(self,104,self. OnSaveAs)
wx. EVT_MENU(self,105,self. OnClose)
```

（4）编写菜单项的单击事件处理函数。

具体的事件处理函数根据不同的业务逻辑有所不同，这里仅演示如何在状态栏上显示一段文本。

```
def OnNew(self,event):
    self. statusBar. SetStatusText('You just clicked MysimpleMenu. ')
```

4. ToolBar、StatusBar

工具栏（ToolBar）控件往往用来显示当前上下文最常用的功能按钮，一般而言，工具栏按钮是菜单全部功能的子集，通常放置在 MenuBar 顶层帧的正下方。

状态栏（StatusBar）控件主要用来显示当前状态或给用户友好提示，如图 9-13 所示，Word 软件中的状态栏上显示的当前页码、总页数、节数以及当前行与当前列等信息。

（1）工具栏。

wx. ToolBar 类构造如下：

```
wx. ToolBar(parent,id,pos,size,style)
```

其中，wx. ToolBar 定义的 style 参数含义如表 9-13 所示。

表 9-13　wx. ToolBar 类 style 参数

参　数	描　述
wx. TB_FLAT	提供该工具栏平面效果
wx. TB_HORIZONTAL	指定水平布局（默认）
wxTB_VERTICAL	指定垂直布局

（续）

参　数	描　述
wx. TB_DEFAULT_STYLE	结合 wxTB_FLAT 和 wxTB_HORIZONTAL
wx. TB_ DOCKABLE	使工具栏浮动和可停靠
wx. TB_NO_TOOLTIPS	当鼠标悬停在工具栏不显示简短帮助工具提示
wx. TB_NOICONS	指定工具栏按钮没有图标；默认它们是显示的
wx. TB_TEXT	显示在工具栏按钮上的文本；默认情况下，只有图标显示

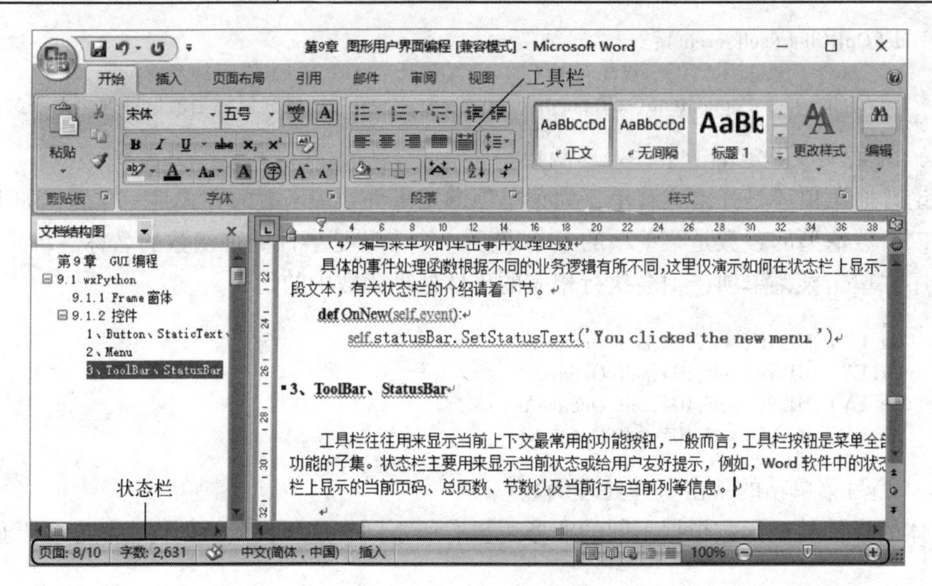

图 9-13　Word 状态栏

Wx. ToolBar 类具有如表 9-14 所示的方法。

表 9-14　wx. ToolBar 类方法

方　法	功　能
AddTool( )	添加工具按钮到工具栏。工具的类型是由各种参数指定的
AddRadioTool( )	添加属于按钮的互斥组按钮
AddCheckTool( )	添加一个切换按钮到工具栏
AddLabelTool( )	使用图标和标签来添加工具栏
AddSeparator( )	添加一个分隔符来表示工具按钮组
AddControl( )	添加任何控制工具栏。例如，wx. Button、wx. Combobox 等
ClearTools( )	删除所有在工具栏的按钮
RemoveTool( )	从给出工具按钮移除工具栏
Realize( )	工具按钮增加调用

AddTool( )方法至少需要 3 个参数：AddTool(parent,id,bitmap)。

工具栏创建步骤：

首先，创建工具栏。

```
self.toolbar=self.frame.CreateToolBar()
```

接下来在工具栏添加工具，相应的工具栏图片需要提前准备好并存放于当前目录下。

```
self.toolbar.AddSimpleTool(9999,wx.Image('open.png',wx.BITMAP_TYPE_PNG).ConvertToBitmap
(),'Open','Click to Open a file')
```

然后使用下面的代码准备工具栏使其有效。

```
self.toolbar.Realize()
```

最后绑定事件处理函数，事件处理函数的编写与前面介绍的按钮、菜单项等控件的事件处理函数一样，在此不再赘述。

```
wx.EVT_TOOL(self,9999,self.OnOpen)
```

（2）创建状态栏。

状态栏的创建和使用相对比较简单，通过下面的代码即可创建：

```
self.statusBar=self.frame.CreateStatusBar()
```

如果需要在状态栏上显示状态或者显示文本以提示用户，可以通过下面的代码设置状态栏文本：

```
self.statusBar.SetStatusText('You clicked the Open menu.')
```

5. 对话框

wxPython 提供了一整套预定义对话框（Dialog）控件支持友好界面开发，常用对话框如表 9-15 所示。

表 9-15　对话框类型与功能

类　型	功　能
MessageBox	简单消息框
MessageDialog	消息对话框
GetTextFromUser	接收用户输入的文本
GetPasswordFromUser	接收用户输入的密码
GetNumberFromUser	接收用户输入的数字
FileDialog	文件对话框
FontDialog	字体对话框
ColourDialog	颜色对话框

除用于信息提示的简单消息框之外，其他几种对话框的使用遵循固定的步骤：首先创建对话框，然后显示对话框，最后根据对话框的返回值采取不同的操作。

（1）MessageBox 对话框。

下面的代码演示了 MessageBox 用法：

```
wx.MessageBox(Str)
>>> import wx
>>> app=wx.PySimpleApp()
```

```
>>> wx.MessageBox("This is my first editor.")
```

信息框如图 9-14 所示。

图 9-14 MessageBox 示意图

（2） MessageDialog 对话框

MessageDialog 用法请参考第 9.1.2 节。用户也可以在 IDLE 交互模式下练习掌握参数的应用，例如：

```
>>> import wx
>>> app=wx.App()
>>> dlg=wx.MessageDialog(None,"Dont Worry!","Test MessagDialog",
wx.YES_NO|wx.ICON_EXCLAMATION|wx.CANCEL)
>>> dlg.ShowModal()
```

（3） ColourDialog 对话框。

下面的代码则在 IDLE 交互模式下演示了颜色对话框的用法：

```
>>> import wx
>>> app=wx.App()
>>> dlg=wx.ColourDialog(None)
>>> dlg.ShowModal()
```

出现如图 9-15 所示的对话框，用户可以通过调色板选定某种颜色。

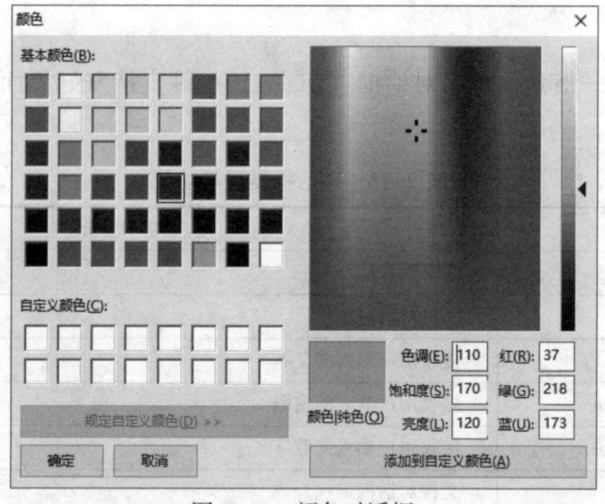

图 9-15 颜色对话框

```
>>> choicedColor=dlg.GetColourData()
>>> choicedColor
<wx._windows.ColourData; proxy of <Swig Object of type 'wxColourData *' at 0x32373e0> >
>>> choicedColor.Colour
wx.Colour(0,255,255,255)
```

这样，通过 panel=wx.Panel(self) 和 panel.SetBackgroundColour(choicedColor.Colour) 就可以把面板背景色设置成用户选择的颜色。

（4） FileDialog 对话框。

此对话框使用户可以浏览文件系统并选择要打开文件或保存，对话框的外观是由操作系统特有的。文件滤波器也可以应用到只显示指定扩展名的文件。启动目录和默认的文件名同时可以设置。

FileDialog 的构造函数格式：

```
wx.FileDialog(parent,message,DefaultDir,DefaultFile,wildcard,style,pos,size)
```

FileDialog 对话框的参数和 FileDialog 类成员函数及其功能如表 9-16、表 9-17 所示。

表 9-16　wx.FileDialog 定义风格参数

类　型	功　能
wx.FD_DEFAULT_STYLE	默认情况，相当于 wxFD_OPEN
wx.FD_OPEN	打开对话框：该对话框的默认按钮的标签是“打开”
wx.FD_SAVE	保存对话框：该对话框的默认按钮的标签是“保存”
wx.FD_OVERWRITE_PROMPT	对于只保存对话框：提示进行确认，如果一个文件将被覆盖
wx.FD_MULTIPLE	仅适用于打开的对话框：允许选择多个文件
wx.FD_CHANGE_DIR	更改当前工作目录到用户选择的文件目录

表 9-17　wx.FileDialog 类的成员函数

类　型	功　能
GetDirectory()	返回默认目录
GetFileName()	返回默认文件名
GetPath()	返回选定文件的完整路径
SetDirectory()	设置默认目录
SetFilename()	设置默认文件
SetPath()	设置文件路径
ShowModal()	显示对话框，如果用户单击“OK”按钮返回 wx.ID_OK，否则返回 wx.ID_CANCEL

例 9-6　下面代码是对例 9-4 功能的扩充，添加了打开、显示文件的功能。

代码如下：

```
import wx
import os

class TextCtrlAddButtonExample(wx.Frame):
    def __init__(self,superior):
        wx.Frame.__init__(self,parent=superior,id=wx.ID_ANY,title="mySimpleEditor",size =
(495,250))

        panel=wx.Panel(self,-1)

        self.loadButton=wx.Button(panel,label='Open',pos =(240,5),size=(80,25))
        self.saveButton=wx.Button(panel,label='Save',pos=(320,5),size=(80,25))
        fileName=wx.TextCtrl(panel,pos=(5,5),size=(230,25))
        self.exitButton=wx.Button(panel,label='Exit',pos=(400,5),size=(80,25))
        self.editBox=wx.TextCtrl(panel,pos=(5,35),size=(475,170),style=wx.TE_MULTILINE|
```

```
wx. HSCROLL)

        self. Bind( wx. EVT_BUTTON, self. onOpen, self. loadButton)
    def onOpen( self, event) :
        file_wildcard = "Text files( * . txt) | * . txt|All files( * . * ) | * . * "
        dlg = wx. FileDialog( self, "Open text file... ", os. getcwd( ), "", file_wildcard, wx. OPEN)
    #or wx. FD_OPEN
        if dlg. ShowModal( ) = = wx. ID_OK:
            fp = open( dlg. GetPath( ), 'r+')
            with fp:
                data = fp. read( )
                self. editBox. SetValue( data)
        dlg. Destroy( )

        self. Bind( wx. EVT_BUTTON, self. onExit, self. exitButton)
    def onExit( self, event) :
        dlg = wx. MessageDialog( self, 'Really Quit', 'Caution', wx. CANCEL | wx. OK | wx. ICON_QUES-
TION)
        if dlg. ShowModal(  ) = = wx. ID_OK:
            self. Destroy(  )

    if __name__ = = '__main__':
    app = wx. PySimpleApp( )
    frame = TextCtrlAddButtonExample( None)
    frame. Show( )
    app. MainLoop( )
```

运行结果如图 9-16、图 9-17 所示。

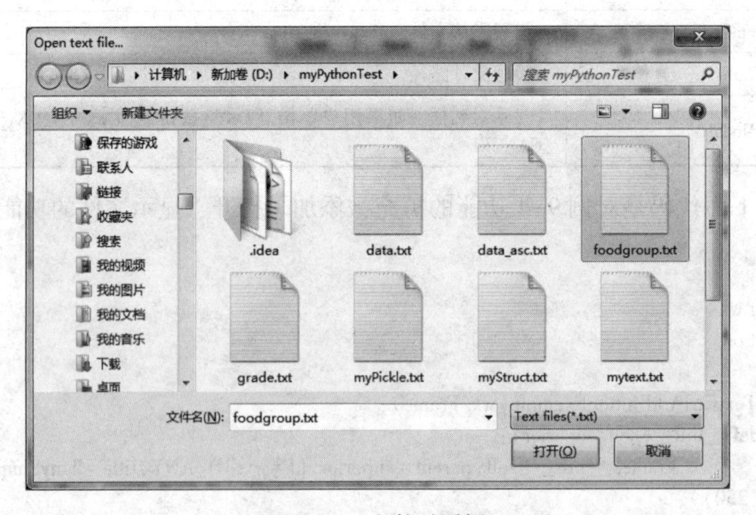

图 9-16　文件对话框

（5）FontDialog 对话框。

这个类的对象是一个字体选择对话框，它的外观也为操作系统特有。属性包括名称、大小、权重等。所选字体的形式作为此对话框的返回值。

需要这种类构造 Fontdata 参数用于初始化这些属性：wx. FontDialog(parent, data)，此类

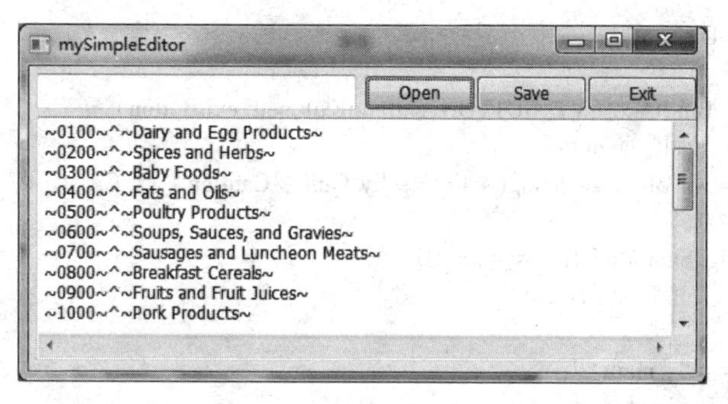

图 9-17　TextCtrl 显示指定文件“foodgroup. txt”内容

的 GetFontData( )方法包含所选字体的参数。

例 9-7　在例 9-5 的基础上，增加字体选择功能。

代码如下：

```
import wx
import os

class TextCtrlAddButtonExample(wx.Frame):
    def __init__(self,superior):
        wx.Frame.__init__(self,parent=superior,id=wx.ID_ANY,title="mySimpleEditor",
                                    size=(575,250))
        panel=wx.Panel(self,-1)

        fileName=wx.TextCtrl(panel,pos=(5,5),size=(230,25))
        self.loadButton=wx.Button(panel,label='Open',pos =(240,5),size=(80,25))
        self.saveButton=wx.Button(panel,label='Save',pos=(320,5),size=(80,25))
        self.fontButton=wx.Button(panel,label='Font',pos=(400,5),size=(80,25))
        self.exitButton=wx.Button(panel,label='Exit',pos=(480,5),size=(80,25))
        self.editBox=wx.TextCtrl(panel,pos=(5,35),size=(550,170),
                                    style=wx.TE_MULTILINE|wx.HSCROLL)

        self.Bind(wx.EVT_BUTTON,self.onOpen,self.loadButton)
    def onOpen(self,event):
        file_wildcard="Text files(*.txt)|*.txt|All files(*.*)|*.*"
        dlg=wx.FileDialog(self,"Open text file...",os.getcwd(),"",file_wildcard,wx.FD_OPEN)
        if dlg.ShowModal()==wx.ID_OK:
            fp=open(dlg.GetPath(),'r+')
            with fp:
                data=fp.read()
                self.editBox.SetValue(data)
        dlg.Destroy()

        self.Bind(wx.EVT_BUTTON,self.onFont,self.fontButton)
    def onFont(self,event):
        dlg=wx.FontDialog(self,wx.FontData())
        if dlg.ShowModal()==wx.ID_OK:
            data=dlg.GetFontData()
            font=data.GetChosenFont()
            self.editBox.SetFont(font)
```

```
            dlg.Destroy()

            self.Bind(wx.EVT_BUTTON,self.onExit,self.exitButton)
        def onExit(self,event):
            dlg=wx.MessageDialog(self,'Really Quit','Caution',wx.CANCEL|wx.OK|wx.ICON_QUES-
TION)
            if dlg.ShowModal()==wx.ID_OK:
                self.Destroy()

if __name__=='__main__':
    app=wx.PySimpleApp()
    frame=TextCtrlAddButtonExample(None)
    frame.Show()
    app.MainLoop()
```

运行结果如图 9-18 所示。

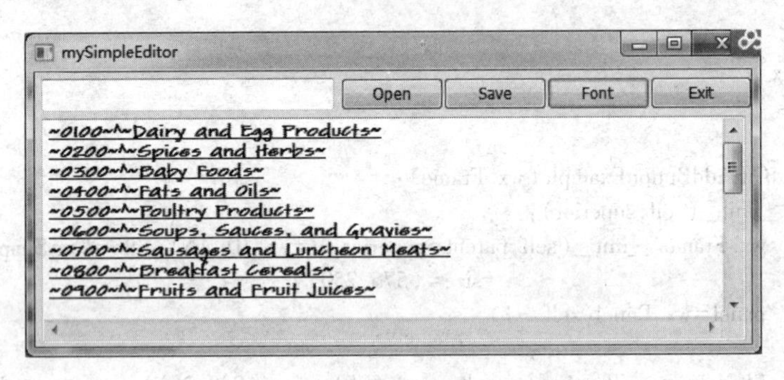

图 9-18　设置字体后 TextCtrl 显示效果

6. RadioButton、RadioBox、CheckBox

单选按钮（RadioButton）控件常用来实现用户在同一组多个选项中只能选择一个，当选择发生变化之后，之前选中的选项自动失效。单选按钮对象由 wx.RadioButton 类创建，对象旁边带着一个圆形按钮文本标签。wx.RadioButton 构造方法原型：

```
wx.RadioButton(parent,id,label,pos,size,style)
```

为了创建一组相互可选择的按钮，首先 wxRadioButton 对象的 style 参数设置为 wx.RB_GROUP，后继的按钮对象会被添加到一组。但 style 参数仅用于该组中的第一个按钮，对于组中随后的按钮，wx.RB_SINGLE 的 style 参数可以任意选择使用。

每当任何组中的按钮被单击时，wx.RadioButton 事件绑定器 wx.EVT_RADIOBUTTON 触发相关的处理程序。

wx.RadioButton 类的两种重要的方法：SetValue()，选择或取消选择按钮；GetValue()，如果选择一个按钮则返回 True，否则返回 False。

复选框（CheckBox）控件往往用来实现用户在同一组多个选项中选择多个，多个复选框之间的选择互不影响。复选项按钮对象旁边有小正方形方框，wx.CheckBox 类的构造函数原型：

```
wx.CheckBox(parent,id,label,pos,size,style)
```

单选按钮和复选框的很多操作是通用的。可以使用 GetValue( )方法判断单选按钮或复选框是否被选中，使用 SetValue(True)实现单选按钮或复选框的鼠标单击事件，根据不同的需要可以使用 wx. EVT_RADIOBOX( )、wx. EVT_CHECKBOX( )分别为单选按钮、复选框来绑定事件处理函数。

例 9-8 wxPython 单选按钮与复选框的用法。

代码如下：

```
import wx

class radioButton_checkBox(wx.App):

    def OnInit(self):
        self.frame=wx.Frame(parent=None,title='radioButton&checkBox',size=(480,240))
        self.panel=wx.Panel(self.frame,-1)

        self.radioButtonSexM=wx.RadioButton(self.panel,-1,'Male',pos=(80,60),style=wx.RB_
GROUP)
        self.radioButtonSexF=wx.RadioButton(self.panel,-1,'Female',pos=(80,80))
        self.checkBoxAdmin=wx.CheckBox(self.panel,-1,'Administrator',pos=(180,80))
        self.checkBoxProf=wx.CheckBox(self.panel,-1,'Professor',pos=(300,80))

        self.label1=wx.StaticText(self.panel,-1,'UserName:',pos=(20,110),style=wx.ALIGN_
RIGHT)
        self.label2=wx.StaticText(self.panel,-1,'Password:',pos=(20,130),style=wx.ALIGN_
RIGHT)
        self.textName=wx.TextCtrl(self.panel,-1,pos=(90,110),size=(160,20))
        self.textPwd=wx.TextCtrl(self.panel,-1,pos=(90,130),size=(160,20),style=wx.TE_
PASSWORD)

        self.buttonOK=wx.Button(self.panel,-1,'OK',pos=(20,160))
        self.Bind(wx.EVT_BUTTON,self.onOk,self.buttonOK)
        self.buttonCancel=wx.Button(self.panel,-1,'Clear',pos=(110,160))
        self.Bind(wx.EVT_BUTTON,self.onClear,self.buttonCancel)
        self.buttonQuit=wx.Button(self.panel,-1,'Quit',pos=(200,160))
        self.Bind(wx.EVT_BUTTON,self.onQuit,self.buttonQuit)
        self.buttonOK.SetDefault()

        self.frame.Show()
        return True

    def onOk(self,event):
        finalStr=''
        if self.radioButtonSexM.GetValue()==True:
            finalStr+='Sex:Male\n'
        elif self.radioButtonSexF.GetValue()==True:
            finalStr+='Sex:Female\n'

        if self.checkBoxAdmin.GetValue()==True:
            finalStr+='Administrator\n'
        if self.checkBoxProf.GetValue()==True:
            finalStr+='Professor\n'
```

```
            if self.textName.GetValue() == 'HUGUOSHENG' and self.textPwd.GetValue() == '123456':
                finalStr += 'user name and password are correct\n'
            else:
                finalStr += 'user name or password is correct\n'
            wx.MessageBox(finalStr)

    def onClear(self, event):
            self.radioButtonSexM.SetValue(True)
            self.radioButtonSexF.SetValue(False)
            self.checkBoxAdmin.SetValue(True)
            self.textName.SetValue("")
            self.textPwd.SetValue("")

    def onQuit(self, event):
            self.frame.Destroy()

    if __name__ == "__main__":
            myRadio = wx.PySimpleApp()
            radioButton_checkBox(None)
            myRadio.MainLoop()
```

运行结果如图 9-19、图 9-20 所示。

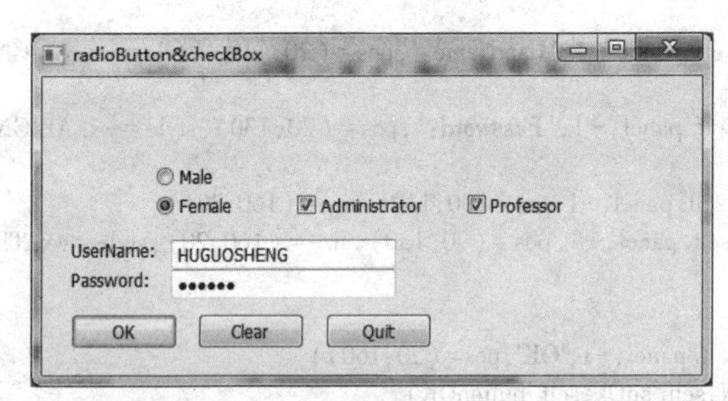

图 9-19　RadioButton、CheckBox 控件示例 1

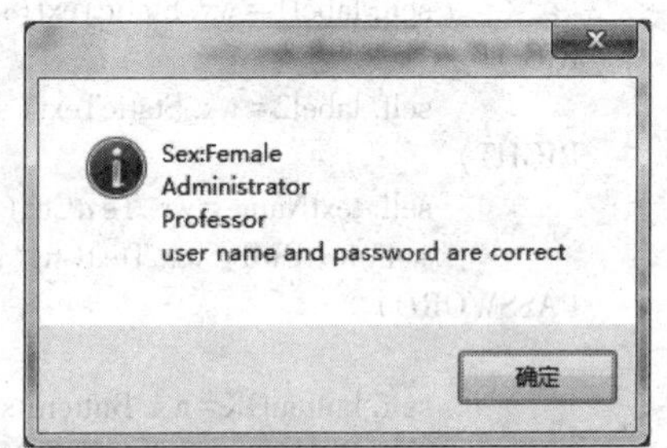

图 9-20　RadioButton、CheckBox 控件示例 2

7. RadioBox

例 9-8 两个单选按钮 Male、Female 都是单独声明的，如果单选按钮较多时，不仅工作量增大，并且降低了程序的可读性。为此，wxPython 使用 wx.RadioBox 类让用户能够创建一个单一的对象，该对象以相互排斥的按钮集合在一个静态框。该组中的每个按钮将其标签从列表对象作为选择 wx.RadioBox 构造函数的参数。如图 9-21 所示，它看起来非常类似一组单选按钮。

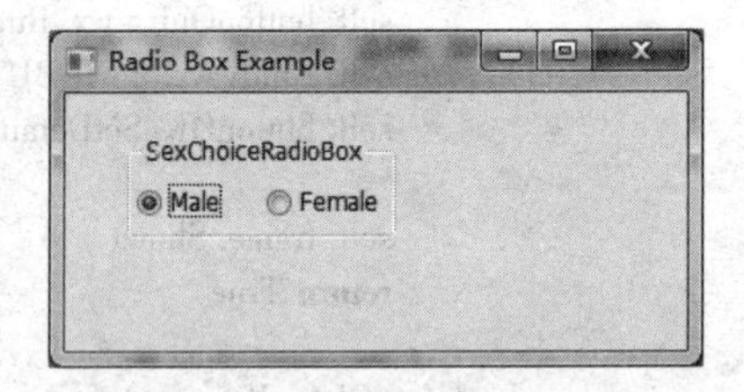

图 9-21　wx.RadioBox 效果

wx.RadioBox 构造函数的原型：

```
wx.RadioBox(parent,id,label,pos,size,choices[],majordimensions,style,validator,name)
```

例如：

```
wx.RadioBox(parent, id, label, pos = wx.DefaultPosition, size = wxDefaultSize, choices = None, majorDi-
```

```
mension=0,style=wx.RA_SPECIFY_COLS,validator=wx.DefaultValidator,name="radioBox")
```

RadioBox 按钮将按行或列的方式逐步布局。对于构造的“style”参数的值应该是 wx. RA_SPECIFY_ROWS 或 wx. RA_SPECIFY_COLS(| wx. NO_BORDER，无边界显示)。label 参数是静态文本，它显示在单选框的边框上。这些按钮使用 choices 参数指定，它是字符串标签的序列，如“Male”“Female”。

和网格 sizer 一样，可以通过使用规定一个维数的尺寸来指定 wx. RadioBox 的尺度，wx-Python 在另一维度上自动填充。维度的主尺寸使用 majorDimension 参数指定，style 参数决定规定多少列（wx. RA_SPECIFY_COLS）或多少行（wx. RA_SPECIFY_ROWS），默认值是 wx. RA_SPECIFY_COLS。majorDimension 参数指定列个数或行个数。在上图中，列数设置为 2，行数由 choices 列表中的元素数量动态决定，因为只有两个选项，所以只有一行，如果有 6 个选项，则按钮框显示 3 行。如果想先规定行数，只需将样式参数 style 设置为 wx. RA_SPECIFY_ROWS 。如果想在单选框被单击时响应命令事件，那么这个命令事件是 EVT_RADIOBOX 。

wx. RadioBox 类有许多函数来管理框中不同的单选按钮。这些方法能够处理一个特定的内部按钮，传递该按钮的索引。索引以 0 为开始，并按严格的顺序展开，它的顺序就是按钮标签传递给构造函数的顺序。表 9-18 列出了 wx. RadioBox 类的重要函数。

表 9-18　wx. RadioBox 类的函数

函　数	功　能
EnableItem(n,flag)	用于使索引为 n 的按钮有效或无效，flag 参数是一个布尔值，注意要使整个框立即有效，使用 Enable()
FindString(string)	根据给定的标签返回相关按钮的整数索引值，如果标签没有发现则返回-1
GetCount()	返回框中按钮的数量
GetItemLabel(n) SetItemLabel(n,string)	返回或设置索引为 n 的按钮的字符串标签
GetStringSelection()	返回当前所选择的按钮的字符串标签
SetStringSelection(string)	改变所选择的按钮的字符串标签为给定值
GetSelection()	返回所选项目的索引
SetSelection(n)	选择编程项目
GetString()	返回选定项的标签
SetString()	分配标签到所选择的项目
Show()	显示或隐藏指定索引的项目
ShowItem(item,show)	用于显示或隐藏索引为 item 的按钮，show 参数是一个布尔值

代码如下：

```
import wx

class RadioBoxFrame(wx.Frame):
    def __init__(self):
        wx.Frame.__init__(self,None,-1,'MyradioBox',size=(320,160))
        panel=wx.Panel(self,-1)
        sexList=['Male','Female']
```

```
        wx.RadioBox(panel,-1,"SexChoiceRadioBox",(30,20),wx.DefaultSize,sexList,2,wx.RA_SPECIFY_COLS)

if __name__ == '__main__':
    app=wx.PySimpleApp()
    Myframe=RadioBoxFrame(None)
    Myframe.Show()
    app.MainLoop()
```

8. ComboBox

组合框（ComboBox）用来实现从固定的多个选项中选择其中一个的操作，外观与文本框类似，但是单击下拉箭头时弹出所有可选项，极大地方便用户的操作，并且在窗体上不占太大空间。

wx.ComboBox 的构造函数格式：

```
wx.ComboBox(parent,id,value="",pos=wx.DefaultPosition,size=wx.DefaultSize,choices,style=0,
validator =wx.Default,validator,name="comboBox")
```

wx.ComboBox 共有 4 种样式，如表 9-19 所示。

表 9-19　wx.ComboBox 的 style 参数

参　数	功　能
wx.CB_SIMPLE	创建一个带有列表框的组合框，在 Windows 中可以只使用 wx.CB_SIMPLE 样式
wx.CB_DROPDOWN	创建一个带有下拉列表的组合框
wx.CB_READONLY	防止用户输入或通过程序设置修改文本域内容
wx.CB_SORT	选择列表中的元素按字母顺序显示

提示：由于 wx.ComboBox 是 wx.Choice 的子类，所有的 wx.Choice 的方法都能被组合框调用。另外，还有许多方法被定义来处理文本组件，它们的属性同 wx.TextCtrl 一样，所定义的方法有 Copy()、Cut()、GetInsertionPoint()、GetValue()、Paste()、Replace(from,to,text)、Remove(from,to)、SetInsertionPoint(pos)、SetInsertionPointEnd()和 SetValue()。

如果需要响应和处理组合框的鼠标单击事件，可以使用 wx.EVT_COMBOBOX( )为组合框绑定事件处理函数。

例 9-9　wxPython 组合框联动。

代码如下：

```
import wx

class comBoxFrame(wx.Frame):
def __init__(self):
        wx.Frame.__init__(self,None,-1,'my radioBox',size=(320,160))
        panel=wx.Panel(self,-1)
        self.names={'First Class':['Hu Guosheng','Huang He','Wu Xinxin'],
                    'Second Class':['Zhou Qiaoting','Fang Xiaoyan','Shao Yin','Zhang Guohong']}
        self.comboBox1=wx.ComboBox(panel,value='Choice Class',
                                   choices=self.names.keys(),pos=(100,50),size=(100,30))
#组合框 1
```

```
            self.Bind(wx.EVT_COMBOBOX,self.OnCombox1,self.comboBox1)
        self.comboBox2=wx.ComboBox(panel,value='Choice Teacher',
                                        choices=[],pos=(100,100),size=(100,30))
    #组合框2
        self.Bind(wx.EVT_COMBOBOX,self.OnCombox2,self.comboBox2)

    def OnCombox1(self,event):
        Class=self.comboBox1.GetValue()
        self.comboBox2.Set(self.names[Class])
    def OnCombox2(self,event):
        wx.MessageBox(self.comboBox2.GetValue())

    if __name__ == '__main__':
        app=wx.PySimpleApp()
        Myframe=comBoxFrame(None)
        Myframe.Show()
        app.MainLoop()
```

运行结果如图 9-22 所示。

9. ListBox

列表框是用来放置多个元素提供给用户进行选择的另一机制，选项被放置在一个矩形的窗口中，其中每个选项都是字符串，支持用户单选和多选。列表框比单选按钮占据较少的空间，当选项的数目相对少的时候，列表框是一个好的选择。如果用户选项很多，需要通过滚动条拉动才能看到所有的选项的话，那么它的效用就有所下降。列表框如图 9-23 所示。

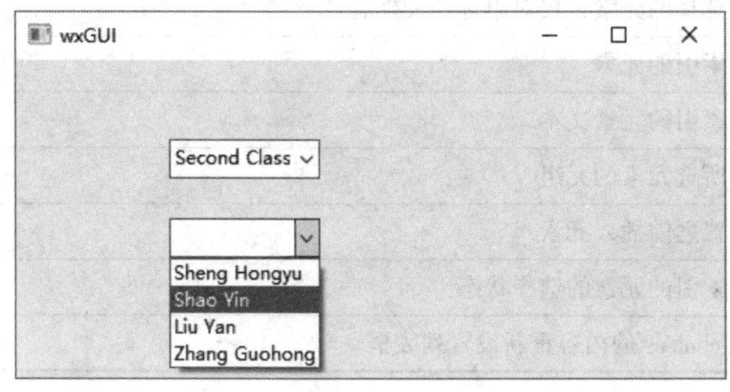

图 9-22　ComboBox 控件示例

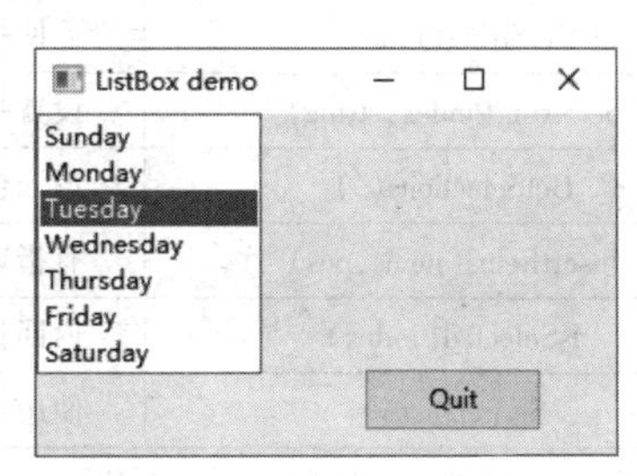

图 9-23　ListBox 控件示例

wx.ListBox 的构造函数类似于单选框的构造函数，如下所示：

```
wx.ListBox(parent,id,pos=wx.DefaultPosition,size=wx.DefaultSize,choices=None,style=0,validator
=wx.DefaultValidator,name="listBox")
```

列表框样式 style 含义如表 9-20 所示。

表 9-20　列表框常用样式

样　　式	功　　能
wx.LB_EXTENDED	可以使用〈Shift〉键和鼠标配合选择连续多个元素
wx.LB_MULTIPLE	可以选择多个不连续的元素
wx.LB_SINGLE	最多只能选择一个元素
wx.LB_ALWAYS_SB	始终显示一个垂直滚动条

（续）

样　式	功　能
wx. LB_HSCROLL	列表框在选择项太多时显示一个水平滚动条
wx. LB_VSCROLL	仅在需要时显示一个垂直滚动条，默认方式
wx. LB_SORT	列表框中的元素按字母顺序排序

提示：wx. LB_EXTENDED、wx. LB_MULTIPLE 和 wx. LB_SINGLE 3 种样式是相互排斥的。

表 9-21 列出了列表框的方法，用户可以用来处理框中的项目，列表框中的项目索引从 0 开始。

表 9-21　列表框常用方法

样　式	功　能
Append(string)	在列表框尾部增加一个元素
Clear( )	删除列表框中所有元素
Delete(index)	删除列表框指定索引的元素
FindString(string)	返回指定元素的索引，若没找到，则返回-1
GetCount( )	返回列表框中元素的个数
GetSelection( )	返回当前选择项的索引，仅对单选列表框有效
SetSelection(index,True/False)	设置指定索引的元素的选择状态
GetStringSelection( )	返回当前选择的元素，仅对单选列表框有效
GetString(index)	返回指定索引的元素
SetString(index,string)	设置指定索引的元素文本
GetSelections( )	返回包含所选元素的元组
InsertItems(items,pos)	有指定位置之前插入元素
IsSelected(index)	返回指定索引的元素的选择状态
Set(choices)	使用列表 choices 的内容重新设置列表框

有两个专用于 wx. ListBox 的命令事件。EVT_LISTBOX 事件在当列表中的一个元素被选择时触发（即使它是当前所选择的元素）。如果列表被双击，EVT_LISTBOX_DCLICK 事件发生。

例 9-10　wxPython 列表框应用。本例的列表框中显示周日到周六的每天，用户单击其中一个后弹出一个消息框来提示所选择的内容，单击“Quit”按钮时弹出关闭前的确认对话框。

代码如下：

```
import wx

class ListBoxDemo(wx. Frame):
    def __init__(self,superion):
        wx. Frame. __init__(self,parent=superion,title='ListBox demo',size=(300,200))
        panel=wx. Panel(self)
        self. buttonQuit=wx. Button(parent=panel,label='Quit',pos=(160,120))
        self. Bind(wx. EVT_BUTTON,self. OnButtonQuit,self. buttonQuit)
```

```
        weekdays=['Sunday','Monday','Tuesday','Wednesday','Thursday','Friday',\
                  'Saturday']
        self.listBox=wx.ListBox(panel,choices=weekdays)          #创建列表框
        self.Bind(wx.EVT_LISTBOX,self.OnClick,self.listBox)  #绑定事件处理函数

    def OnClick(self,event):
        s=self.listBox.GetStringSelection()
        wx.MessageBox(s)

    def OnButtonQuit(self,event):
        dlg=wx.MessageDialog(self,'Really Quit? ','Caution',\
                             wx.CANCEL|wx.OK|wx.ICON_QUESTION)
        if dlg.ShowModal()==wx.ID_OK:
            self.Destroy()

if __name__=='__main__':
    app=wx.App()
    frame=ListBoxDemo(None)
    frame.Show()
    app.MainLoop()
```

运行结果如图 9-24 所示。

图 9-24　ListBox 控件示例

列表框可与其他窗口部件结合起来使用，如文本框、下拉菜单或复选框等。事实上，组合框（ComboBox）是将文本域与列表合并在一起的窗口部件，其本质上是一个下拉选择和文本框的组合。组合框是 wx.Choice 的一个子类。

使用类 wx.CheckListBox 来将复选框与列表框合并。wx.CheckListBox 的构造函数和大多数方法与 wx.ListBox 的相同。它有一个新的事件：wx.EVT_CHECKLISTBOX，它在当列表中的一个复选框被单击时触发。它有两个管理复选框的新的方法：Check(n,check)设置索引为 n 的项目的选择状态，IsChecked(item)在给定索引的项目是选中状态时返回 True 。

wx.Choice 的构造函数与列表框的基本相同：

```
wx.Choice(parent,id,pos=wx.DefaultPosition,size=wx.DefaultSize,choices=None,style=0,validator=
wx.DefaultValidator,name="choice")
```

wx.Choice 没有专门的样式，但是它有独特的命令事件：EVT_CHOICE 。表 9-21 中几乎所有适用于单选列表框的方法都适用于 wx.Choice 对象。

例 9-11　合并复选框和列表框。

代码如下：

```
import wx

class ChoiceFrame(wx.Frame):
    def __init__(self):
        wx.Frame.__init__(self,None,-1,'ListBox&CheckBox Example',
                          size=(240,180))
```

```
        panel=wx.Panel(self,-1)
        weekdayList=['Sunday','Monday','Tuesday','Wednesday','Thursday','Friday','Saturday']
        wx.StaticText(panel,-1,"Select Weekday:",(10,20))
        wx.Choice(panel,-1,(120,18),choices=weekdayList)

if __name__ == '__main__':
    app=wx.PySimpleApp()
    frame=ChoiceFrame()
    frame.Show()
    app.MainLoop()
```

运行结果图 9-25 所示。

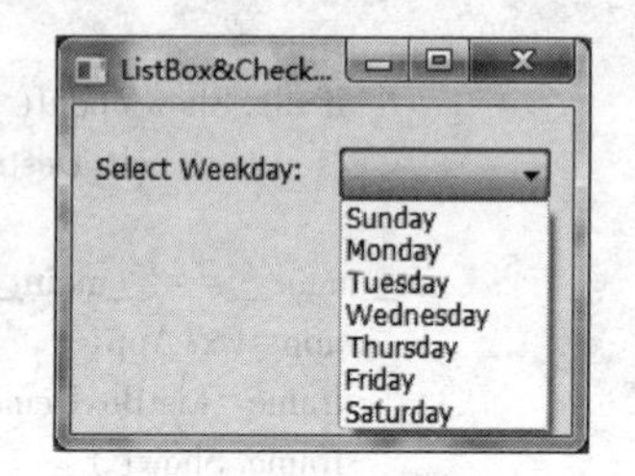

图 9-25 wx. CheckListBox 效果图

10. TreeCtrl

树形（TreeCtrl）控件常用来显示有严格层次关系的数据，可以非常清晰地表示各元素之间的从属关系或层级关系，比如 Windows 资源管理器窗口（见图 9-26）。这种关系的实现可以通过 TreeCtrl 控件完成。

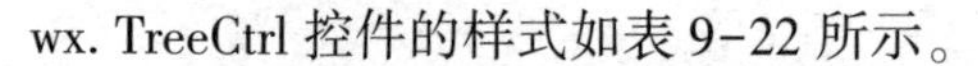

wx. TreeCtrl 控件的样式如表 9-22 所示。

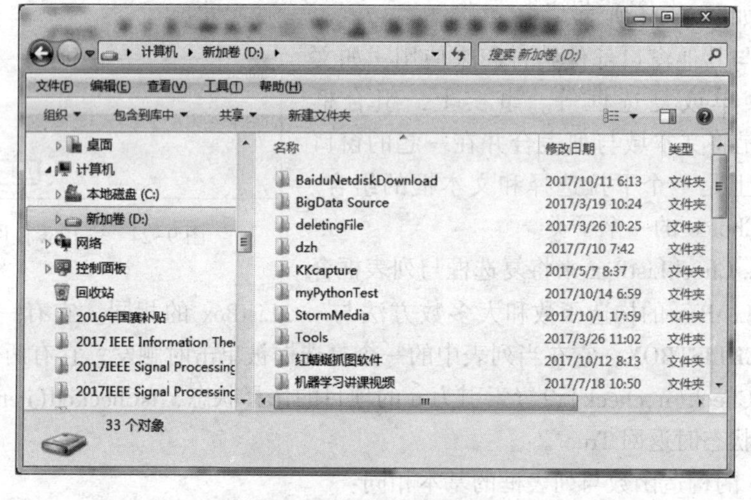

图 9-26 资源管理器窗口

表 9-22 wx. TreeCtrl 控件的样式

样 式	描 述
wx. TR_EDIT_LABELS	可以修改节点标签使用的文字
wx. TR_NO_BUTTONS	在各个节点左边不会显示箭头或者带方框的小加号等按钮，用于标识该节点是否有子节点，该节点是否已经展开等信息
wx. TR_HAS_BUTTONS	与上面一个正好相反，常见使用样式
wx. TR_NO_LINES	不显示左边链接兄弟节点的虚线（vertical level connector）
wx. TR_FULL_ROW_HIGHLIGHT	被选中的节点所在的行高亮显示，在 Windows 下会被忽略，除非同时使用 wx. TR_NO_LINES
wx. TR_LINES_AT_ROOT	显示连接 root 节点的连线，只在使用了 wx. TR_HIDE_ROOT，并且没有使用 wx. TR_NO_LINES 的时候有效

（续）

样　式	描　述
wx. TR_HIDE_ROOT	不显示 root 节点，root 节点的子节点被显示为 root 节点
wx. TR_ROW_LINES	针对选中的行显示一个边框
wx. TR_HAS_VARIABLE_ROW_HEIGHT	设置所有行的行高为自动适应行的内容
wx. TR_SINGLE	只能选中一个节点，默认方式
wx. TR_MULTIPLE	允许选中多个连续节点
wx. TR_EXTENDED	允许选中多个不连续的节点
wx. TR_DEFAULT_STYLE	针对本地系统自动设置为最接近本地显示方案的一组样式

wx. TreeCtrl 当中的所有节点都是通过一个 TreeItemId 来索引的。如何判断被选中的节点是否是叶节点？得到被选中节点的 TreeCtrlId，比如是 a。那么 a. GetLastChild( )将会返回该节点的最后一个子节点的 TreeCtrlId，如果没有子节点，将返回一个无效的 TreeCtrlId。这样，通过检查这个返回的 TreeCtrlId 是否有效就可以知道这个节点是否是叶节点。

wx. TreeCtrl 控件的常用方法和事件分别如表 9-23 和表 9-24 所示。

表 9-23　TreeCtrl 控件常用方法

方　法	功　能
root=tree. AddRoot(string)	增加根节点，返回根节点 ID
child=tree. AppendItem(item. string)	为指定节点增加下级节点，返回新节点 ID
SetItemText(item. string)	设置节点文本
GetItemText( )	返回节点文本
SetItemPyData(item. obj)	设置节点数据
GetItemPyDate(item)	返回指定节点的数据
Expand(item)	展开指定节点，但不展开下级节点
ExpandAll( )	展开所有节点
Collapse(item)	收起指定节点
CollapseAndReset( )	收起指定节点并删除其下级节点
GetRootItem( )	返回根节点 ID
(childID, cookie) = GetFirstChild(item)	返回指定节点的第一个子节点
flag=child. IsOK( )	测试节点 ID 是否有效
(item, cookie) = GetNestChild(item, cookie)	返回同级的下一个节点
GetLastChild(item)	返回指定节点的最后一个子节点
GepPrevSibling(item)	返回同级的上一个节点
GetItemParent(item)	返回指定节点的父节点 ID
ItemHasChildren(item)	测试节点是否有下级节点
SetItemHasChildren(item, True)	将指定节点设置为有下级节点的状态
GetSelection( )	返回单选树中当前被选中节点的 ID
GetSelections( )	返回多选树中所有被选中节点 ID 的列表

（续）

方　法	功　能
SelectItem(item,True/False)	改变节点的选择状态
IsSelected(item)	测试节点是否被选中
Delete(item)	删除指定 ID 的节点
DeleteAllItems()	删除所有节点
DeleteChildren(item)	删除指定 ID 的节点所有下级节点
InsertItem(parent,idPrevious,text)	在指定节点后面插入节点
InsertItemBefore(parent,index,text)	在指定位置之前插入节点

表 9-24　TreeCtrl 控件常用事件

事　件	功　能
wx. EVT_TREE_SEL_CHANGING	控件发生选择变化之前触发该事件
wx. EVT_TREE_SEL_CHANGED	控件发生选择变化之后触发该事件
wx. EVT_TREE_ITEM_COLLAPSING	收起一个节点之前触发该事件
wx. EVT_TREE_ITEM_COLLAPSED	收起一个节点之后触发该事件
wx. EVT_TREE_ITEM_EXPANDING	展开一个节点之前触发该事件
wx. EVT_TREE_ITEM_EXPANDED	展开一个节点之后触发该事件

例 9-12　wxPython 树形控件应用。下面程序演示了树形控件的用法，包括增加根节点、增加子节点。

代码如下：

```
#-*-coding:UTF-8 -*-#
import wx

class TreeCtrlFrame(wx.Frame):
    def __init__(self,superion):
        wx.Frame.__init__(self,parent=superion,title='TreeCtrl DEMO',size=(360,300))
        panel=wx.Panel(self)
        self.tree=wx.TreeCtrl(parent=panel,pos=(15,15),size=(160,200))
        self.inputString=wx.TextCtrl(parent=panel,pos=(190,60),size=(140,20))
        self.buttonAddChild=wx.Button(parent=panel,label='AddChild',pos=(190,130))
        self.Bind(wx.EVT_BUTTON,self.OnButtonAddChild,self.buttonAddChild)
        self.buttonDeleteNode=wx.Button(parent=panel,label='DeleteNode',pos=(190,160))
        self.Bind(wx.EVT_BUTTON,self.OnButtonDeleteNode,self.buttonDeleteNode)
        self.buttonAddRoot=wx.Button(parent=panel,label='AddRoot',pos=(190,190))
        self.Bind(wx.EVT_BUTTON,self.OnButtonAddRoot,self.buttonAddRoot)

    def OnButtonAddChild(self,event):
        itemSeleted=self.tree.GetSelection()
        if not itemSeleted:
            wx.MessageBox('Select a Node first.')
            return
        itemString=self.inputString.GetValue()
        self.tree.AppendItem(itemSeleted,itemString)
```

```
    def OnButtonDeleteNode(self,event):
        itemSelected=self.tree.GetSelection()
        if not itemSelected:
            wx.MessageBox('Select a Node first.')
            return
        self.tree.Delete(itemSelected)

    def OnButtonAddRoot(self,event):
        rootItem=self.tree.GetRootItem()
        if rootItem:
            wx.MessageBox('The tree has already a root.')
        else:
            itemString=self.inputString.GetValue()
            self.tree.AddRoot(itemString)

if __name__=='__main__':
    app=wx.App()
    frame=TreeCtrlFrame(None)
    frame.Show()
    app.MainLoop()
```

运行结果如图 9-27 所示。

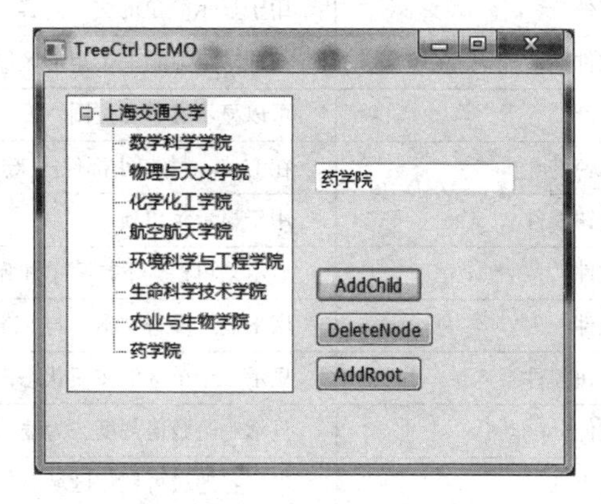

图 9-27　TreeCtrl 控件示例

9.2　Tkinter

Tkinter 是 Python 标准 GUI 模块，Tkinter 内置到 Python 的安装包，安装好 Python 之后就能导入 Tkinter 模块了。Tkinter 可以快速开发 GUI 应用程序，而 IDLE 也是用 Tkinter 编写而成。

运用 Tkinter 模块创建 GUI 程序步骤如下：

（1）导入 Tkinter 模块。

```
Import Tkinter
```

或

```
From Tkinter import *
```

或

```
Import Tkinter as TK
```

(2) 创建根窗口或主窗口。

```
From Tkinter import *
Root=Tk( )
```

(3) 创建控件 (widget)

Tkinter 常见的控件如表 9-25 所示，通过相应的类创建并设置其属性。

```
bt1=Button(root)
bt1["text"]="Create"
```

表 9-25 Tkinter 常见的控件

控 件	名 称	功 能
Button	按钮控件	在程序中显示按钮
Canvas	画布控件	显示图形元素，如线条或文本
Checkbutton	多选框控件	用于在程序中提供多项选择框
Entry	输入控件	用于显示简单的文本内容
Frame	框架控件	在屏幕上显示一个矩形区域，多用来作为容器
Label	标签控件	可以显示文本和位图
Listbox	列表框控件	在 Listbox 窗口小部件用来显示一个字符串列表给用户
Menubutton	菜单按钮控件	用于显示菜单项
Menu	菜单控件	显示菜单栏，下拉菜单和弹出菜单
Message	消息控件	用来显示多行文本，与 label 比较类似
Radiobutton	单选按钮控件	显示一个单选的按钮状态
Scale	范围控件	显示一个数值刻度，为输出限定范围的数字区间
Scrollbar	滚动条控件	当内容超过可视化区域时使用，如列表框
Text	文本控件	用于显示多行文本
Toplevel	容器控件	用来提供一个单独的对话框，和 Frame 比较类似
Spinbox	输入控件	与 Entry 类似，但是可以指定输入范围值
PanedWindow	窗口布局管理插件	可以包含一个或者多个子控件
LabelFrame	简单容器控件	常用与复杂的窗口布局
tkMessageBox	消息框	用于显示应用程序的消息

(4) 显示组件。

初建组件并不可见，通过表 9-25 中 3 种方法显示组件，同时设置组件的布局方式。

```
bt1.pack( )
```

(5) 事件处理。

用户进行单击、双击、右击、拖动等操作会引发事件。将事件和处理程序绑定，当事件发生时，应用会执行绑定程序，从而处理用户的操作。

（6）进入事件循环。

进入事件循环，系统会不断响应用户的操作，直到窗口关闭。

```
Root. mainloop( )
```

（7）窗体。

窗体（Frame）是 Tkinter 的容器组件，可以放置其他组件。一个窗口可以有多个 Frame，一个 Frame 可以放置多个其他组件，通过布局可以实现复杂布局 Frame。

```
frame=Frame(parent,option)
```

其中，parent 为父窗口，option 为选项。

表 9-25 列出的控件各自的属性不完全相同，但有一些共同属性，如表 9-26 所示。

表 9-26　Tkinter 控件共有属性

属　　性	描　　述
Dimension	控件大小
Color	控件颜色
Font	控件字体
Anchor	锚点
Relief	控件样式
Bitmap	位图
Cursor	光标

Tkinter 控件有特定的几何状态管理方法，管理整个控件区域组织，表 9-27 为 Tkinter 公开的几何管理类：包装、网格、位置。

表 9-27　Tkinter 控件几何状态

属　　性	描　　述
pack( )	包装
grid( )	网格
place( )	位置

9.2.1　按钮控件

下列代码生成如图 9-28 所示的运行结果。

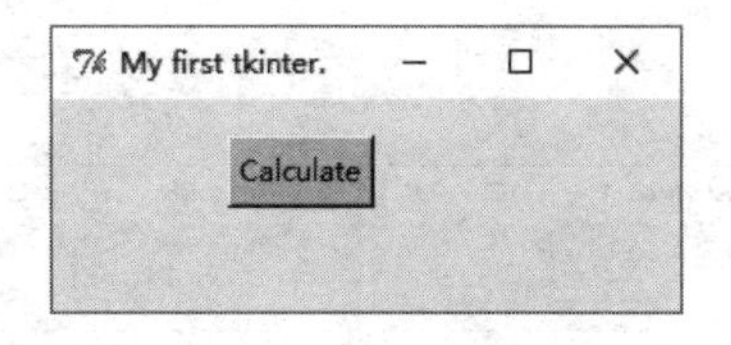

图 9-28　Button 控件示例 1

```
from Tkinter import *
window = Tk()
window.title("My first tkinter.")
btnCalculate = Button(window, text = "Calculate", bg = "light blue")
btnCalculate.grid(padx = 75, pady = 15)
window.mainloop()
```

代码中第 4 行产生一个按钮对象，第 5 行在窗体中显示这个对象，grid 方法控制控件在窗体中的旋转方式，并且周围被空白区域环绕。padx、pady 指定控件左右、上下空白区域的大小（单位为像素）。第 4 行语句左边是为控件指定的名称，一般用每个控件名的前 3 个字母表示控件的类型。右边语句将调用相应控件类型的构造方法并用方法参数列表中（括号中）的值对控件对象属性进行赋值。其中第一个参数为包含该控件对象的窗口（此处为 window）。在参数列表中 text 和 bg 被称为控件属性，前者为标题，后者为背景颜色，默认情况为灰色。默认的按钮将自动适用其标题的宽度，也可以通过 width = n 属性设置。

在上述代码中添加一个名为 changeColor 的函数，同时在构造方法中增加一个额外参数（command = changeColor），这个参数会使得单击鼠标左键事件发生时调用 changeColor 方法（这个方法是伴随事件触发的回调函数，或称为事件处理，这个参数用于绑定这个方法到这个按钮）。表达式 btnCalculate [" fg"] 的值表示按钮标题的颜色。一般来说，表达式 widgetName[" attribute"]的值就是控件相应属性的值，例如，btnCalculate[" text"]的值是字符串“Calculate”。

例 9-13　变换颜色。按钮有两种颜色——前景色（标题的颜色）和背景色（按钮自身的颜色）。默认前景色为黑色，背景色是灰色，然而，这些颜色可以通过 fg 和 bg 参数来改变。下面的程序延续了上述代码，使用事件来改变按钮的前景色。运行程序，然后单击按钮多次。每一次单击触发 changeColor 函数，在蓝色和红色之间切换按钮标题的颜色。

代码如下：

```
from Tkinter import *

def changeColor():
    if btnCalculate["fg"] == "blue":   ##if caption is blue
        btnCalculate["fg"] = "red"     ##change color to red
    else:
        btnCalculate["fg"] = "blue"    ##change color to blue
window = Tk()
window.title("My first tkinter.")
btnCalculate = Button(window, text = "Calculate", fg = "blue", command = changeColor)
btnCalculate.grid(padx = 100, pady = 15)
window.mainloop()
```

运行结果如图 9-29 所示。

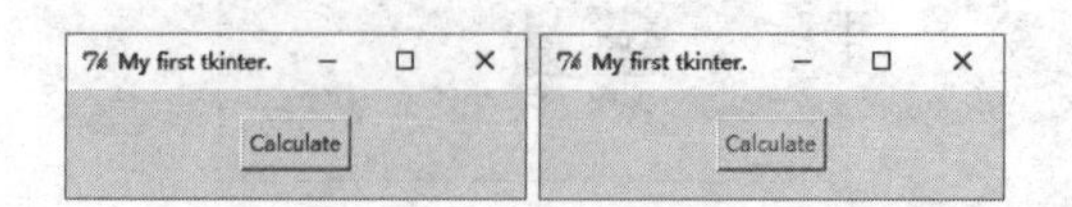

图 9-29　Button 控件示例 2

9.2.2 标签控件

例 9-14 标签示例。演示标签控件（label）的文字内容、大小以及标签颜色。

代码如下：

```
from Tkinter import *

window=Tk()
window.title("Tkinter Label")
lblCollege=Label(window,text="STIEI")
lblCollege.grid(padx=100,pady=15)
window.mainloop()
```

运行结果如图 9-30a 所示。

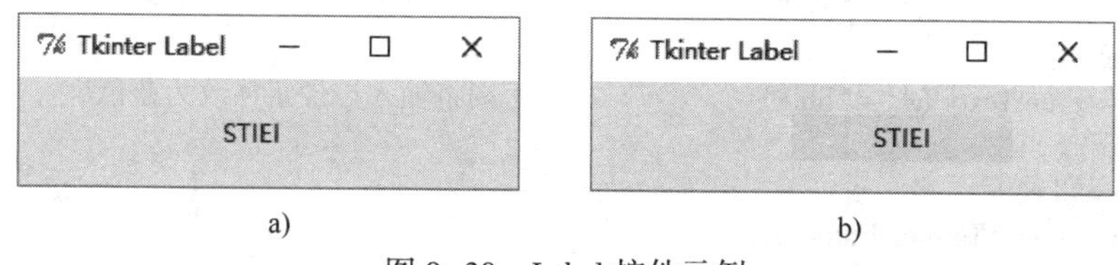

a)　　　　b)

图 9-30　Label 控件示例

用户可以通过标签背景色属性“bg”和宽度属性“width”来设置标签特殊效果，如将上述语句 lblCollege=Label(window,text="STIEI")修改为

```
lblCollege=Label(window,text="STIEI",bg="yellow",width=15)
```

得到图 9-30b 效果。

9.2.3 输入控件

例 9-15 Entry 控件示例。

代码如下：

```
from Tkinter import *

window=Tk( )
window.title("Tkinter Entry")
entText=Entry(window,width=15)
entText.grid(padx=100,pady=15)
window.mainloop( )
```

运行结果如图 9-31 所示。

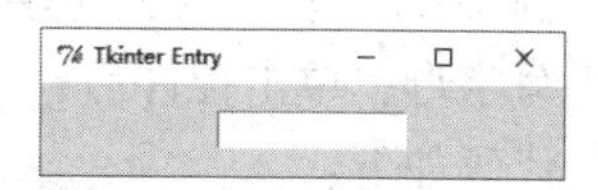

图 9-31　Entry widget 示例

上述代码中设定输入控件宽度为 15 个字符，因而在图 9-31 中，如果输入超过 15 个字符，文本将会向左滚动。用户可以使用通用文本编辑方法，如^C、^V、<HOME>、<END>、<INSERT>等。

输入控件与标签控件不同，输入控件用户可输入也可显示，而标签控件不能输入，只能显示。

输入控件与按钮控件不同，输入控件不能使用 command 参数绑定这个控件到某个事件触发的回调函数，然而可以使用 bind 方法实现这个功能。例如下面语句，可以绑定鼠标右键到输入控件调用指定函数。

```
控件名称.bind("<Button-3>",函数名)
```

例 9-16 变换颜色。这个程序类似例 9-13 的程序。单击 Entry 控件可以输入一些单词，然后单词会以蓝色显示，但是右击控件可以在蓝色和红色之间切换颜色。

代码如下：

```
from Tkinter import *

def changeColor(event):
    if entText['fg']=="blue":              #如果输入控件字体为蓝色
        entText['fg']="red"                #改变为红色
    else:
        entText['fg']="blue"               #否则将输入控件字体改为蓝色

window=Tk()
window.title("Tkinter Entry")
entText=Entry(window,fg="blue",width=15)
entText.grid(padx=100,pady=15)
entText.bind("<Button-3>",changeColor)    #指定右击键作为一个事件

window.mainloop()
```

运行结果如图 9-32 所示。

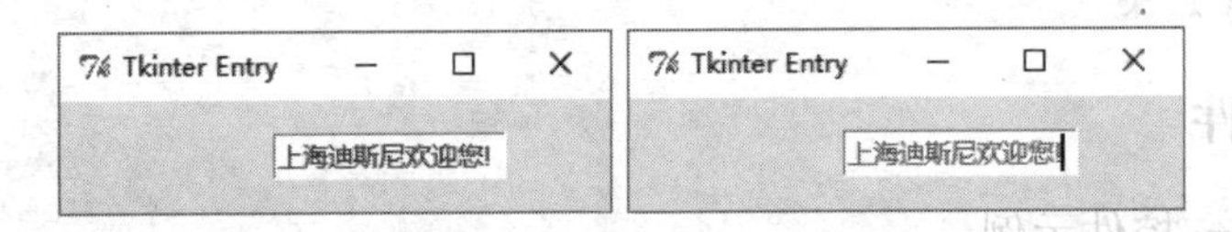

图 9-32　Entry 控件颜色切换示例（右键切换）

从输入框控件提取数据的标准方法是用下面语句创建一个字符串变量：

```
变量名=stringVar( )
```

同时在构造方法中加入一个参数 textvariable=变量名，利用变量名.get( )得到输入框控件中数据，变量名.set(aValue)在输入框控件中设置具体字符和数字。在下面例子中，变量名被命名为 conOfentText，它代表输入框控件的内容。

例 9-17 转换为大写字母。下面代码用到了 get 和 set 方法。运行后，在输入控件中输入小写字母，单击控件后，小写字母转换为大写字母。

代码如下：

```
from Tkinter import *

def convertToUpperCase(event):
    contentOfentryText.set(conOfentryText.get().upper())

window=Tk()
```

```
window.title("Tkinter Entry")
contentOfentryText = StringVar()                           #控件内容
entryText = Entry(window, textVariable = contentOfentryText)
entryText.grid(padx = 100, pady = 15)
entryText.bind("<Button-3>", convertToUpperCase)    #指定右击作为一个事件
window.mainloop()
```

若想输入控件设置为只读，可以通过控件“state”属性设置，例如：

```
state = "readonly"
```

下面代码是显示该属性的应用。

```
from Tkinter import *

window = Tk()
window.title("ReadOnly Entry Widget")
contentOfentryOutput = StringVar()
ententOutput = Entry(window, width = 30, state = "readonly", textvariable = contentOfentryOutput)
entryOutput.grid(padx = 100, pady = 15)
contentOfentryOutput.set("Better City, Better Life")

window.mainloop()
```

运行结果如图 9-33 所示。

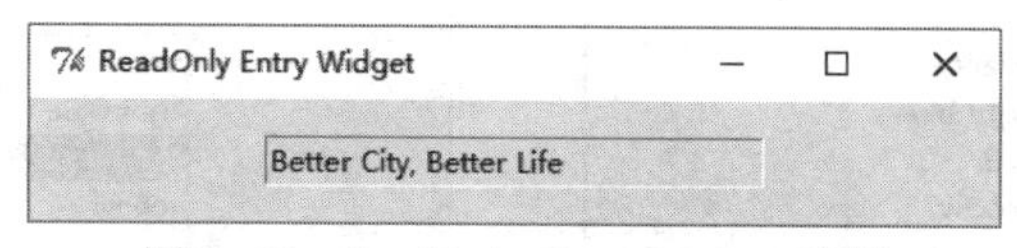

图 9-33　ReadOnly Entry Widget 示例

图 9-33 中输入控件的内容不能修改，显示不同文本的方法是在构造方法中添加 textvariable 属性，通过 set 方法更改属性内容。

9.2.4　列表框控件

例 9-18　列表框控件。下列代码生成一个固定大小的空列表框。

```
from Tkinter import *

window = Tk()
window.title("Listbox Widget")
lstEmpty = Listbox(window, width = 10, height = 20)
lstEmpty.grid(padx = 100, pady = 5)

window.mainloop()
```

运行结果如图 9-34 所示。

图 9-34　ListBox Widget 生成示例

列表框控件中，height 属性设定了列表框一次显示的行数，width 属性设定了每行显示在列表框的字符数。默认 height 和 width 属性值分别为 20 和 10。

向列表框控件设定和提取值方式与操作输入框控件相似。

在实例化列表框控件前，定义 variableName = StringVar（ ），但是要将输入框控件的 textvariable 属性替换为列表框控件的 listvariable 属性。

要设定列表框中的列表项，首先创建一个列表（L），然后执行以下语句：

```
变量名 . set(tuple(L))
```

下面代码将 4 个项目放入一个列表框中。当单击条目时，对应列表项会高亮并包含下画线。

```
from Tkinter import *

window=Tk()
window.title("Listbox Widget Colors")
colorList={"red","yellow","light blue","orange"}
contentOfListColors=StringVar()          #列表框内容
lstColors=Listbox(window,width=10,height=5,listvariable=contentOfListColors)
lstColors.grid(padx=100,pady=5)
contentOfListColors.set(tuple(colorList))

window.mainloop()
```

运行结果如图 9-35 所示。

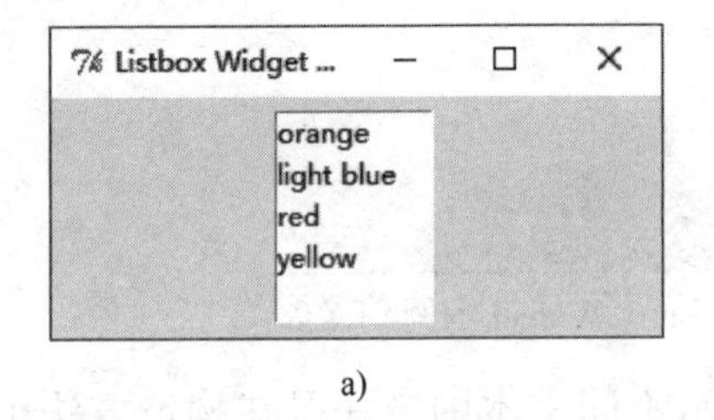

a)

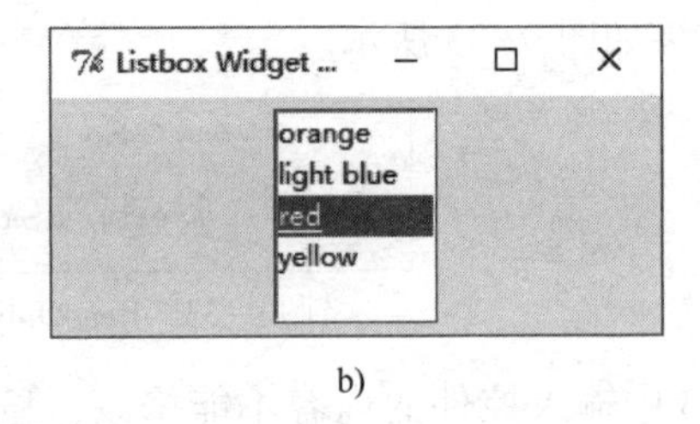

b)

图 9-35　ListBox Widget 选择列表项示例

a）未选择　b）已选择

当用户单击列表框中的某一项时，<ListboxSelect>事件被触发，语句 listboxName. get(listboxName. courselection())将以字符串形式返回被选中的列表项的值。Curselection 方法会确定被选中的列表项。

下面代码可以将所选列表项的背景色改为用户选定的颜色。第 3 行代码获得颜色的名称，然后将其变成背景色。

```
from Tkinter import *

def changBgColor(event):
    lstColors["bg"]=lstColors.get(lstColors.curselection())

window=Tk()
window.title("Listbox Widget Colors")
colorList={"red","yellow","light blue","orange"}
contentOfListColors=StringVar()
lstColors=Listbox(window,width=10,height=5,listvariable=contentOfListColors)
lstColors.grid(padx=100,pady=5)
```

```
contentOfListColors.set(tuple(colorList))
lstColors.bind("<<ListboxSelect>>",changBgColor)

window.mainloop()
```

运行结果如图 9-36 所示。

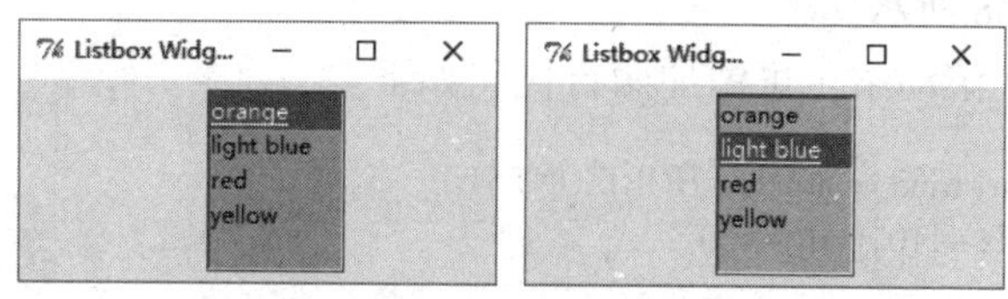

图 9-36 ListBox Widget 背景色切换示例

如果要改变列表框的列表项，使用列表方法改变列表 colorList，然后执行 set 方法。例如使用 sort 方法对列表框中的列表项进行排序。下面代码生成列表，当右击颜色列表框时，程序会对颜色排序。

```
from Tkinter import *

def sortItems(event):
    colorList.sort()
contentOfListColors.set(tuple(colorList))

window=Tk()
window.title("Listbox Widget Colors")
colorList=["red","yellow","light blue","orange"]
contentOfListColors=StringVar()
lstColors=Listbox(window,width=10,height=5,listvariable=contentOfListColors)
lstColors.grid(padx=100,pady=5)
conOflstColors.set(tuple(colorList))
lstColors.bind("<Button-3>",sortItems)

window.mainloop()
```

运行结果如图 9-37 所示。

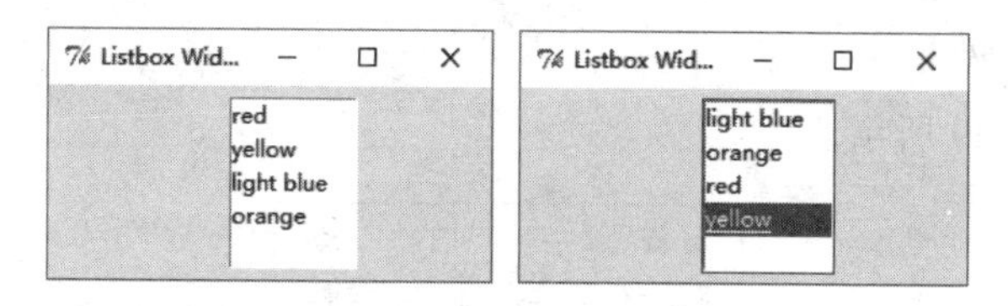

图 9-37 列表项排序示例（左：排序前，右：排序后）

9.2.5 滚动条控件

下面代码生成垂直滚动条：

```
from Tkinter import *

window=Tk()
```

```
window.title("Scrollbar Widget")
vScroll=Scrollbar(window,orient=VERTICAL)
vScroll.grid(padx=110,pady=15)

window.mainloop()
```

运行结果如图 9-38 所示。

如果同时生成水平滚动条，可添加两行代码如下：

```
hScroll=Scrollbar(window,orient=HORIZONTAL)
hScroll.grid(padx=110,pady=15)
```

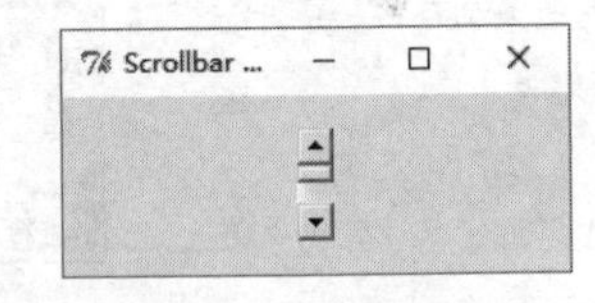

图 9-38　垂直滚动条

提示：

① <Button-1>表示鼠标左键触发，等同于<Button-3>右键触发事件。

② 在例 9-18 中，如果在函数 changeBgColor 的末尾增加语句 lstColors.selection-clear(0, end)，那么被选中项的水平蓝色背景条将不会显示。

③ 标签控件、输入框控件和列表框控件每个控件都有 fg（前景色）和 bg（背景色）属性，但只读输入框控件将忽略 bg 背景色属性的设定。

④ 上述两语句：

```
hScroll=Scrollbar(window,orient=HORIZONTAL)
hScroll.grid(padx=110,pady=15)
```

可以合并成一行：

```
hScroll=Scrollbar(window,orient=HORIZONTAL).grid(padx=110,pady=15)
```

⑤ 在标签控件和按钮控件中，文本可以包含多行。例如：

```
from Tkinter import *

window=Tk()
btn=Button(window,text="push\nme").grid(padx=75)

window.mainloop()
```

运行结果如图 9-39 所示。

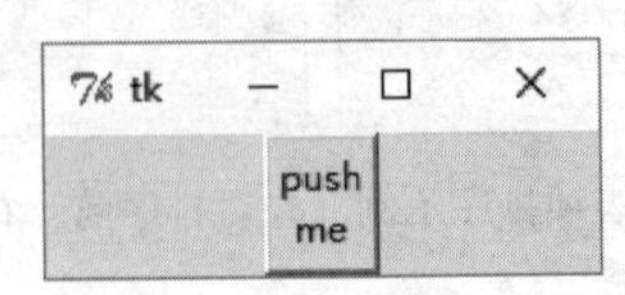

图 9-39　显示两行文本按钮

习题 9

1. 编写一个程序，用列表框控件显示所有 985 高校的名字。

2. 设计一个窗体，并放置一个按钮，单击按钮后弹出颜色对话框，关闭颜色对话框后提示选中的颜色。

3. 编写程序，设计一个计算器。要求窗口有 3 个文本框、5 个按钮，5 个按钮分别为+、-、*、/，//。在前两个文本框中输入数据，单击按钮，在第 3 个文本框中显示相应的计算结果，除数为 0 时，显示"NON"。

4. 编写程序，某成衣店打出"买二赠一"的广告，即买 3 件商品，价格最低的免费。请编写一个 GUI 程序，输入 3 件商品的价格，显示除去价格最低一件商品后，最终需要支付的价格。

5. 设计一个窗体，并放置一个按钮，按钮默认文本为"开始"，单击按钮后文本变为"结束"，再次单击后变为"开始"，循环切换。

6. 编写程序，绘制如下信号图形。

$$y = A\sin(2\pi ft + \varphi_0)$$

其中，A 为振幅，f 为频率，φ_0 为初相位（单位为弧度），t 为时间。要求 4 个参数从 4 个文本框中输入。

第 10 章 数据库编程

随着云计算、大数据和人工智能的发展，数据库技术在各行各业发展迅速，各类高级编程语言都有对应接口。本章在简单介绍数据库基础知识和数据库常用 SQL 操作语句后，重点介绍 SQLite 数据库的 Python 接口，并通过案例演示数据库、数据表的建立，以及数据增加、删除、修改、查询等操作。

10.1 SQLite 数据库

SQLite 是内嵌在 Python 中的轻量级、基于磁盘文件的数据库管理系统，占用的内存、外存和 CPU 资源非常少，不需要服务器进程，处理速度非常快，支持 2 TB 大小的数据库，支持使用 SQL 语句访问数据库，支持 Windows、Linux 和 Android 等主流操作系统，且能很好地与很多程序设计语言结合，已经应用到很多嵌入式产品当中。目前 SQLite3 是 SQLite 的最新版本。如果需要使用可视化管理工具，请下载并使用 SQLiteManager、SQLite Database Browser 或其他类似工具。如果使用 Python 程序读取 SQLite 记录时显示乱码，可以与前面章节一样，尝试使用 UTF-8 编码格式。

SQLite3 中的 SQL 语言具有与普通的计算机语言类似的特征，有自己的数据类型、运算符、语法功能关键词和函数等。

10.1.1 SQLite3 的数据类型、运算符和函数

1. 数据库简介

数据库是存取数据的仓库，它按照某种数据结构来组织、存储和管理数据，可以实现数据共享、减少数据冗余、独立校验数据、实现数据集中管理与控制、保证数据的一致性与有效性、恢复数据等功能。数据库通常分为层次型数据库、网络型数据库和关系型数据库 3 种，关系型数据库是最常见的一种，与之相对应的是非关系数据库，如 NoSQL，又分为键值存储数据库（Key - value）、列存储数据库（Column - oriented）、面向文档数据库（Document-oriented）和图形数据库（Graph-oriented）。

关系型数据库中数据采用二维表的形式存储，如表 10-1 所示。

表 10-1 常用蔬菜营养成分表

编　号	名　称	能量 /kcal	蛋白质 /g	脂肪 /g	胆固醇 /g	维生素 A /μg	维生素 E /μg	纳 /mg	钙 /mg	锌 /mg
001	胡萝卜	37	1	0.2	0	1.1	70.42	71.4	32	0.23
002	萝卜	20	0.8	0.1	0	0.6	42	60	56	0.13
003	竹　笋	19	2.6	0.2	0	1.8	180.05	0.4	9	0.33

每行称为一个记录（或元组），每列称为一个字段（或属性），用字段名标识。可以唯一标识一条记录的字段名称为键（或主码）（key）。键可以有多组，选取用来唯一标识一条记录的键称为主键（或主码）（primary key）。例如表 10-1 中“编号”“名称”都可以称为键，“名称”可以选取为主键。

简单理解数据库、表的概念较好的办法是与 Excel 工作簿、表单对应起来思考。

2. SQLite3 的数据类型

SQLite3 的数据类型包括整数、长整数、浮点数、字符串、文本、大文本、二进制、布尔、日期和时间等数据类型，常见的有整数（INTEGER）、浮点数（REAL）、文本（TEXT）和二进制（BLOB）。其中大文本字段主要用于备注，二进制字段用于存放图片、声音、视频等二进制文件内容等。SQLite 数据类型与 Python 数据类型的对应关系见表 10-2。

表 10-2　SQLite 数据类型与 Python 数据类型对应表

SQLite 数据类型	Python 数据类型	说　明
NULL	None	空值
INTEGER	int	整数
REAL	float	浮点数
TEXT	str	文本
BLOB	bytes	二进制

3. SQLite3 的运算符

SQLite 支持的运算符按优先级由高到低排列如表 10-3 所示。

表 10-3　SQLite 运算符

运　算	运　算　符	功　能	优　先　级
字符串运算	| |	字符串连接	高
算术运算	*、/	乘、除	↓
	%	求余	
	+、—	加、减	
位运算	<<、>>	左移、右移	
	&、|	按位与、按位或	
关系运算	<、<=	小于、小于等于	
	>、>=	大于、大于等于	
	= =	等于	
	! = or <>	不等于	
逻辑运算	IN	逻辑判断字段在集合内	
	AND	逻辑与	
	OR	逻辑或	
	BETWEEN	逻辑之间	
一元运算	!	取否	
	~	取反	
	NOT	逻辑反	低

4. SQLite3 主要函数

SQLite3 提供了求绝对值、字符个数、行数、平均值等函数，具体说明见表 10-4。

表 10-4 SQLite 主要函数

函 数 名	功 能
abs(x)	返回 x 的绝对值
length(x)	返回 x 的长度（字符个数）
round(x)、round(x, n)	将 x 四舍五入，保留小数点后 n 位。若忽略 n，则默认其为 0
substr(x, m, n)	返回输入字符串 x 中从第 m 个字符开始，n 个字符长的子串。x 最左端的字符序号为 1，若 m 为负，则从右端数起
avg(x)	返回一组数据中非空的 x 的浮点型平均值，非数字值作为 0 处理
count(x)、count(*)	返回一组数据中 x 非空值的次数（前）、返回该组数据的行数（不带参数）（后）
max(x)	返回一组数据中的最大值
min(x)	返回一组数据中最小的非空值，当所有值为空时返回 NULL
sum(x)、total(x)	返回一组数据所有非空值的数值和。若没有非空行，sum()返回 NULL，total()返回 0.0。total()返回值为浮点数，sum()可以是整数，当所有非空输入均为整数时和是精确的。若 sum()的任意一个输入既非整数也非 NULL，或计算中产生整数类型的溢出时，sum()返回接近真和的浮点数

10.1.2 SQL 语句

数据库的 SQL 语言的主要语法包括建表、添加数据、删除数据、修改数据、查询数据、建立索引、删除数据表或索引等。

1. 建表

建立新表格式如下：

```
create table table_name[ if not exists] (field1 type1, field2 type1, ...[,primary key (field)]);
```

其中，table_name 是要创建数据表名称，fieldn 是数据表内字段名称，typen 则是字段类型。

例如，建立如表 10-1 所示的数据表。

```
create table agri_prod_info(no Text, name Text, energy REAL, protein REAL, …, primary key (name));
```

2. 添加数据

添加记录到表中格式如下：

```
insert into table_name(field1, field2, ...) values(val1, val2, ...);
```

其中，valn 为需要存入字段的值。

例如，向表 agri_prod_info 添加一个记录：

```
insert into agri_prod_info values(004, '芝麻', 222, 19.1,…);
```

3. 删除数据

删除记录的格式如下：

```
delete from table_name [where expression];
```

不加判断条件则清空表中所有数据记录。

例如，删除 agri_prod_info 表中编号 001 的数据记录：

```
delete from student_info where no=001;
```

4. 修改数据

修改记录的格式如下：

```
update table_name set field1=val1, field2=val2 where expression;
```

where 是 SQL 语句中用于条件判断的命令，expression 为判断表达式。

例如，修改 agri_prod_info 表中编号 001 的数据，将能量值 37 改为 37.5：

```
update agri_prod_info set energy=37.5 where no=001;
```

5. 查询数据

select 指令基本查询格式：

```
select columns from table_name [where expression];
```

（1）查询输出所有数据记录：

```
select * from table_name;
```

（2）限制输出数据记录数量：

```
select * from table_name limit val;
```

（3）升序输出数据记录：

```
select * from table_name order by field asc;
```

（4）降序输出数据记录：

```
select * from table_name order by field desc;
```

（5）条件查询：

```
select * from table_name where expression;
select * from table_name where field in('val1', 'val2', 'val3');
select * from table_name where field between val1 and val2;
```

（6）查询记录数目：

```
select count ( * ) from table_name;
```

例如，按蛋白质升序查询表 agri_prod_info 中记录：

```
select * from agri_prod_info order by protein asc
```

查询表 agri_prod_info 中蛋白质不小于 1 的记录：

```
select * from agri_prod_info where protein>=1
```

6. 建立索引

当数据表存在大量记录，索引有助于加快查找数据表速度。建立索引格式如下：

```
create index index_name on table_name(field);
```

例如，针对 agri_prod_info 表中 name 字段，建立一个索引，索引名为 name_index：

```
create index name_index on agri_prod_info (name);
```

建立完成后，sqlite3 在对该字段查询时，会自动使用该索引。

7. 删除数据表或索引

```
drop table name_index;
drop index agri_prod_info;
```

10.1.3 Python 数据库编程接口（DB API）

SQLite、Access、MySQL、MS SQL Server 等支持 SQL 语言的数据库在 Python 中都有对应的客户端模块。但在提供相同或基本相同的不同模块之间进行切换时存在接口（API）不同的问题，为此 Python 有一个标准的数据库编程接口。

```
>>> import sqlite3                    #导入 SQLite3 模块
>>> dir(sqlite3)                      #查看模块特性
Out:
['Binary', 'Cache', 'Connection'(对象), 'Cursor'(对象), 'DataError'(异常), 'DatabaseError', 'Date',
'Error', 'IntegrityError', 'InterfaceError', 'InternalError', 'NotSupportedError', 'OperationalError', 'PARSE
_COLNAMES', 'PARSE_DECLTYPES', 'PrepareProtocol', 'ProgrammingError', 'Row'(对象), 'SQLITE_
ALTER_TABLE', 'SQLITE_CREATE_TABLE', 'SQLITE_DROP_TABLE', 'SQLITE_ INSERT', 'SQLITE
_SELECT', 'SQLITE_UPDATE'……,'Statement', 'Time', 'TimeFromTicks', 'Timestamp', 'Timestamp-
FromTicks', 'Warning', 'apilevel'(全局变量), 'collections', 'complete_statement', 'connect', 'converters',
'datetime', 'dbapi2', 'paramstyle'(全局变量), 'sqlite_version', 'threadsafety'(全局变量), 'time']
```

1. 全局变量

Python 为了 API 设计灵活，支持不同的底层机制，避免过多包装，所有支持 DB API 2.0 的数据库模块都必须定义好 3 个描述模块特性的全局变量，如表 10-5 所示。

表 10-5 Python DB API 全局变量

变 量 名	含 义
apilevel	API 级别。值为字符串“1.0”或“2.0”，提供正在使用的 API 版本号
treadsafety	线程安全等级，取值范围：0~3。0 表示线程不安全，线程不能共享模块。1 表示线程可以共享模块，但是不能共享连接对象。2 表示线程可以共享模块和连接对象。3 表示线程安全，线程间可以共享模块、连接对象以及游标对象
paramstyle	参数风格。它有值“format”、“pyformat”、“qmark”、“numeric”、“named”

2. 异常

API 定义了一些异常类，以便进行错误处理。这些异常被定义成了一种层次结果，如图 10-1所示。

3. 对象

（1）连接对象 Connection。

Connection 对象主要为了使用底层的数据库系统，连接数据库，其 connect 函数格式：

```
StandardError        #所有异常的泛型基类
+--Warning       #在非致命错误发生时引发
+--Error       #所有错误条件的泛型超类
    +--InterfaceError        #关于接口而非数据库的错误
    +--DatabaseError        #与数据库相关的错误的基类
        +--DataError        #与数据相关的问题，比如值超出范围
        +--OperationalError        #数据库内部操作错误
        +--IntegrityError        #关系完整性受到影响，比如键检查失败
        +--InternalError        #数据库内部错误，比如非法游标
        +--ProgrammingError        #用户编程错误，比如未找到表
        +--NotSupportedError        #请求不支持的特性
```

图 10-1　DB API 中使用的异常

```
squlite3. connect(dsn, user, password, host, database)
```

参数作为关键字其含义如表 10-6 所示，参数类型都为字符串，参数的传递按照上述格式中给定的顺序传递。其中参数的选用取决于底层数据的类型。

表 10-6　connect 函数常用参数

参 数 名	含　义	是 否 可 选
dsn	数据源名称，给出该参数表示数据库	否
user	用户名	是
password	用户密码	是
host	主机名	是
database	数据库名	是

例如，在导入 sqlite3 模块后，访问和操作 SQLite 数据库时，首先需要运用 connect 函数创建一个与数据库关联的 Connection 对象：

```
>>> import sqlite3
>>> conn = sqlite3. connect('myTest. db')
```

这样就成功创建 Connection 对象，在当前目录下可查看到创建了空的数据库 myTest. db（文件大小为 0）。

Connect 函数返回 Connection 对象，表示目前对象和数据的会话开始。Connection 对象支持的方法如表 10-7 所示。

表 10-7　Connection 对象方法

方　法	含　义
create_function(name, num_params, func)	创建可在 SQL 语句中调用的函数，其中 name 为函数名，num_params 表示该函数可以接收的参数个数，func 表示 Python 可调用对象
commit()	提交当前事务，如果不提交，那么自上次调用 commit()方法之后的所有修改都不会真正保存

（续）

方　法	含　义
rollback()	撤销当前事务，将数据库恢复至上次调用 commit 方法后的状态
close()	关闭数据库连接
cursor()	返回连接的游标

提示：rollback 方法并不一定可用，因为不是所有的数据库都支持事务（即一系列动作）。如果可用，那么就可以撤销所有未提交的事务。

commit 方法总是可用的，但如果数据库不支持事务，它就没有任何作用。如果关闭了连接但还有未提交的事务，它们会隐式回滚，但有可能数据不支持回滚，最好的方式是每次关闭连接前进行提交，当然最安全的方法是调用 close 方法。

（2）游标对象 Cursor。

Connection 对象的游标方法引出另一个主题：游标对象 Cursor。执行 SQL 查询语句并检查结果都必须通过游标方法实现。Cursor 对象比 Connection 对象支持更多的方法，而且在程序中更好用。表 10-8、表 10-9 分别给出 Cursor 对象方法和对象特性的描述。

表 10-8　Cursor 对象方法

方　法	描　述
callproc(name[,params])	使用给定的名称和参数（可选）调用已命名的数据库过程
close()	关闭游标
execute(sql[, parameters)	执行一个 SQL 操作，参数可选
executemany(sql. seq_of_parameters)	对序列中的每个参数集执行 SQL 操作
fetchone()	把查询的结果集中的下一行保存为序列，或者 None
fetchmany([size]), size=cursor. arraysize)	获取查询的结果集中的多行，默认尺寸为 arraysize
fetchall()	将所有（剩余）的行作为序列的序列
nextset()	跳至下一个可用的结果集（可选）
setinputsizes(sizes)	为参数预先定义内存区域
setoutputsieze(size[, col])	为获取的大数据值设定缓冲区尺寸

表 10-9　Cursor 对象特性

特　性	描　述
description	结果列描述的序列，只读
rowcount	结果中的行数，只读
arraysize	fetchmany 中返回的行数，默认为 1

应用下面代码：

```
>>> import sqlite3
>>> conn=sqlite3. connect('myTest. db')
```

创建 Connection 对象后，再创建一个 Cursor（游标）对象，并且调用 Cursor 对象的 Execute( )方法来执行 SQL 语句创建数据表以及查询、插入、修改或删除数据库中的数据，例如：

```
>>> cur=conn. cursor( )                    #创建 Cursor 对象
>>> cur. execute('''                       #在 myTest 数据库下创建表 blackmores
    CREATE TABLE blackmores(
      id TEXT   PRIMARY KEY,
      vitaminB1 float,
      vitaminB2 float,
      expiring TEXT
    )
    ''')
```

可以看到，当前目录存在大小为 3 KB 的数据文件。

```
>>> cur. execute("INSERT INTO blackmores VALUES ('271599',7,8,'14/07/18')")
                                    #插入一条记录
>>> conn. commit( )                 #提交当前事务,保存数据
>>> conn. close( )                  #关闭数据库连接
```

如果需要查询表中内容，那么重新创建 Connection 对象和 Cursor 对象之后，可以使用下面的代码来查询：

```
import sqlite3
conn=sqlite3. connect('myTest. db')
cur=conn. cursor( )
for row in c. execute('SELECT * FROM blackmores ORDER BY id'):
    print (row)
```

执行结果：

```
(u'271599', 7.0, 8.0, u'14/07/18')
```

既可以用“conn=sqlite3. connect('myTest. db')”连接数据库并访问，也可以使用内存数据库来提高数据库的访问速度，但不能永久保存，内存数据库名写为"：memory："，请看下例。

例 10-1 在 SQLite3 连接中创建并调用自定义函数。下面代码生成一个字符的 MD5 序列，通过 MD5 序列自定义函数实现，同时演示了内存数据库的使用。

```
import sqlite3
import hashlib

def md5sum(t):
    return hashlib. md5(t). hexdigest( )

con=sqlite3. connect(":memory:")
con. create_function("md5",1,md5sum)
cur=con. cursor( )
cur. execute("select md5(?)",(b"foo",))          #在 SQL 语句中调用自定义函数
print (cur. fetchone( )[0])
```

运行结果:

```
acbd18db4cc2f85cedef654fccc4a4d8
```

例 10-2 execute 方法的示例。下面的代码演示了 execute 方法的用法，以及为 SQL 语句使用问号和命名变量作为占位符传递参数的两种方法。

```
>>> import sqlite3

>>> con=sqlite3.connect(":memory:")
>>> cur=con.cursor()
>>> cur.execute("CREATE TABLE college(col_name,col_addr)")
>>> full_name="Shanghai Technical Institute of Electronic and Information"
>>> full_address="3098,Hongmiao,Fengxian,Shanghai"
>>> cur.execute ("INSERT INTO college VALUES(?,?)",
                (full_name,full_address))                #使用问号作为占位符
>>> cur.execute ("select * from college WHERE col_name=:full_name and col_addr=:full_address",
                {"full_name":full_name,"full_address":full_address})
                                                         #使用命名变量作为占位符
>>> print (cur.fetchone())
```

运行结果:

```
(u'Shanghai Technical Institute of Electronic and Information', u'3098,Hongmiao,Fengxian,Shanghai')
```

例 10-3 Executemany 方法示例。本例演示对所有给定参数执行同一个 SQL 语句，该参数序列可以使用迭代和的生成器的方式产生。

代码如下（迭代方式）:

```
import sqlite3

class Iterchars:
    def __init__(self):
        self.count=ord('a')
    def __iter__(self):
        return self
    def __next__(self):
        if self.count>ord('z'):
            raise StopIteration
        self.count+=1
        return (chr(self.count-1))

con=sqlite3.connect(":memory:")
curs=con.cursor()

curs.execute("create table characters(c)")
theIter=Iterchars()
curs.executemany("insert into characters(c) VALUES (?)",theIter)
curs.execute("select c from characters")
print (cur.fetchall())
```

或使用生成器来产生参数，代码如下:

```
import sqlite3
import string

def char_generator():
    for c in string.ascii_lowercase:
        yield (c,)

con=sqlite3.connect(":memory:")
curs=con.cursor()

curs.execute("create table characters(c)")
curs.executemany("insert into characters(c) VALUES (?)",char_generator())

curs.execute("select c from characters")
print (curs.fetchall())
```

运行结果：

```
[(u'a',), (u'b',), (u'c',), (u'd',), (u'e',), (u'f',), (u'g',), (u'h',), (u'i',), (u'j',),…,
(u'x',), (u'y',), (u'z',)]
```

下面的代码则使用直接创建的序列作为 SQL 语句的参数：

```
import sqlite3

authors=[
    ("Guosheng","Hu"),
    ("He","Huang"),
    ("Xingxing","Wu")
]

con=sqlite3.connect(":memory:")
con.execute("create table author(firstname,lastname)")
con.executemany("insert into author (firstname,lastname) VALUES (?,?)",authors)

for row in con.execute("select firstname,lastname from author"):print (row)
print (con.execute("delete from author").rowcount,"row")
```

运行结果：

```
(u'Guosheng', u'Hu')
(u'He', u'Huang')
(u'Xingxing', u'Wu')
(3, 'row')
```

例 10-4 运用 fetchall 方法用来读取数据另一示例。建库代码如下：

```
import sqlite3

conn=sqlite3.connect("food.db")                                    #建库
cur=conn.cursor()
cur.execute('''CREATE TABLE foodprice(id TEXT PRIMARY KEY, food_name TEXT,price real)''')
                                                                   #建表
cur.execute("insert INTO foodprice VALUES ('0001','sugar',5.60)")  #插入 4 个记录
```

```
cur.execute("insert INTO foodprice VALUES ('0002','pork',12.00)")
cur.execute("insert INTO foodprice VALUES ('0003','beef',35.60)")
cur.execute("insert INTO foodprice VALUES ('0004','seafish',16.20)")

conn.commit()                                                    #提交事务
conn.close()                                                     #关闭库
```

则下面的代码演示了使用 fetchall()读取数据的方法：

```
import sqlite3

conn=sqlite3.connect('food.db')                    #连接库
cur=conn.cursor()          #创建游标
cur.execute('select * from foodprice')             #执行 SQL 语句
allfood=cur.fetchall()                             #提取所有记录
for line in allfood:                               #逐行处理
    for item in line:
        if type(item)!=str:
            s=str(item)
        else :
            s=item
        print (s+'\t')
print ('\n')

conn.close()
```

运行结果：

```
0001 sugar   5.6
0002 pork   12.0
0003 beef   35.6
0004 seafish   16.2
```

（3）对象 Row。

Row 对象简单、实用、有趣，定义了查询数据时返回的行结果集。它是一个元组，表示所有返回的数据，同时支持索引、迭代、格式化、相等判断、计算长度 len()运算。Row 对象 Keys()方法返回列名称的元组。下面通过一个示例来演示 Row 对象的用法，假设依前面建立数据库“food.db”及数据表“foodprice”，那么，可以使用下面的方式来读取其中的数据：

```
>>> conn=sqlite3.connect("food.db")
>>> conn.row_factory=sqlite3.Row
>>> curs=conn.cursor()
>>> curs.execute('select * from foodprice')
Out: <sqlite3.Cursor at 0x525e9e0>
>>> row=curs.fetchone()
>>> type(row)
Out: sqlite3.Row
>>> len(row)
Out: 3
>>> row[2]
Out: 5.6
>>> row.keys()
```

```
Out: ['id', 'food_name', 'price']
>>> for member in row:
...         print(member)
...
0001
sugar
5.6
```

10.2 文本文件数据导入数据库示例

本节主要研究如何将一个文本文件的数据导入到数据库中。数据来源于美国农业部（United States Department of Agriculture，USDA）的农业研究服务（Agriculture Research Services，ARS）机构下营养数据实验室提供研究的数据，可在他们的主页（www.ars.usda.gov/nutrientdata）上单击 USDA National Nutrient Database for Standard Reference 链接查看并下载。数据文件是以普通文本形式（ASCII）保存。本节取 foodgroup.txt 文件中的数据作为学习内容。

foodgroup.txt 文件中的数据每行都有一个数据记录，字段以脱字符(^)进行分割。文本字段包括由波浪号(~)括起来的字符串值，如图 10-1 所示。

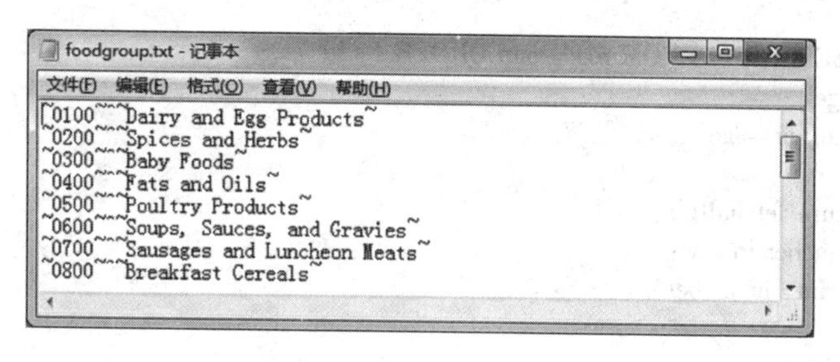

图 10-1　foodgroup.txt ASCII 文件内容

回顾第 4.1.2 节所学的内容，使用 line.split（'^'）可以很容易地将这样一行文字解析为多个字段。如果字段以波浪号开始，它就是个字符串，可以用 field 获取它的内容。对于其他的（数字）字段来讲可以使用 float（field），除非字段是空的。下面具体演示如何把 ASCII 文件中的数据移入到 SQL 数据库中，然后对其进行一些有意思的操作。

1. 创建库并导入数据

代码 10-5 创建名为 foodgroup 的表和适当字段，并且从 foodgroup.txt 文件中读取数据，之后进行分析（使用一个实用函数 convert，将每一行分解为多个字段）。然后通过调用 curs.execute 执行 SQL 的 INSERT 语句将文本字段中的值插入到数据库中。

例 10-5　将数据导入数据库 food.db，表名 foodgroup。

```
import sqlite3

def convert(value):
    if value.startswith('~'):
        return value.strip('~')

conn = sqlite3.connect('food.db')
```

```
curs=conn.cursor()

curs.execute('''CREATE TABLE foodgroup(id text PRIMARY KEY,foodname text)''')

message='Insert into foodgroup VALUES (?,?)'

for line in open('foodgroup.txt'):
    fields=line.split('^')
    vals=[convert(f)for f in fields[:2]]
    curs.execute(message,vals)
```

food.db	2017/3/19 11:08	Data Base Fi...	4 KB
foodgroup.txt	2017/3/16 18:27	文本文档	1 KB

2. 数据库查询操作

使用数据库之前，需要创建连接并且获得该连接的游标。使用 execute 方法执行 SQL 查询，用 fetchall 等方法提取结果。下列代码演示了一个将 SQL SELECT 条件查询作为命令行参数，之后按记录格式打印出返回行的小程序：

```
import sqlite3

conn=sqlite3.connect('food.db')
curs=conn.cursor()

message='SELECT * FROM foodgroup ORDER by id'
print message
curs.execute(message)

for row in curs.fetchall():
    for memeber in row:
        print (memeber)

conn.commit()
conn.close()
```

运行结果：

```
SELECT * FROM foodgroup ORDER by id
0100 Dairy and Egg Products
0200 Spices and Herbs
0300 Baby Foods
0400 Fats and Oils
0500 Poultry Products
0600 Soups, Sauces, and Gravies
0700 Sausages and Luncheon Meats
0800 Breakfast Cereals
....
```

读者可以尝试用 WHERE 条件开展更多查询。

习题 10

1. 简述使用 Python 操作 SQLite 数据库的步骤。

2. 使用 Python 内置函数 dir( ) 查看 Cursor 对象中的方法，并使用内置函数 help( ) 查看其用法。

3. 设计一个数据库“curriculum. db”，在其中建立课程和学生表，课程表包括课程代码、课程名、任课教师和上课地点等字段；学生表包括学号、姓名和班级等字段。然后增加适当的数据，最后进行一些基本查询，如查询课程清单、课程门数、某门课是否存在，学生清单、学生数、某位学生信息是否存在等。

4. 首先使用 Excel 创建一个 365 行 2 列的表格，每行的第一列是 2015 年某日的日期，第二列是该日的星期数。可以先输入两行，如图 10-2 所示，然后通过选取这两行，并往下拖拽直至创建 365 行。接下来保存表格，并命名为 Calendar2019. csv。最后将该文件重命名为 Calendar2019. txt。要求编写一个程序，用户输入 2019 年某日的日期，输出该日的星期数。

	A	B
1	2019/1/1	Tuesday
2	2019/1/2	Wednesday

图 10-2　第 4 题表格

第 11 章　网络编程

Socket 是计算机之间进行网络通信的一套程序接口，在发送端和接收端之间建立了一个管道来实现数据和命令的相互传递，目前已成为网络编程的标准，可以实现跨平台通信。本章主要讲解网络基础知识和相关概念，以及 Python 网络应用程序开发的基本框架，通过案例讲解如何利用 Socket 开发客户端和服务器端通信，如何利用 urllib、urllib2 模块对网页内容进行读取和处理。

11.1　网络基础知识

Socket 是计算机之间进行网络通信的一套程序接口，相当于在发送端和接收端之间建立一个管道来实现数据和命令的相互传递。Python 对 Socket 模块进行了二次封装，支持 Socket 接口的访问。Python 还提供了 urlib 等大量模块可以对网页内容进行读取和处理。用户可以使用 Python 语言编写 CGI 程序，也可以把 Python 代码嵌入到网页中运行。

11.1.1　网络体系结构

目前较为主流的网络体系结构是 ISO/OSI（Open System interconnection/International Standards Organization）参考模型和 TCP/IP 协议族。

两种体系结构都采用了分层设计和实现的方式，如表 11-1、表 11-2 所示。

表 11-1　ISO/OSI 模型

分　层	功　能	协　议	硬　件
应用层	直接面向用户的程序或服务，包括系统程序和用户程序，例如 WWW、FTP、DNS、SSH、HTTP、DHCP、HTTPS、POP3 和 SMTP 等都是应用层服务	应用层有 DP8649（公共应用服务元素），DP8650（公共应用服务元素协议）	主机
表示层	解释通信数据的意义，如代码转换、格式变换等，使不同的终端可以表示。 还包括加密与解密、压缩与解压缩等。异种机通信提供一种公共语言，以便能进行互操作。这种类型的服务之所以需要，是因为不同的计算机体系结构使用的数据表示法不同。例如，IBM 主机使用 EBCDIC 编码，而大部分 PC 机使用的是 ASCII 码。在这种情况下，便需要会话层来完成这种转换	DP8822，DP8823，DIS6937/2 等一系列标准	主机
会话层	通过会话进行身份验证、会话管理和确定通信方式	会话层的主要标准有 DIS8236（会话服务定义）和 DIS8237（会话协议规范）	主机
传输层	提供端到端的服务。可以实现流量控制、负载均衡	TCP 和 UDP	主机
网络层	管理连接方式和路由选择	IP（网际协议）、ICMP（Internet 互联网控制报文协议）以及 IGMP（Internet 组管理协议）	路由器、三层交换机

（续）

分　层	功　能	协　议	硬　件
数据链路层	屏蔽传输介质的物理特征，使数据可靠传送 内容包括介质访问控制、连接控制、顺序控制、流量控制、差错控制和仲裁协议等	面向字符的通信协议（PPP）和面向位的通信协议（HDLC）。 仲裁协议：802.3、802.4、802.5，即 CSMA/CD（Carrier Sense Multiple Access with Collision Detection）、Token Bus、Token Ring	链路层数据单位是帧，实现对 MAC 地址的访问，典型设备是交换机 Switch
物理层	物理层为设备之间的数据通信提供传输媒体及互连设备，为数据传输提供可靠的环境。机械性能：接口的形状、尺寸的大小、引脚的数目和排列方式等 电气性能：接口规定信号的电压、电流、阻抗、波形、速率及平衡特性等 工程规范：接口引脚的意义、特性、标准 工作方式：确定数据位流的传输方式，如单工、半双工或全双工	RS232，RS422，RS423，RS485、X.25、X.21	数据单位是位（bit），典型设备是集线器 HUB 同轴电缆、T 型接、插头，接收器，发送器，中继器

表 11-2　TCP/IP 模型

分　层	功　能
应用层	将 OSI 参考模型中的会话层和表示层的功能合并到应用层实现 应用层面向不同的网络应用引入了不同的应用层协议
传输层	使源端主机和目标端主机上的对等实体可以进行会话
网络层	整个 TCP/IP 协议栈的核心。它的功能是把分组发往目标网络或主机。同时，为了尽快地发送分组，可能需要沿不同的路径同时进行分组传递。因此，分组到达的顺序和发送的顺序可能不同，这就需要上层必须对分组进行排序
链路层	供给其上层即网络互连层一个访问接口，以便在其上传递 IP 分组

TCP/IP 模型层次结构与协议如图 11-1 所示。

<table>
<tr><td>应用层</td><td colspan="3">FTP、TELNET、HTTP</td><td>SNMP、TFTP、NTP</td></tr>
<tr><td>传输层</td><td colspan="3">TCP</td><td>UDP</td></tr>
<tr><td>网络层</td><td colspan="4">IP</td></tr>
<tr><td rowspan="2">链路层</td><td rowspan="2">以太网</td><td rowspan="2">令牌环网</td><td>802.2</td><td>HDLC、PPP、FRAME-RELAY</td></tr>
<tr><td>802.3</td><td>EIA/TIA-232、449、V.35、V.21</td></tr>
</table>

图 11-1　TCP/IP 参考模型的层次结构

11.1.2　网络协议

网络协议是计算机网络中进行数据交换而建立的规则、标准或约定的集合。网络协议的三要素分别为语义、语法和时序。简言之，语义表示要做什么，语法表示要怎么做，时序规定了各种事件出现的顺序。如表 11-3 所示。

表 11-3　协议功能

要　素	功　能
语义	对协议元素的含义进行解释，不同类型的协议元素所规定的语义是不同的。例如需要发出何种控制信息、完成何种动作及得到的响应等
语法	将若干个协议元素和数据组合在一起用来表达一个完整的内容所应遵循的格式，也就是对信息的数据结构做一种规定。例如用户数据与控制信息的结构与格式等
时序	对事件实现顺序的详细说明。例如在双方进行通信时，发送点发出一个数据报文，如果目标点正确收到，则回答源点接收正确；若接收到错误的信息，则要求源点重发一次

11.1.3　应用层协议

应用层协议直接与最终用户进行交互，定义了运行在不同终端系统上的应用程序进程如何相互传递报文。表 11-4 列出了 6 种常见的应用层协议。

表 11-4　应用层协议与功能

协　议	功　能
DNS	域名服务，用来实现域名与 IP 地址的转换
FTP	文件传输协议，可以通过网络在不同平台之间实现文件的传输
HTTP	超文本传输协议
SMTP	简单邮件传输协议
ARP	地址解析协议，实现 IP 地址与 MAC 地址的转换
TELNET	远程登录协议

11.1.4　传输层协议

在传输层主要运行着 TCP 和 UDP 两种协议，其中 TCP 是面向连接的、具有质量保证的可靠传输协议，但开销较大；UDP 是尽最大能力传输的无连接协议，开销小，常用于视频在线点播（Video On Demand，VOD）之类的应用。TCP 和 UDP 并没有优劣之分，仅仅是适用场合不同。在传输层，使用端口号来标识和区分具体的应用层进程，每当创建一个应用层网络进程时系统就会自动分配一个端口号与之关联，是实现网络上端到端通信的重要基础。

因特网公认端口号（Well-Known Ports）范围从 0 到 1023，这些端口号一般固定分配给一些服务，如 21 端口分配给 FTP 文件传输协议服务，25 端口分配给 SMTP（简单邮件传输协议）服务，80 端口分配给 HTTP 服务，135 端口分配给 RPC（远程过程调用）服务等。用户编写的网络程序中，一般建议将端口设定为 1024~65535 的整数，以免与标准协议的约定端口冲突。

11.1.5　IP 地址

IP 运行于网络体系结构的网络层，是网络互连的重要基础。IP 地址（32 位或 128 位）用来标识网络上的主机，在公开网络上或同一个局域网内部，每台主机都必须使用不同的 IP 地址；而由于网络地址转换（Network Address Translation，NAT）和代理服务器等技术的广泛应用，不同内网之间的主机 IP 地址可以相同并且可以互不影响地正常工作。IP 地址与端口号共同来标识网络上特定主机上的特定应用进程。

11.1.6 MAC 地址

MAC 地址即网卡地址或物理地址，是一个 48 位的二进制数，用来标识不同的网卡物理地址。本机的 IP 地址和 MAC 地址可以在命令提示符窗口中使用 ipconfig/all 命令查看，如图 11-2 所示。也可以通过下列代码获得 IP 地址和 MAC 地址：

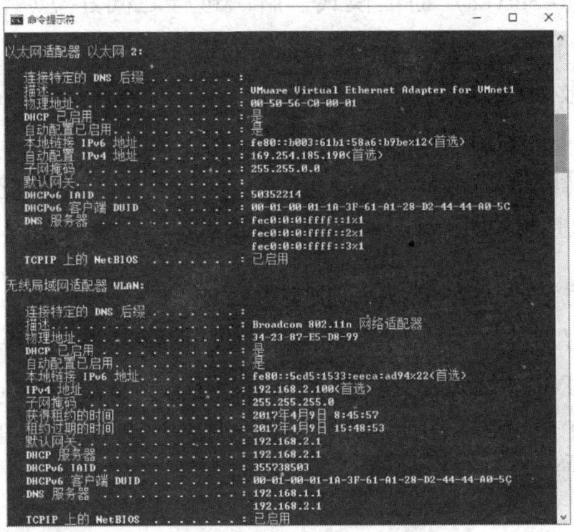

图 11-2　主机的 IP 地址和 MAC 地址

```
import socket
import uuid

ip=socket.gethostbyname(socket.gethostname())
node=uuid.getnode()
macHex=uuid.UUID(int=node).hex[-12:]
mac=[]
fori in range(len(macHex))[::2]:
    mac.append(macHex[i:i+2])
mac=':'.join(mac)
print 'hostname:'+socket.gethostname()
print 'IP: '+ip
print 'MAC: '+mac
```

运行结果：

```
hostname:test-PC
IP: 192.168.8.100
MAC: c8:d3:ff:78:71:13
```

以上程序应用到了 Socket 模块，它是网络编程中的一个基本组件。Socket 是两个端点的程序之间的信息通道，分布在不同计算机上，程序通过套接字相互发送信息。下面详细介绍 Socket 编程方法。

11.2 Socket 模块

Socket 英文意思是“孔”或“插座”，通信术语为“套接字”。当网络上两个程序通过一个双向的网络连接交换数据时，每端称为一个 Socket。系统为每个 Socket 分配一个本地唯一的 Socket 号，每个 Socket 都有一组相关的协议、本地 IP 地址和本地端口。Socket 可以解决客户端/服务器（Client/Server）通信模式，解决进程之间建立通信连接问题。

Client 和 Server 各自有自己的端口，IP 地址与主机相关联，端口与进程相关联。例如网络上主机一般运行多个服务软件来同时提供多种服务，每种服务都需要打开一个 Socket，并绑定到一个端口上，不同的端口支持不同的服务。

Socket 通过函数方式设计实现网络通信功能。在进行网络通信之前，需要通过 Socket 初始化函数指定 Socket 类型以建立 Socket 对象，其格式：

```
int socket(family, type[, protocol])        #创建 Socket 对象
```

其中：参数 family 为 socket.AF_INET 表示 IPv4，socket.AF_INET6 表示 IPv6；参数 type 为 SOCK_STREAM 表示 TCP，SOCK_DGRAM 表示 UDP；参数 protocol 为指定协议，常用协议有 IPPROTO_TCP、IPPROTO_UDP、IPPROTO_STCP、IPPROTO_TIPC 等，分别对应 TCP、UDP、STCP、TIPC 传输协议。

提示：

① type 和 protocol 不可以随意组合，如 SOCK_STREAM 不可以跟 IPPROTO_UDP 组合。参数 protocol 一般可以省略，默认值为 0，当第三个参数为 0 时，会自动选择第二个参数类型对应的默认协议。

② Windows Socket 下 protocol 参数中不存在 IPPROTO_STCP。

返回值：如果调用成功就返回新创建的套接字描述符，如果失败就返回 INVALID_SOCKET（Linux 下失败返回-1）。

Socket 模块常用函数如表 11-5~表 11-7 所示。

表 11-5 服务器端的 socket 函数（s 为 socket 对象）

函数名	功能
s.bind(address)	将套接字绑定到地址，在 AF_INET 下以元组（host，port）的形式表示地址
s.listen(backlog)	开始监听 TCP 传入连接。backlog 指定在拒绝连接之前，操作系统可以挂起的最大连接数量。该值至少为 1，大部分应用程序设为 5 就可以了
s.accept()	接受 TCP 连接并返回（conn，address）。其中，conn 是新的套接字对象，可以用来接收和发送数据；address 是连接客户端的地址

表 11-6 服务器端的 socket 函数（s 为 socket 对象）

函数名	功能
s.connect(address)	连接到 address 处的套接字。一般 address 的格式为元组（hostname，port），如果连接出错，返回 socket.error 错误
s.connect_ex(addr)	功能与 connect（address）相同，但是成功返回 0，失败返回 error 的值

表 11-7　公共 socket 函数（s 为 socket 对象）

函 数 名	功　能
s. recv(bufsize[,flag])	接受 TCP 套接字的数据。数据以字符串形式返回，bufsize 指定要接收的最大数据量。flag 提供有关消息的其他信息，通常可以忽略
s. send(string[,flag])	发送 TCP 数据。将 string 中的数据发送到连接的套接字。返回值是要发送的字节数量，该数量可能小于 string 的字节大小
s. sendall(string[,flag])	完整发送 TCP 数据。将 string 中的数据发送到连接的套接字，但在返回之前会尝试发送所有数据。成功返回 None，失败则抛出异常
s. recvfrom(bufsize[. flag])	接受 UDP 套接字的数据。与 recv()类似，但返回值是（data，address）。其中 data 是包含接收数据的字符串，address 是发送数据的套接字地址
s. sendto(string[,flag],address)	发送 UDP 数据。将数据发送到套接字，address 是形式为（ipaddr，port）的元组，指定远程地址。返回值是发送的字节数
s. getpeername()	返回连接套接字的远程地址。返回值通常是元组（ipaddr，port）
s. getsockname()	返回套接字自己的地址。通常是一个元组（ipaddr，port）
s. setsockopt(level,optname,value)	设置给定套接字选项的值
s. getsockopt(level,optname[. buflen])	返回套接字选项的值
s. settimeout(timeout)	设置套接字操作的超时期，timeout 是一个浮点数，单位是秒。值为 None 表示没有超时期。一般，超时期应该在刚创建套接字时设置，因为它们可能用于连接的操作（如 connect()）
s. gettimeout()	返回当前超时期的值，单位是秒，如果没有设置超时期，则返回 None
s. fileno()	返回套接字的文件描述符
s. setblocking(flag)	如果 flag 为 0，则将套接字设为非阻塞模式，否则将套接字设为阻塞模式（默认值）。非阻塞模式下，如果调用 recv()没有发现任何数据，或 send()调用无法立即发送数据，那么将引起 socket. error 异常
s. makefile()	创建一个与该套接字相关连的文件
s. close()	关闭套接字

11.3　UDP 和 TCP 编程

UDP 和 TCP 是网络体结构中传输层运行的两大重要协议，其中 TCP 适用于对效率要求相对低而对准确性要求相对高的场合，例如文件传输、电子邮件等；而 UDP 适用于对效率要求相对高，对准确性要求相对低的场合，例如视频在线点播、视频会议、微信通话等。在 Python 中，主要使用 Socket 模块来支持 TCP 和 UDP 编程。

11.3.1　UDP 编程

UDP 属于无连接协议，在 UDP 编程中不需要首先建立连接，而是直接向接收方发送信息。下面通过一个示例简单解析如何使用 UDP 进行网络通信。

例 11-1　UDP 通信程序。发送端发送一个字符串，假设接收端在本机 5000 端口进行监听，并显示接收的内容，如果收到字符串“bye”（忽略大小写）则结束监听。

发送端代码：

```
import socket                                                          #导入 Socket 模块
import sys                                                             #导入 sys 模块

s=socket.socket(socket.AF_INET,socket.SOCK_DGRAM)                     #创建 UDP Socket
s.sendto(sys.argv[1].encode(),("169.254.185.190",5000))              #向接收端的端口号发送信息

s.close()                                                              #关闭发送端的 Socket
```

接收端代码：

```
import socket                                                          #导入 Socket 模块

c=socket.socket(socket.AF_INET,socket.SOCK_DGRAM)                     #创建接收端的 Socket
c.bind(('169.254.185.190',5001))                                      #socket 绑定主机的端口号
while True:
    data, addr=c.recvfrom(1024)                                       #接收发送端信息并显示
    print ('received message:{0} from PORT {1} on {2}'.format(data.decode(), addr[1],addr[0]))
    if data.decode().lower()=='bye':                                  #如果收到'bye'则退出
        break

c.close()
```

运行结果如图 11-3、图 11-4 所示。

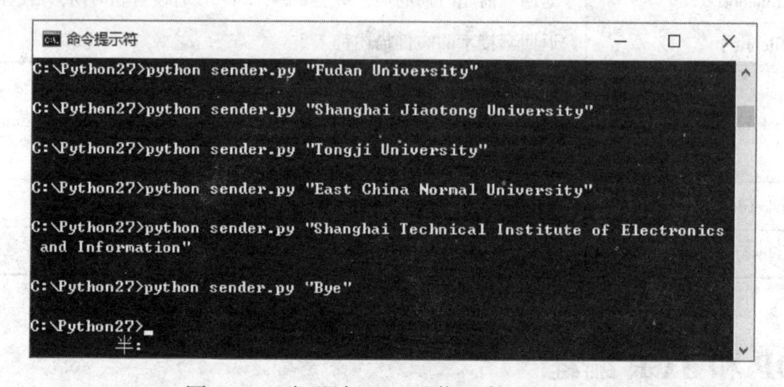

图 11-3　发送端 UDP 通信程序运行结果

```
命令提示符
C:\Python27>python receiver.py
received message:Fudan University from PORT 52190 on 169.254.185.190
received message:Shanghai Jiaotong University from PORT 52191 on 169.254.185.190

received message:Tongji University from PORT 63277 on 169.254.185.190
received message:East China Normal University from PORT 52372 on 169.254.185.190

received message:Shanghai Technical Institute of Electronics and Information fro
m PORT 49675 on 169.254.185.190
received message:Bye from PORT 49676 on 169.254.185.190

C:\Python27>
C:\Python27>
```

图 11-4　接收端 UDP 通信程序运行结果

提示：

① 如果运行程序时，出现图 11-5 的警告信息，可以选择允许访问或者关闭 Windows 防火墙即可。

图 11-5　Windows 防火墙提示信息

② 启动一个命令提示符环境并运行接收端程序，这时接收端程序处于阻塞状态，接下来再启动一个新的命令提示符环境并运行发送端程序，此时会看到接收端程序继续运行并显示接收到的信息，以及发送端程序所在计算机 IP 地址和占用的端口号。当发送端发送字符串“Bye”后，接收端程序结束，此后再次运行发送端程序时接收端没有任何反应，但发送端程序并不报错。这正是 UDP 的特点，即尽最大努力传输，并不保证非常好的服务质量。

11.3.2　TCP 编程

下面简单介绍 Socket 编程思路和流程。

1. TCP 服务端

（1）创建服务器端套接字（以 s 表示），绑定套接字到本地 IP 与端口：

```
socket.socket(socket.AF_INET,socket.SOCK_STREAM)
s.bind()
```

（2）监听客户端连接：

```
s.listen()
```

（3）等待接收客户端的 Socket 连接套接字以 c 表示，进入循环，不断接受客户端的连接请求：

```
s.accept()
```

（4）接收传来的数据，并发送给对方数据：

```
s.recv()
s.sendall()
```

（5）传输完毕后，关闭所接收的客户端 Socket 和服务器端 Socket：

```
c. close()
s. close()
```

2. TCP 客户端

（1）创建客户端套接字，连接远端服务器 Socket 上（与服务器地址 IP、端口号连接）：

```
socket. socket(socket. AF_INET,socket. SOCK_STREAM)
c. connect()
```

（2）连接后发送数据到服务器上和接收服务器数据：

```
s. sendall()
s. recv()
```

（3）传输完毕后，关闭客户端 Socket，服务器端未必退出：

```
c. close()
```

客户端与服务器 Socket 通信流程如图 11-6 所示。

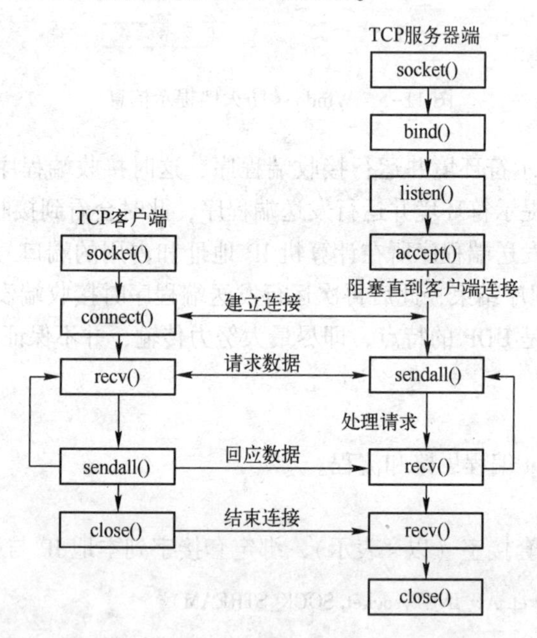

图 11-6　客户端与服务器 Socket 通信流程

例 11-2　TCP 通信编程。下面代码实现了 TCP 服务器和客户端的网络通信程序设计。服务端代码：

```
import socket                                                    #导入 Socket 模块

words = {'how are you? ':'Fine,thank you. ','how old are you? ':'38','how many people in your team? ':'6
', 'what is your name? ':'hu guosheng','what do you work? ':'SDIBT','bye':'Bye'}
HOST='127. 0. 0. 1'                                              #服务器 IP 地址
PORT=50007                                                       #端口号
s=socket. socket(socket. AF_INET,socket. SOCK_STREAM)            #建立 TCP Socket
s. bind((HOST,PORT))                                             #绑定主机和端口号
s. listen(1)                                                     #监听最大连接数为 1
```

```
    print ('Listening at port: ',PORT)
    c. addr=s. accept()                                    #等待与接收客户端 Socket
    print ('Connected by ',addr)
    while True:
        data=c. recv(1024)                                 #接收客户端发送的信息
        data=data. decode()
        if not data:
            break
        print ('Received message: ',data)
        c. sendall(words. get(data,'Nothing'). encode())   #向客户端发送信息

    c. close()                                             #关闭客户端 Socket
    s. close()                                             #关闭服务器 Socket
```

客户端代码：

```
    import socket
    import sys

    HOST='127. 0. 0. 1'                                      #服务器 IP 地址
    PORT=50007                                               #端口号
    c=socket. socket(socket. AF_INET,socket. SOCK_STREAM)    #建立 TCP socket
    try :
        c. connect((HOST,PORT))                              #连接到服务器 Socket
    except Exception as e:
        print ('Server not found or not open')
        sys. exit()
    while True:
        str=input('Input the content you want to send: ')
        s. sendall(str. encode())                            #向服务器发送信息
        data=s. recv(1024)                                   #接受服务器发送的信息
        data=data. decode()
        print ('Received: ',data)
        if c. lower()= ='bye':
            break

    c. close()                                               #关闭客户端 Socket
```

运行结果如图 11-7、图 11-8 所示。

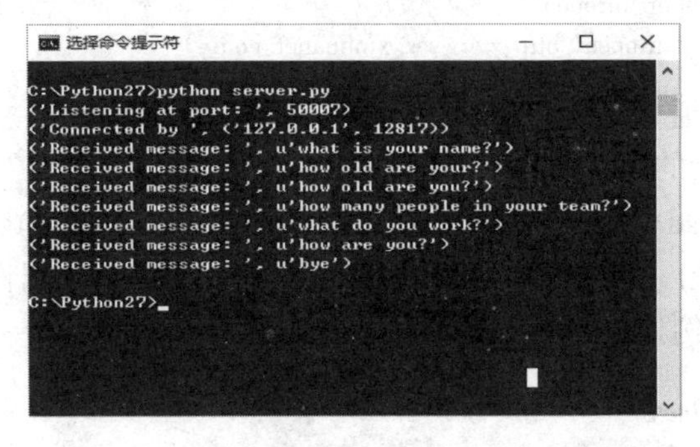

图 11-7　TCP 通信程序运行结果（服务器端）

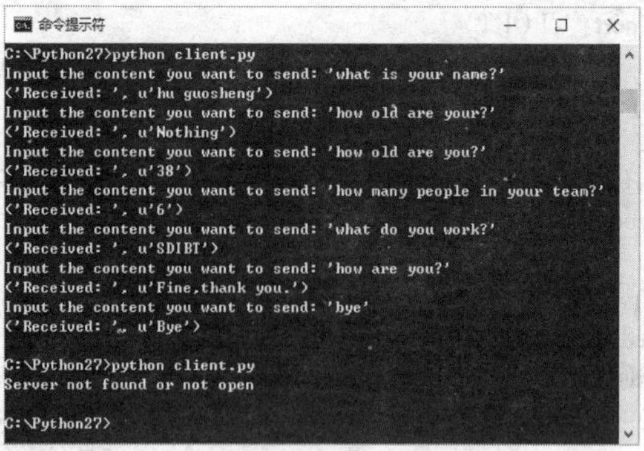

```
C:\Python27>python client.py
Input the content you want to send: 'what is your name?'
('Received: ', u'hu guosheng')
Input the content you want to send: 'how old are your?'
('Received: ', u'Nothing')
Input the content you want to send: 'how old are you?'
('Received: ', u'38')
Input the content you want to send: 'how many people in your team?'
('Received: ', u'6')
Input the content you want to send: 'what do you work?'
('Received: ', u'SDIBT')
Input the content you want to send: 'how are you?'
('Received: ', u'Fine,thank you.')
Input the content you want to send: 'bye'
('Received: ', u'Bye')

C:\Python27>python client.py
Server not found or not open

C:\Python27>
```

图 11-8　TCP 通信程序运行结果（客户端）

提示：服务端每次都在固定的端口监听，而客户端每次建立连接时可能会使用不同的端口，因而再次运行客户端程序时出现以下找不到服务器的信息：

```
C:\Python27>python client. py
Server not found or not open
```

11.4　urllib 和 urllib2 模块

Python 网络通信编程模块除了 Socket 模块外，还有两个功能强大的模块：urllib 模块和 urllib2 模块。通过两个模块在网络上访问文件，就如同在本地机上读取文件一样，非常简单。如果将它们与 re 模块结合使用就可以下载任何 URL 所指向的 Web 页面，提取信息并自动生成报告等。

两个模块功能相似，但 urllib2 更强些。如果只使用简单的下载，urllib 就足够了。如果需要使用 HTTP 验证或 cookie，或者要为自己的协议编写扩展程序的话，那么 urllib2 是较好的选择。

1. 访问网页

urllib 模块可以实现在因特网上使用只读模式访问网页。使用 urllib 模块的 urlopen 函数，而不是 open（或 file）：

```
>>> from urllib import urlopen
>>> visitWebpage=urlopen('http:// www. xinhuanet. com ')
```

如果网络是连通状态，变量 visitWebpage 此时包含一个链接到 http:// www. xinhuanet. com 网页的类文件对象。

该类文件对象有 read(size)、readline(size)、readlines(sizehint)、close()、getcode()、geturl()、info()、next()、fileno()方法和 headers、fp、code、url 属性。使用 read()方法就可以访问网页的内容。例如：

```
>>> print visitWebpage. read()
<html>
<head>
<meta http-equiv="Content-Type" content="text/html; charset=utf-8" /><meta name="publishid"
```

```
content="1192641.0.2.0"/>
<meta property="fb:pages" content="338109312883186" />
<meta http-equiv="X-UA-Compatible" content="IE=Edge,chrome=1" />
<script src="http://www.xinhuanet.com/global/js/pageCore.js"></script>
<title>新华网_让新闻离你更近</title>
<meta name="keywords" content="新闻中心,时政,人事任免,国际,地方,华人,军事,图片,财经,政权,股票,房产,汽车,体育,奥运,法治,廉政,社会,科技,互联网,教育,文娱,电视剧,电影,视频,访谈,直播,专题" />……</html>
```

提示：urlopen()也可以打开并访问本地的文件，比如 D:\myPythonTest\foodgroup.txt 文件。例如：

```
>>> visitFile=urlopen('file:D:\\myPythonTest\\foodgroup.txt')
>>> print visitFile.read()
~0100~^~Dairy and Egg Products~
~0200~^~Spices and Herbs~
…
```

下面代码提取网页头、访问状态和网页内容信息：

```
>>> from urllib import urlopen
>>> visitWebpage=urlopen("http://www.stiei.edu.cn")
>>> print("http: header:",visitWebpage.info())
('http: header:', <httplib.HTTPMessage instance at 0x0339DC88>)
>>> print("http status:",visitWebpage.getcode())
('http status:', 200)
>>> print("url:",visitWebpage.geturl())
('url:', 'http://www.stiei.edu.cn')
>>> i=0
>>> print("Webpage Content:")
Webpage Content:
>>> for line in visitWebpage.readlines():
...        print(line)
...        i=i+1
...        if i>10:
...              break
...
<html>
<head>
<meta http-equiv="Content-Type" content="text/html; charset=UTF-8">
<meta http-equiv="X-UA-Compatible" content="IE=7" />
<title>上海电子信息职业技术学院</title>
<style type="text/css" title="defaultStyle">
…
```

2. 保存网页

urlretrieve()函数可以进行远程数据下载文件并在本地存在一个文件的副本，格式：

```
turple urllib.urlretrieve(url,[filename,[reporthook,[data])
```

其中，参数的含义见表 11-8。

表 11-8 urlretrieve 函数参数

参　　数	描　　述
url	远程网址
filename	保存到本地文件路径，如果未指定，urllib 会自动生成一个临时文件来保存数据
reporthook	回调函数，当连接上服务器并且相应的数据块传输完时会触发该回调函数，即每下载一块就调用一次。程序可以利用这个回调函数来显示当前的下载进度，或用于限速
data	表示 post 到服务器的数据

urlretrieve( )函数返回一个包含两个元素（filename，headers）的元组，filenames 表示保存到本地的路径，headers 表示服务器的响应头。

```
>>> import urllib
>>>url = "http://www.python.org"
>>>filename = "D:\\python_copy.html"
>>>urllib.urlretrieve(url,filename)
('D:\\python_copy.html', <httplib.HTTPMessage instance at 0x047754B8>)
```

从图 11－9 可以看出，www.python.org 已经在 D 盘存在副本，文件名为 python_copy.html，它的页面打开如图 11-10 所示。

图 11-9 验证 D:\python_copy.html

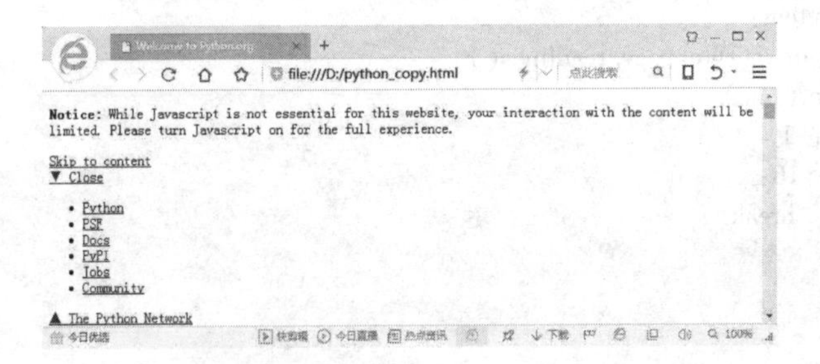

图 11-10 副本 python_copy.html 页面

也可以将网页中某个图片保存到指定路径下。

```
>>> import urllib
>>> url = "http://pic.sogou.com/d? query = g20% CD% BC% C6% AC&st = 255&mode = 255&did = 8#did7"
>>> filename = "D:\\g20.jpg"
>>> urllib.urlretrieve(url,filename)
('D:\\g20.jpg', <httplib.HTTPMessage instance at 0x047757B0>)
```

可以查找到 D 盘图片文件存在，如图 11-11 如示。

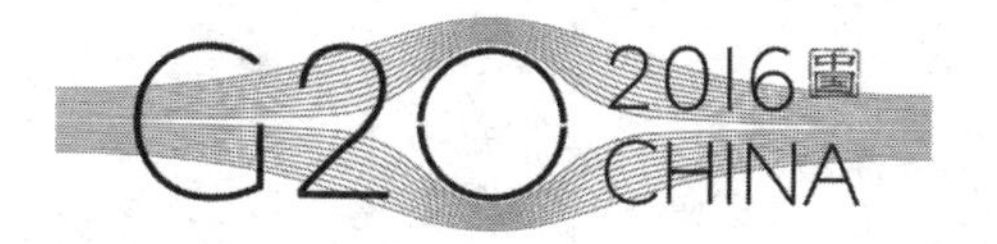

图 11-11　网页下载的图片

11.5　其他模块

网络编程除了前面提及的模块外，Python 库和其他地方还有很多和网络有关的模块。表 11-9中列出了 Python 标准库中一些和网络相关的模块。

表 11-9　标准库中与网络编程相关的模块

模　块	描　述
asynhat	asyncore 的增强版本
asyncore	异步 Socket 处理程序
cgi	基本的 CGI 支持
Cookie	Cookie 对象操作，主要用于服务器
cookielib	客户端 Cookie 支持
email	E-mail 消息支持（包括 MIME）
ftplib	FTP 客户端模块
gotherlib	gopher 客户端模块
httplib	HTTP 客户端模块
imaplib	IMAP4 客户端模块
mailbox	读取几种邮箱的格式
mailcap	通过 mailcap 文件访问 MIME 配置
mhlib	访问 MH 邮箱
nntplib	NNTP 客户端模块
poplib	POP 客户端模块
robotparser	支持解析 Web 服务器的 robot 文件

11.6　网络嗅探器设计

网络嗅探器程序可以检测本机所在局域网内的网络流量和数据包收发情况，对于网络管理具有重要作用，属于系统运维内容之一。为了实现网络流量嗅探，需要将网卡设置为混杂模式，并且运行嗅探器程序的用户账号需要拥有系统管理员权限。

例 11-3　网络嗅探器程序。下面代码运行 60s，然后输出本机所在局域网内非本机发出的数据包，并统计不同主机发出的数据数量。

```
import socket
import threading
```

```
import time

activeDegree=dict()
flag=1
def main():
    global activeDegree
    global flag

    HOST=socket.gethostbyname(socket.gethostname())                    #公共网络接口
    s=socket.socket(socket.AF_INET,socket.SOCK_RAW,socket.IPPROTO_IP)
                                                                       #创建套接口并与公共接口绑定
    s.bind((HOST,0))
    s.setsockopt(socket.IPPROTO_IP,socket.IP_HDRINCL,1)                #包括 IP 头

    s.ioctl(socket.SIO_RCVALL,socket.RCVALL_ON)                        #接受所有包
    while flag:
        c=s.recvfrom(65565)
        host=c[1][0]
        activeDegree[host]=activeDegree.get(host,0)+1
        if c[1][0]!='192.168.2.100':                   #假定 192.168.2.100 为当前主机 IP 地址
            print(c)

    s.ioctl(socket.SIO_RCVALL,socket.RCVALL_OFF)                       #不使用混杂模式
    s.close()
    t=threading.Thread(target=main)
    t.start()
    time.sleep(60)
    flag=0
    t.join()
    foritem in activeDegree.items():
        print(item)
```

运行结果：

```
C:\Python27\python.exe D:/myPythonTest/Socket.py
('E\x00\x019`\x88@ \x000\x06)\x18=\x87\xb9\x8b\xc0\xa8\x08d\x00P^R\xf6\x85\x0f\xea\xae}I
\xc9P\x18\x02\x18c\xd3\x00\x00HTTP/1.1 200 OK\r\nDate: Sun, 22 Oct 2017 08:29:00 GMT\r\
nContent-Type: image/gif\r\nContent-Length: 43\r\nLast-Modified: Wed, 17 Jul 2013 05:44:02
GMT\r\nConnection: keep-alive\r\nETag: "51e62f22-2b"\r\nServer: Apache\r\nAccept-Ranges:
bytes\r\n\r\nGIF89a\x01\x00\x01\x00 \x80\x00\x00\x00\x00\x00\xff\xff\xff! \xf9\x04\x04\x14\
x00\xff\x00,\x00\x00\x00\x00\x01\x00\x01\x00\x00\x02\x02D\x01\x00;', ('61.135.185.139',
0))
('E\x00\x00(\xf4;@ \x002\x06\x9cf{}s\xa4\xc0\xa8\x08d\x01\xbb^T|F=\xcd\xc0+u\x1dP\x10\
x02\x10\xa6*\x00\x00', ('123.125.115.164', 0))
…
('112.80.248.135', 2)
('192.168.8.1', 22)
('192.168.8.100', 12)
('140.206.78.14', 3)
('223.166.151.30', 9)
('202.108.23.113', 4)
```

习题 11

1. 填空题。

（1）TCP 和 UDP 的区别是________________。

（2）HTTP 是一种网络应用层协议，它的作用是________________。

（3）socket 为网络插槽，可以表示________________。

（4）socket 模块中用于 TCP 编程的常用方法有________________。

（5）urllib 模块的主要函数有________________。

2. 编写 UDP 通信程序，分别编写发送端和接收端代码，发送端发送一个字符串“HELLO GUYS!”；接收端在 5000 端口进行接收，并显示接收内容。

3. 编写一个网络通信程序，实现客户端与服务器端的聊天功能，任何一方发送“BYE”后通信结束。

4. 编写一个网络通信程序，服务器端随机出一道算术四则运算题，由客户端回答，服务器端判断正确与否。

5. 编写一个网络通信程序，输入任何一个网址，都可以获取网址的内容，并保存到本地的一个文件中。

第 12 章　科学计算与可视化

Python 语言有许多模块用于科学计算与可视化应用开发，如 NumPy、SciPy、Matplotlib、SymPy、Pandas、Traits、TraitsUI、Chaco、TVTK、Mayavi、Vpython 和 OpenCV，内容十分丰富。限于篇幅所限，本章主要讲解 NumPy、SciPy、Matplotlib 三大模块，其中 NumPy 应用于科学计算，支持多维数组处理、大型矩阵计算、矢量运算线性代数、FFT 以及随机数生成等；SciPy 可用于大型矩阵计算、线性方程组求解、积分和最优化等；Matplotlib 绘图模块可以快速将计算结果以不同类型的图形展示出来。

12.1　Python 科学计算模块

Python 主要包含了负责处理数据的 Numpy、数值计算的 SciPy 以及图形绘制的 Matplotlib 等扩展模块。

12.1.1　NumPy

NumPy 是 Python 科学计算的基础模块，它专门针对的是严格的数字处理。NumPy 的主要处理对象是同种元素的多维数组，能实现对常用的数学函数进行数组化，从而使这些函数能对数组进行直接运算，这使得原本要在 Python 中进行的循环运算转变成高效率的库函数计算，从而提高了程序的运行效率。目前多为一些大型金融公司在使用，以及核心的科学计算组织，如劳伦斯弗尔（Lawrence Livermore）国家实验室，NASA 用其处理一些本来使用 C++、Fortran 或 Matlab 等所做的任务。

12.1.2　SciPy

SciPy 函数库在 NumPy 库的基础上增加了许多的数学、科学以及工程计算中常用的函数库，如线性代数、常微分方程数值求解、信号处理、图像处理、稀疏矩阵等，其中一些函数是在本来使用的 Fortran 数值计算库进行进一步封装实现的。另外，SciPy 中的 Weave 模块能实现在 Python 中直接嵌入 C++程序，进一步提高程序的运算效率。

12.1.3　Matplotlib

通过数据绘图，可以将枯燥的数字转换成容易被人们接受的图表，从而让人留下更加深刻的印象。而 Python 中的 Matplotlib 是基于 NumPy 的一套丰富的数据绘图模块，主要用于绘制一些统计图形，如带标签曲线、散点图、饼图等，并以多种格式进行图形图像输出。另外，Matplotlib 还带有简单的三维绘图功能。

12.2　NumPy 数据处理

标准安装的 Python 中用列表（list）保存一组值，可以用来当作数组使用，不过由于列表的元素可以是任何对象，因此列表中所保存的是对象的指针。这样为了保存一个简单的[1，2，3]，需要有3个指针和3个整数对象。对于数值运算来说，这种结构显然比较浪费内存和CPU计算时间。

此外，Python还提供了一个array模块，array对象和列表不同，它直接保存数值，和C语言的一维数组比较类似。但是由于它不支持多维，也没有各种运算函数，因此也不适合做数值运算。

NumPy是Python的一个科学计算的库，NumPy的诞生弥补了这些不足，它提供了两种基本的对象：ndarray（N-dimensional array object）和ufunc（universal function object）。ndarray接下来统一称之为数组，是存储单一数据类型的多维数组，而ufunc则是能够对数组进行处理的函数。

在介绍使用NumPy之前，读者可访问https：//sourceforge. net/projects/numpy/files/NumPy/1. 8. 1/下载对应操作系统版本的NumPy后安装。

12. 2. 1 ndarray对象

安装好NumPy之后，就可以使用NumPy扩展模块：

```
Python 2.7.10 (default, May 23 2015, 09:40:32) [MSC v.1500 32 bit (Intel)] on win32
>>> import numpy as np
```

读者可以通过如下语句查看当前所用的NumPy版本号：

```
>>> print np.version.version
1.8.1
```

NumPy的数组类称作ndarray，通常称作数组1，要运算和操作NumPy的数组首先是需要对其进行创建。创建数组可以通过array()函数传递Python的序列对象：

```
np.array([1,2,3])
```

如果传递的序列是多层嵌套的序列，那么此时将创建多维数组：

```
np.array([[1,2,3],[4,5,6]])
```

ndarray对象的常见属性具体见表12-1。

表12-1 ndarray对象常用属性

属　性	描　述
ndim	数组轴的个数，在Python的世界中，轴的个数称作秩
shape	数组的维度，这是一个指示数组在每个维度上大小的整数元组。例如一个n排m列的矩阵，它的shape属性将是（n，m）
size	数组元素的总个数，等于shape属性中元组元素的乘积
dtype	一个用来描述数组中元素类型的对象，可以通过创造或指定dtype使用标准Python类型
itemsize	数组中每个元素的字节大小。例如，元素类型为float64的数组itemsiz属性值为8（=64/8），又如，元素类型为complex32的数组item属性为4（=32/8）
data	包含实际数组元素的缓冲区，通常不需要使用这个属性，因为用户总是通过索引来使用数组中的元素

NumPy 中的数据类型都有几种字符串表示方式，字符串与类型之间的对应关系都存储在 typeDict 字典中，例如 'd'，'double'，'float64'都表示双精度浮点类型。

```
>>> np. typeDict['d']
numpy. float64
>>> np. typeDict['float']
numpy. float64
>>> np. typeDict['double']
numpy. float64
```

完整的类型列表可以将 typeDict 字典中所有的值转换为一个集合，从而去掉重复项。例如：

```
>>> np. typeDict
{ numpy. bool _, numpy. int8, numpy. uint8, numpy. int16, numpy. uint16, numpy. int32,
numpy. uint32, numpy. int32, numpy. uint32, numpy. int64, numpy. uint64, numpy. float32,
numpy. float64, numpy. float96, numpy. complex64, numpy. complex128, numpy. complex192,
numpy. object _, numpy. string _, numpy. unicode _, numpy. void, numpy. datetime64,
numpy. timedelta64, numpy. float16, numpy. object_, numpy. unicode_ }
```

前面数组的创建通过先创建一个 Python 的序列对象，然后通过 array( )将其转换为数组，这样做效率显然不高。因此，NumPy 还提供了许多专门用于创建数组的函数。常见的函数具体见表 12-2。

表 12-2 ndarray 对象常见函数

函数名	功能
arange( )	指定开始值、终值和步长创建表示等差数列的一维数组，注意得到的结果数组不包含终值
linspace( )	指定开始值、终值和元素个数创建表示等差数列的一维数组，可以通过 endpoint 参数指定是否包含终值，默认值为 True，包含终值
logspace( )	与 linspace( )类似，但其表示创建等比数列。如 logspace（0，2，5）表示开始值 10 的 0 次幂，终值为 10 的 2 次幂的 5 个数。同时，还可以通过第 3 个参数 base 来指定基数，默认是 10，并设置 endpoint2
empty( )	不对数组元素初始化，而直接分配数组所使用的内存
zeros( )	将数组元素初始化为 0
formstring( )	从字符串创建数组，如 formstring(" abcd" , dtype = np. int8) 表示从字符串创建一个 8 bit 的整数数组 3
fromfunction( )	通过预先定义的函数来创建数组

例 12-1 创建一个表示九九乘法表的二维数组。使用前面学习的 fromfunction( )函数来实现，输出数组 a 中的每个元素 a[i,j]都等于 func(i,j)。

代码如下：

```
>>> import numpy as np

>>> def func(i,j):
    return (i+1) * (j+1)
>>> a=np. fromfunction(func,(9,9))
>>> print a
```

运行结果：

```
[[ 1.   2.   3.   4.   5.   6.   7.   8.   9. ]
 [ 2.   4.   6.   8.  10.  12.  14.  16.  18. ]
 [ 3.   6.   9.  12.  15.  18.  21.  24.  27. ]
 [ 4.   8.  12.  16.  20.  24.  28.  32.  36. ]
 [ 5.  10.  15.  20.  25.  30.  35.  40.  45. ]
 [ 6.  12.  18.  24.  30.  36.  42.  48.  54. ]
 [ 7.  14.  21.  28.  35.  42.  49.  56.  63. ]
 [ 8.  16.  24.  32.  40.  48.  56.  64.  72. ]
 [ 9.  18.  27.  36.  45.  54.  63.  72.  81. ]]
```

在创建好数组之后，接下来就是对数组中元素的存取。首先以下面的方式创建一个数组：

```
>>> a=np.arange(10)
```

将对数组 a 的存取操作归结为表 12-3。

表 12-3　数据操作

操　　作	功　　能
a[5]	用整数 5 作为下标，获取数组中的某个元素
a[3:5]	用切片（3~5）作为下标可以获取数组的一部分，包括 a[3]但不包括 a[5]
a[:5]	切片中省略下标，表示从 a[0]开始
a[:-1]	下标使用负数，表示从数组最后往前数
a[3:5]=1,2	下标可以用来修改元素值
a[1:-1:2]	切片中的第 3 个参数表示步长，2 表示隔一个元素获取一个元素
a[[1,1,2,2]]	获取数组 a 中下标为 1，1，2，2 的 4 个元素，组成一个数组，下标也可以是负数，表示从后往前数
b=a[1:5]	如果切片产生一个新的数组 b，b 和 a 共享一块数组存储空间

提示：当使用布尔数组 5 作为下标存取数组 x 中的元素时，将收集数组 x 中所有的在对应数组中下标为 True 的元素，使用布尔数组作为下标获得的数组不和原始数组共享数据内存。

12.2.2　ufunc 运算

ufunc 是 universal function 的缩写，它是一种能对数组的每个元素进行操作的函数。它们的计算速度非常快，因为 NumPy 内置的许多 ufunc 函数都是在 C 语言级别实现的。下面是一个使用 ufunc 函数的简单例子。

```
>>> x=np.linspace(0,np.pi,10)
>>> x
array([ 0.        ,  0.34906585,  0.6981317 ,  1.04719755,  1.3962634 ,
        1.74532925,  2.0943951 ,  2.44346095,  2.7925268 ,  3.14159265])
>>> y=np.cos(x)
>>> y
array([ 1.        ,  0.93969262,  0.76604444,  0.5       ,  0.17364818,
       -0.17364818, -0.5       , -0.76604444, -0.93969262, -1.        ])
```

函数 linspace()是用来产生一个从 0 到 2π 的等差数组，接着将其传递给函数 np. cos()计算每个元素的余弦值。需要说明的是，这里的 np. cos()就是一个 ufunc 函数，在其内部对数组 x 的每个元素进行循环计算，分别计算余弦值，并返回一个保存各计算结果的数组。有时候也需要通过 out 参数指定计算结果的保存位置。例如：

```
>>> y=np.cos(x,out=x)
```

此时，上面的计算结果会保存在数组 x 中。

提示：np. cos()同样也支持计算单个数值的正弦值。对单个数值的计算，math. cos()要比 np. cos()速度快。其根本原因是 np. cos()为了同时支持数组和单个数值的计算，其 C 语言的内部实现要比 math. cos()复杂得多。因此，在实际计算过程中，导入时不建议使用"import *"全部导入，而是应该使用"import numpy as np"载入，这就可以根据需要选择合适的函数。

另外，NumPy 还提供了丰富的四则运算函数、比较运算和逻辑运算，具体见表 12-4。

表 12-4　数组运算符及其对应的 ufunc 函数

运　算　符	对应的 ufunc 函数
y=x1+x2	add(x1,x2,y)
y=x1-x2	subtract(x1,x2,y)
y=x1 * x2	multiply(x1,x2,y)
y=x1/x2	divide(x1,x2,y)
y=x1//x2	floor_divide(x1,x2,y)
y=-x	negative(x,y)
y=x1 * * x2	power(x1,x2,y)
y=x1%x2	remainder(x1,x2,y)或 mod(x1,x2,y)
y=x1==x2	equal(x1,x2,y)
y=x1!=x2	not_equal(x1,x2,y)
y=x1<x2	lessl(x1,x2,y)
y=x1<=x2	less_equal(x1,x2,y)
y=x1>x2	greater(x1,x2,y)
y=x1>=x2	greater_equal(x1,x2,y)
逻辑与	logical_and()
逻辑或	logical_or()
逻辑非	logical_not()

除了 NumPy 中内置的 ufunc 函数，有时候考虑到具体实际情况还需要自定义相关 ufunc 函数。自定义 ufunc 函数，一般采用 frompyfunc()将一个计算单个元素的函数转换成 ufunc 函数。

例 12-2　通过自定义 ufunc 函数来计算分段函数在一个区间段集合上的取值。自定义一个以阈值为 0.5 的 0-1 函数，通过 frompyfunc()将其转换成 ufunc 函数，来实现对区间段集合值的计算。

代码如下：

```
>>> def twoparts(x, c):                        #定义函数
...     if x>=c:r=1
...     elif x<c:r=0
...     return r
>>> twoparts_cal=np.frompyfunc(twoparts,2,1)   #转换为 ufunc 函数
>>> x=np.linspace(0,2,20)
>>> y= twoparts_cal(x,0.5)
>>> y
array([0, 0, 0, 0, 0, 1, 1, 1, 1, 1, 1, 1, 1, 1, 1, 1, 1, 1, 1, 1], dtype=object)
```

12.2.3 多维数组

在例 12-1 中，已经涉及了一个多维数组的情形，在这一节中将进一步对多维数组进行详细介绍。

多维数组的存取和一维数组类似，由于多维数组有多个轴，所以其下标需要多个值来表示。本节讨论的主要是以二维数组为例，更多维情况，就如同可以将二维数组看作是元素为一维数组的一维数组类似，用户可以将三维数组看作是元素为二维数组的一维数组。

在这里介绍创建二维数组的 5 种方法。

1. array(list or tuple)函数方法

```
>>> data=[[1,2,3],[4,5,6]]
>>> ndarray=np.array(data)
>>> ndarray
array([[1, 2, 3],
       [4, 5, 6]])
```

2. array()函数和 shape 属性方法

```
>>> data=np.array([1,2,3,4,5,6])
>>> data.shape=3,3
>>> data
array([[1, 2, 3],
       [4, 5, 6]])
```

同样地，也可以通过

```
>>> data.shape=3,-1
```

来实现，当设置某个轴的元素个数为-1 时，将自动计算此轴的长度。

3. array()函数和 reshape()函数方法

```
>>> data=np.array([1,2,3,4,5,6])
>>> data.shape=2,3
>>> data.reshape(3,2)
array([[1, 2],
       [3, 4],
       [5, 6]])
```

4. random()随机函数方法

```
>>> data=np.random.random((2,4))
>>> data
array([[ 0.66086914,  0.69402652,  0.38588903,  0.84119929],
       [ 0.35515963,  0.59568592,  0.06769199,  0.35245794]])
```

5. 内置函数方法

(1) zeros()。创建给定形状的多维数组并将数组中所有元素填充为0:

```
>>> data=np.zeros((2,3))
>>> data
array([[ 0.,  0.,  0.],
       [ 0.,  0.,  0.]])
```

(2) ones()。类似ones,但用1进行填充:

```
>>> data=np.ones((2,3))
>>> data
array([[ 1.,  1.,  1.],
       [ 1.,  1.,  1.]])
```

(3) empty()。类似ones,但不进行初始化,得到的多维数组中的元素值是不确定的:

```
>>> data=np.empty((2,3))
>>> data
array([[  2.67775087e-316,   0.00000000e+000,   0.00000000e+000],
       [  0.00000000e+000,   0.00000000e+000,   0.00000000e+000]])
```

(4) full()。类似ones,但需要自己指定为多维数组填充的值:

```
>>> data=np.full((2,3),0.5)
>>> data
array([[ 0.5,  0.5,  0.5],
       [ 0.5,  0.5,  0.5]])
```

(5) eye()。创建一个对角矩阵,且所指定的对角线上的元素值为1:

```
>>> data=np.eye(2,3)
>>> data
array([[ 1.,  0.,  0.],
       [ 0.,  1.,  0.]])
```

(6) identity()。创建单位矩阵:

```
>>> np.identity(3)
array([[ 1.,  0.,  0.],
       [ 0.,  1.,  0.],
       [ 0.,  0.,  1.]])
```

(7) diag():创建对角矩阵。

与eye的不同之处在于:①对角线上的元素值不是都为1,而是指定;②不需要指定矩阵的形状,而是靠指定对角线上元素值来确定矩阵的形状。

```
>>> np.diag([3,2,1])
array([[3, 0, 0],
       [0, 2, 0],
```

```
        [0, 0, 1]])
>>> np.diag([3,2,1],2)
array([[0, 0, 3, 0, 0],
       [0, 0, 0, 2, 0],
       [0, 0, 0, 0, 1],
       [0, 0, 0, 0, 0],
       [0, 0, 0, 0, 0]])
```

存取数组使用元组作为下标，如果下标元组只包含整数的切片，那么得到的数组和原始数组共享数据，改变得到的数组就会改变原始数组的数据。

例 12-3 平行班成绩计算。

现在有 3 个班，每个班级有 15 名学生，计算每个班的 Python 课程平均成绩。成绩采用随机数产生的方式进行模拟生成。

首先，采用具有 3 个元素的二维数组，即其 shape 为（3，15）来模拟构造 3 个班同学及其对应的成绩。其次通过 NumPy 的 mean( ) 函数计算对应班级（即每个一维数组）的平均成绩。

代码如下：

```
>>> grade=(100-1)*np.random.random((3,15))+1
>>> grade
```

3 个班同学成绩：

```
array([[ 78.97955118,  24.17864479,  69.83569245,   1.77957985,
         55.2818934 ,  97.53597821,   7.07791136,  29.45871048,
         83.3433882 ,  54.21180117,  90.99968117,  89.76720312,
         81.35995352,  96.74899564,  18.02828137],
       [ 34.74341284,  21.98103229,  45.4028557 ,  37.61894342,
         23.0565928 ,  11.79005273,  53.38650909,  31.31121456,
         30.77214814,  58.90104696,   1.05655445,  17.25570582,
         19.27713339,  23.53304999,  11.25570872],
       [ 77.18515977,  81.94994329,  46.62251868,  89.22571103,
         77.4406193 ,  85.72468776,   7.41994875,  44.4810269 ,
         35.6309926 ,  88.37100761,  46.13392066,  58.06272294,
         16.15526871,  86.717787  ,  36.51279738]])
```

3 个平行班平均成绩：

```
>>> np.mean(grade[0])
48.159797563517245
>>> np.mean(grade[1])
35.40263565287249
>>> np.mean(grade[2])
56.438423212340844
```

12.2.4 函数调用

除了前面部分所涉及的 ndarray 数组对象和 ufunc 函数之外，NumPy 还提供了大量对数组进行处理的函数。合理利用和调用这些函数，能够简化程序的逻辑，提高运算速度。常用的统计函数具体见表 12-5。

表 12-5　NumPy 中的常用统计函数

函数名	功　能
argmax( )	计算数组最大值的下标
argmin( )	计算数组最小值的下标
average( )	对数组进行平均计算
bincount( )	对整数数组中各个元素出现的次数进行统计，要求数组中所有元素都是非负的
max( )	计算数组的最大值
median( )	获得数组的中值，即对数组进行排序后，位于数组中间位置的值。当长度是偶数时，得到正中间两个数的平均值
min( )	计算数组的最小值
histogram( )	对一维数组进行直方图统计
histogram2d( )	对两组数据的二维直方图进行统计分析
polyld( )	将系数转换为 polyld 对象
std( )	计算数组的标准差
sum( )	计算数组元素之和，也可以对列表、元组等与数组类似的序列进行求和
unique( )	找到数组中所有的整数，并按照顺序进行排列
var( )	计算数组的方差

实际应用时可以直接调用表 12-5 中函数，以 histogram( )为例，其格式：

```
histogram(data, bins=3, range=None, normed=False, weights=None)
```

其中，参数 data 表示保存待统计数据的数组；bins 表示指定统计的区间个数，即对统计范围的等分数；range 是一个长度为 2 的数组，表示统计的最小值和最大值，默认值是 None，表示由数据的范围决定，即为(data. min( ),data. max( ))；当 normed 的参数为 False 时，函数返回数组 data 中的数据在每个区间的个数，否则对个数进行正则化处理，使得等于每个区间的概率密度；weights 参数则和表中的 bincount( )函数类似。例如：

```
>>> data=np. random. rand(10)
>>> np. histogram(data,bins=5,range=None)
(array([2, 1, 2, 3, 2]),
array([ 0.05823283,  0.21043165,  0.36263046,  0.51482928,  0.66702809,
        0.81922691]))
>>> np. histogram(data,bins=5,range=None,normed=True)
(array([ 1.31407067,  0.65703534,  1.31407067,  1.97110601,  1.31407067]),
array([ 0.05823283,  0.21043165,  0.36263046,  0.51482928,  0.66702809,
        0.81922691]))
```

上述代码主要对数组 data 中数据进行统计分析，array([2,1,2,3,2])分别表示了对应后一个数组 array([0.05823283, 0.21043165, 0.36263046, 0.51482928, 0.66702809, 0.81922691])，在区间(0.05823283, 0.21043165)中出现的元素有 2 个，在区间(0.21043165, 0.36263046)中出现的元素有 1 个，在区间(0.36263046, 0.51482928)中出现的元素有 2 个，在区间(.51482928, 0.66702809)中出现的元素有 3 个，在区间(0.66702809, 0.36263046)中出现的元素有 2 个。当对 normed 的参数值置为 True 时，则由原来的元素出现个数转成了元素在每个区间出现的概率密度。

另外，如果要统计的区间长度不相等，可以将区间分割位置的数组传递给 bins 参数，例如：

```
>>> np.histogram(data,bins=[0,0.2,0.6,0.8,1],range=None)
(array([2, 6, 0, 2]), array([ 0. ,  0.2,  0.6,  0.8,  1. ]))
```

例 12-4 成绩分析。分析计算某个班级 40 名同学的 Python 课程考试成绩。

```
>>> grade=100 * np.random.rand(40)                  #模拟产生 40 名同学的 Python 课程成绩
>>> np.histogram(grade,bins=[0,60,80,90,100])  #计算班级 40 名同学每个分数段的人次情况
```

运行结果：

```
(array([29,  3,  3,  5]), array([  0,  60,  80,  90, 100]))
```

根据结果知，0~60 分为 29 人，60~80 为 3 人，80~90 为 3 人，90~100 为 5 人。

12.3 SciPy 数值计算

SciPy 库建立在 NumPy 库之上，提供了大量科学算法模块，不同的模块对应于不同的实际应用，主要包括特殊函数（scipy.special）、积分（scipy.integrate）、最优化（scipy.optimize）、插值（scipy.interpolate）、傅里叶变换（scipy.fftpack）、信号处理（scipy.signal）、线性代数（scipy.linalg）、稀疏特征值（scipy.sparse）、统计（scipy.stats）、多维图像处理（scipy.ndimage）、文件 IO（scipy.io）等。

SciPy 是 Python 中科学计算程序的核心，可以将其与其他标准科学计算程序库进行比较，如 GSL（GNU C 或 C++科学计算库）、Matlab 工具箱等。在本节中，将主要分 3 个方面来介绍：常数与特殊函数、图像处理和统计应用。SciPy 模块可从 https://sourceforge.net/projects/scipy/files/scipy/0.16.1/下载。

12.3.1 常数与特殊函数

安装好 SciPy 之后，用户就可以使用 SciPy 扩展模块了。这里可以通过如下的代码语句查看当前所用的 SciPy 版本号：

```
>>> import scipy as sp
>>> print sp.version.version
0.16.1
```

下面介绍在 SciPy 中两个比较常用的模块：constants 和 special。

1. constants 模块

在该模块中包含了众多数学、物理等方面常用的常量信息。用户可以通过 help 命令查看该模块下所包含的所有常量信息。

```
>>> from scipy import constants as c
>>> help(c)
Help on package scipy.constants in scipy:
NAME
```

```
    scipy. constants
FILE
    c:\python27\lib\site-packages\scipy\constants\__init__. py
DESCRIPTION
    ================================
    Constants (:mod:'scipy. constants')
    ================================
        .. currentmodule:: scipy. constants
        Physical and mathematical constants and units.
        Mathematical constants
    ==========================================================
    "pi"          Pi
    "golden"      Golden ratio
    ==========================================================
    Physical constants
    ==========================================================
    "c"                speed of light in vacuum
    "G"                Newtonian constant of gravitation
    "g"                standard acceleration of gravity
    "R"                molar gas constant
    "k"                Boltzmann constant
    "Rydberg"          Rydberg constant
    ==========================================================
    ……
```

2. special 模块

除了常数模块 constants，special 模块也会经常用到。它包含了基本数学函数、特殊数学函数以及 NumPy 中出现的函数的完整函数库。同样可以通过代码：

```
>>> from scipy import special as s
>>> help(s)
```

查看 special 模块中的特殊函数。这里仅介绍 3 个比较常见的函数。

(1) 伽玛函数：scipy. special. gamma()。

伽玛函数定义：

$$\Gamma(z) = \int_0^\infty t^{z-1} e^{-t} dt$$

可以用 special 模块中的 gamma()函数进行计算。

```
>>> from scipy import special as s
>>> s. gamma(2)
1. 0
>>> s. gamma(2. 5)
1. 329340388179137
>>> s. gammaln(3)
0. 69314718055994529
```

其中，scipy. special. gammaln()函数为对数坐标的伽玛函数，具有更高的数值精度和更大的范围。

(2) 贝塞尔函数：scipy. special. jn()（整数 n 阶贝塞尔函数）。

贝塞尔函数定义：

$$J_n(x) = \sum_{m=1}^{\infty} \frac{(-1)^m}{m!\ \gamma(n+m+1)} \left(\frac{x}{2}\right)^{n+2m}$$

可以用 special 模块中的 jn( ) 函数进行计算。

```
>>> from scipy import special as s
>>> s.jn(3,4.5)
0.42470397297745566
```

（3）椭圆函数：scipy.special.ellipj( )（雅可比椭圆函数）。

第一类椭圆积分定义：

$$z = F(\phi, k) = \int_0^{\phi} \frac{dt}{\sqrt{1 - k^2 \sin^2 t}}$$

雅可比椭圆函数的形式记为

$$\phi = F^{-1}(z, k)$$

可以用 special 模块中的 ellipj( ) 进行计算。

```
>>> from scipy import special as s
>>> s.ellipj(3,0.5)
(0.63002899824203296, -0.77657160737058906, 0.89528304501262057, 2.4600021012296027)
```

例 12-5 根据 constants 模块中定义的常数 pi，计算半径 r=1 圆面积和球面积。

```
>>> from scipy import special as s
>>> r=1
>>> area=s.pi * r * r
3.141592653589793
>>> volume=4.0/3 * s.pi * r * r * r
4.1887902047863905
```

12.3.2 SciPy 应用于图像处理

scipy.ndimage 是专用于 n 维图像处理的函数库，包含了用于图像滤波（filters）、傅里叶变换（fourier）、图像信息测量（measurements）、形态学图像处理（morphology）、图像插值、旋转及仿射变换（interpolation）等子模块。这里主要以图像滤波模块为例介绍 SciPy 对于图像处理的应用。

（1）图像滤波（filters）

ndimage.filters 具有图像滤波功能。ndimage.filters.gaussian_filter 对频度图进行高斯模糊处理，其主要的两个参数为：第一个参数表示要处理的滤波 array；第二个参数为高斯核的标准差，这个值越大，曲面的影响范围越大，最终的热点图也越分散。

其相关参数和其他信息可以通过 help 命令进一步查看：

```
>>> import scipy.ndimage.filters as f
>>> help(f)
Help on module scipy.ndimage.filters in scipy.ndimage:
NAME
    scipy.ndimage.filters
```

```
FILE
    c:\python27\lib\site-packages\scipy\ndimage\filters. py
FUNCTIONS
    convolve(input, weights, output=None, mode='reflect', cval=0. 0, origin=0)
        >>> a=np. array([[1, 2, 0, 0],
        ....        [5, 3, 0, 4],
        ....        [0, 0, 0, 7],
        ....        [9, 3, 0, 0]])
        >>> k=np. array([[1,1,1],[1,1,0],[1,0,0]])
        >>> from scipy import ndimage
        >>> ndimage. convolve(a, k, mode='constant', cval=0. 0)
        array([[11, 10,  7,  4],
               [10,  3, 11, 11],
               [15, 12, 14,  7],
               [12,  3,  7,  0]])
    correlate(input, weights, output=None, mode='reflect', cval=0. 0, origin=0)
    gaussian_filter(input, sigma, order=0, output=None, mode='reflect', cval=0. 0, truncate=4. 0)
    truncate=4. 0)
    gaussian_gradient_magnitude(input, sigma, output=None, mode='reflect', cval=0. 0, * *
kwargs)
    gaussian_laplace(input, sigma, output=None, mode='reflect', cval=0. 0, * * kwargs)
    generic_filter(input, function, size=None, footprint=None, output=None, mode='reflect', cval=
0. 0, origin=0, extra_arguments=(), extra_keywords=None)
    generic_gradient_magnitude(input, derivative, output=None, mode='reflect', cval=0. 0, extra_ar-
guments=(), extra_keywords=None)
    generic_laplace(input, derivative2, output=None, mode='reflect', cval=0. 0, extra_arguments=
(), extra_keywords=None)
    laplace(input, output=None, mode='reflect', cval=0. 0)
    maximum_filter(input, size=None, footprint=None, output=None, mode='reflect', cval=0. 0, or-
igin=0)
    median_filter(input, size=None, footprint=None, output=None, mode='reflect', cval=0. 0,
origin=0)
    minimum_filter(input, size=None, footprint=None, output=None, mode='reflect', cval=0. 0, ori-
gin=0)
    percentile_filter(input, percentile, size=None, footprint=None, output=None, mode='reflect',
cval=0. 0, origin=0)
    prewitt(input, axis=-1, output=None, mode='reflect', cval=0. 0)
    rank_filter(input, rank, size=None, footprint=None, output=None, mode='reflect', cval=0. 0,
origin=0)
    sobel(input, axis=-1, output=None, mode='reflect', cval=0. 0)
    uniform_filter(input, size=3, output=None, mode='reflect', cval=0. 0, origin=0)
        Multi-dimensional uniform filter.
                Parameters
        ----------
        input : array_like
            Input array to filter.
        size : int or sequence of ints, optional
            The sizes of the uniform filter are given for each axis as a
            sequence, or as a single number, in which case the size is
            equal for all axes.
        output : array, optional
            The 'output' parameter passes an array in which to store the
```

```
        filter output.
mode : {'reflect', 'constant', 'nearest', 'mirror', 'wrap'}, optional
        The 'mode' parameter determines how the array borders are
        handled, where 'cval' is the value when mode is equal to
        'constant'. Default is 'reflect'
cval : scalar, optional
        Value to fill past edges of input if 'mode' is 'constant'. Default
        is 0.0
origin : scalar, optional
        The 'origin' parameter controls the placement of the filter.
        Default 0.0.
```

例 12-6 绘制上海浦东新区张江地区 ofo 共享单车分布热点信息图。首先，载入浦东新区张江地区地图图片，创建一些 ofo 共享单车分布随机分布的散列点，这些散列点以某些坐标为中心正态分布构成一些热点。使用 numpy. histogram2d( )可以在地图图片的网格中统计二维散列点的频度，由于散列点数量较少，histogram2d( )的结果并不能形成足够的热点信息。

```
import Matplotlib.pyplot as plt
import Matplotlib.image as mpimg
import numpy as np

img=mpimg.imread("c:/image/1.png")
h, w, _=img.shape
xs, ys=[], []
for i in range(100):
    mean=w * np.random.rand(), h * np.random.rand()
    a=50 + np.random.randint(50, 200)
    b=50 + np.random.randint(50, 200)
    c=(a + b) * np.random.normal() * 0.2
    cov=[[a, c], [c, b]]
    count=200
    x, y=np.random.multivariate_normal(mean, cov, size=count).T
    xs.append(x)
    ys.append(y)
x=np.concatenate(xs)
y=np.concatenate(ys)

hist, _, _=np.histogram2d(x, y, bins=(np.arange(0, w), np.arange(0, h)))
hist=hist.T
plt.imshow(hist)
plt.show()
```

运行结果如图 12-1 所示。

其次，调用 scipy. ndimage. filters. gaussian_filter 对频度图进行高斯模糊处理。具体处理如图 12-2 所示中的线框标出的部分。

运行结果如图 12-3 所示。

最后，修改热点图的 alpha 通道，叠加显示热点图与地图。具体处理如图 12-4 所示中的线框标出部分。

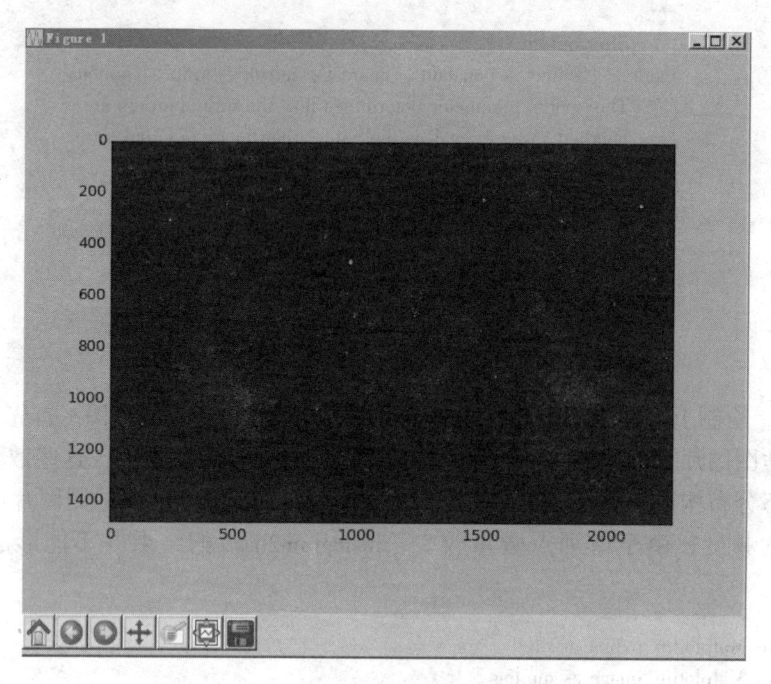

图 12-1　处理的热点信息

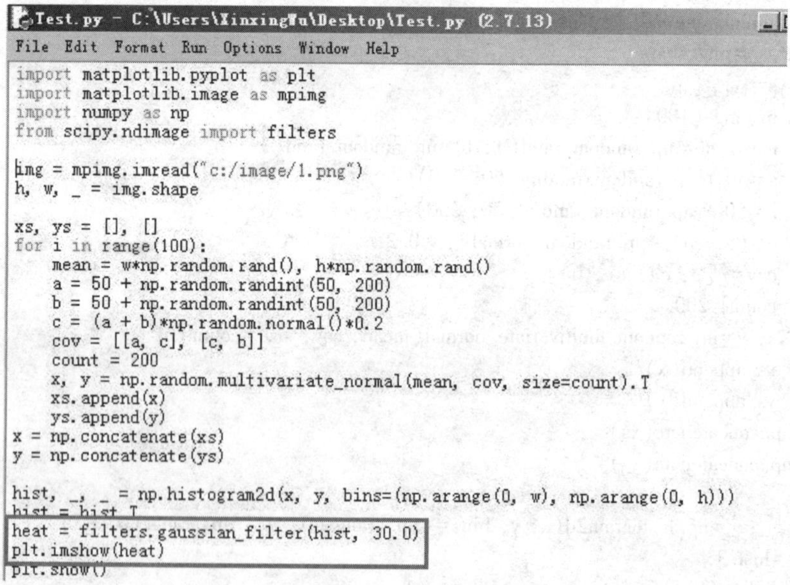

```
Test.py - C:\Users\XinxingWu\Desktop\Test.py (2.7.13)
File Edit Format Run Options Window Help
import matplotlib.pyplot as plt
import matplotlib.image as mpimg
import numpy as np
from scipy.ndimage import filters

img = mpimg.imread("c:/image/1.png")
h, w, _ = img.shape

xs, ys = [], []
for i in range(100):
    mean = w*np.random.rand(), h*np.random.rand()
    a = 50 + np.random.randint(50, 200)
    b = 50 + np.random.randint(50, 200)
    c = (a + b)*np.random.normal()*0.2
    cov = [[a, c], [c, b]]
    count = 200
    x, y = np.random.multivariate_normal(mean, cov, size=count).T
    xs.append(x)
    ys.append(y)
x = np.concatenate(xs)
y = np.concatenate(ys)

hist, _, _ = np.histogram2d(x, y, bins=(np.arange(0, w), np.arange(0, h)))
hist = hist.T
heat = filters.gaussian_filter(hist, 30.0)
plt.imshow(heat)
plt.show()
```

图 12-2　高斯模糊处理

运行结果如图 12-5 所示。

提示：多元正态分布（multivariate normal distribution）将在“12.3.3 SciPy 应用于统计”节进一步介绍；Matplotlib 计算模块将在 12.4 节介绍。

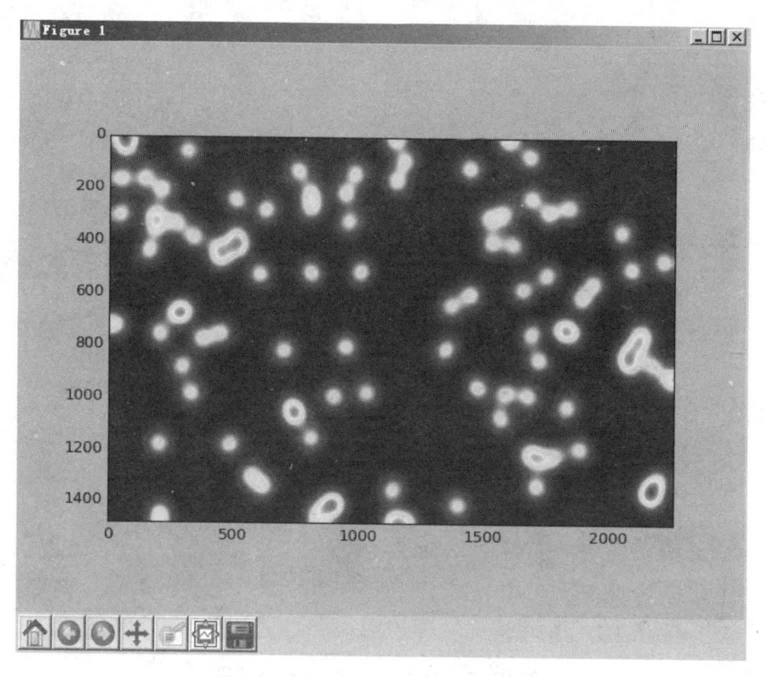

图 12-3　高斯模糊处理后的热点信息

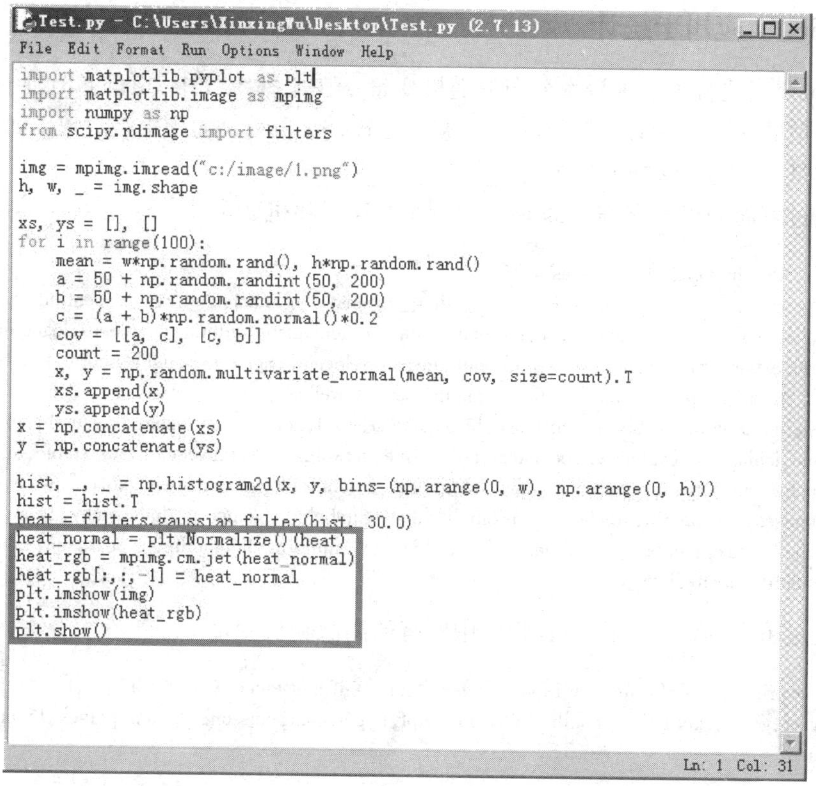

Test.py - C:\Users\XinxingWu\Desktop\Test.py (2.7.13)

File　Edit　Format　Run　Options　Window　Help

```
import matplotlib.pyplot as plt
import matplotlib.image as mpimg
import numpy as np
from scipy.ndimage import filters

img = mpimg.imread("c:/image/1.png")
h, w, _ = img.shape

xs, ys = [], []
for i in range(100):
    mean = w*np.random.rand(), h*np.random.rand()
    a = 50 + np.random.randint(50, 200)
    b = 50 + np.random.randint(50, 200)
    c = (a + b)*np.random.normal()*0.2
    cov = [[a, c], [c, b]]
    count = 200
    x, y = np.random.multivariate_normal(mean, cov, size=count).T
    xs.append(x)
    ys.append(y)
x = np.concatenate(xs)
y = np.concatenate(ys)

hist, _, _ = np.histogram2d(x, y, bins=(np.arange(0, w), np.arange(0, h)))
hist = hist.T
heat = filters.gaussian_filter(hist, 30.0)
heat_normal = plt.Normalize()(heat)
heat_rgb = mpimg.cm.jet(heat_normal)
heat_rgb[:,:,-1] = heat_normal
plt.imshow(img)
plt.imshow(heat_rgb)
plt.show()
```

Ln: 1 Col: 31

图 12-4　修改热点图的 alpha 通道，以地图叠加

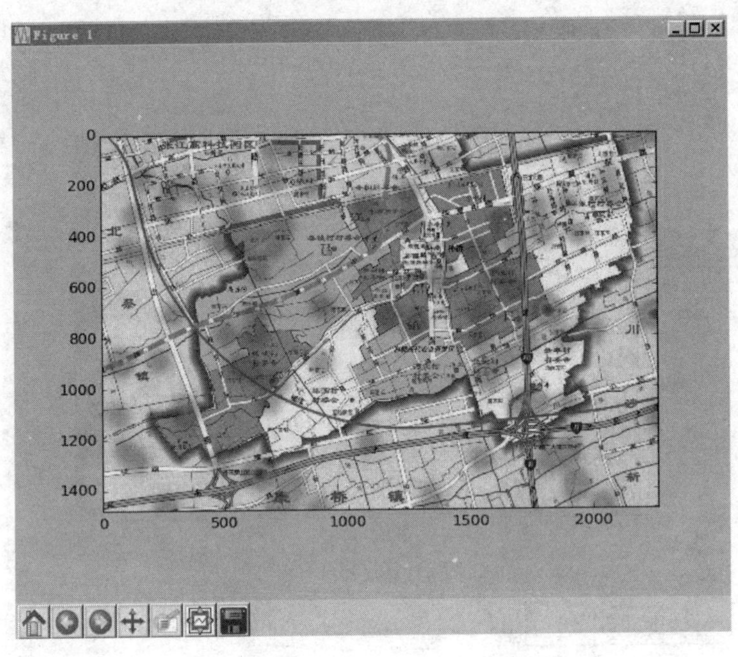

图 12-5　叠加显示热点图与地图

12.3.3　SciPy 应用于统计

scipy. stats 模块含了多种概率分布的随机变量。在概率统计中，我们知道随机变量分为连续的和离散的两种，所有的连续随机变量都是 rv. continuous 的派生类对象，而所有的离散随机变量都是 rv. discrete 的派生类对象。

可以通过下面的代码查询 stats 模块中所有的连续随机变量。

```
>>> import scipy. stats as s
>>> print ','. join( k for k,v in s. __dict__. items( ) if isinstance( v,s. rv_continuous) )
genhalflogistic,triang,rayleigh,betaprime,foldnorm,genlogistic,gilbrat,genpareto,lognorm,anglit,truncnorm,expon,norm,nakagami,weibull_min,invgauss,logistic,ncx2,fisk,halfgennorm,tukeylambda,frechet_l, dgamma, pareto, halflogistic, semicircular, invweibull, ksone, mielke, t, gengamma, johnsonsu, powernorm,powerlaw,burr,johnsonsb,beta,gamma,wald,ncf,arcsine,maxwell,gausshyper,rice,vonmises_line,loglaplace,exponweib,pearson3,chi,cosine,kstwobign,recipinvgauss,levy_stable,foldcauchy,wrapcauchy,truncexpon,genexpon,erlang,reciprocal,f,lomax,loggamma,invgamma,laplace,powerlognorm,vonmises,exponnorm, frechet_r, dweibull, rdist, gumbel_r, gompertz, halfcauchy, gennorm, exponpow, weibull_max, gumbel_l, halfnorm, levy, chi2, nct, uniform, fatiguelife, genextreme, alpha, hypsecant, bradford,cauchy,levy_l
```

可以通过下面的代码查询 stats 模块中所有的离散随机变量。

```
>>> print ','. join( k for k,v in s. __dict__. items( ) if isinstance( v,s. rv_discrete) )
logser,geom,skellam,bernoulli,boltzmann,zipf,hypergeom,poisson,nbinom,planck,binom,randint,dlaplace
```

除此之外，在 stats 中还有多变量分布，如多元正态分布（scipy. stats. multivariate_normal）。

下面分别以离散分布中的二项分布和连续分布中的伽玛分布为例，讨论 SciPy 在统计中的应用。

1. 二项分布

在概率统计中，二项分布是一个离散分布，实际上就是重复 n 次独立的伯努利试验。在每次试验中只有两种可能的结果，而且两种结果发生与否互相对立，并且相互独立，与每次试验结果无关，事件发生与否的概率在每一次独立试验中都保持不变，则这一系列试验称为 n 重伯努利实验。如，抛一次硬币出现正面的概率是 0.5，抛 10 次硬币，出现 k 次正面的概率；掷一次骰子出现 "6" 的概率是 1/6，投掷 6 次骰子出现 k 次 "6" 的概率等。

若随机变量 X 具有概率质量函数（Probability Mass Function）

$$P(X=k)=C_n^k p^k(1-p)^{n-k}$$

则称随机变量 X 服从二项分布，记为 $b(k;n,p)$。

在 SciPy 中，用户可以指定参数来计算对应服从二项分布随机变量取值的概率。

```
>>> import scipy.stats as s
>>> import numpy as np
>>> n=10
>>> k=np.arange(10)
>>> p=0.5
>>> data=s.binom.pmf(k,n,p)
>>> print data
[ 0.00097656,  0.00976563,  0.04394531,  0.1171875 ,  0.20507813,
        0.24609375,  0.20507813,  0.1171875 ,  0.04394531,  0.00976563]
>>> sum(data)
0.99902343750000089          #概率和近似于 1
```

2. 伽玛分布

伽玛分布（Gamma Distribution）是统计学的一种连续概率函数。伽玛分布中的参数 α 称为形状参数（shape parameter），β 称为尺度参数（scale parameter）。

若随机变量 X 具有概率密度函数

$$f(x;\alpha,\beta)=\frac{\beta^{\alpha}x^{\alpha-1}e^{-\frac{x}{\beta}}}{\Gamma(\alpha)},x>0$$

其中，α>0，β>0，则称随机变量 X 服从伽玛分布。

在 SciPy 中，用户可以计算基于形状参数的伽玛分布的期望值和方差。

```
>>> from scipy import stats
>>> stats.gamma.stats(4.5)
(array(4.5), array(4.5))
```

在 SciPy 中，也可以指定伽玛分布的第 2 个参数：

```
>>> stats.gamma.stats(4.5,scale=8)
(array(36.0), array(288.0))
```

同时，也可以产生满足指定伽玛分布的随机变量，以及计算这些随机变量对的概率密度。

```
>>> from scipy import stats
>>> data=stats.gamma.rvs(4.5,scale=8,size=6)
```

```
>>> stats.gamma.pdf(data,3,scale=6)
array([3.83693031e-02,    1.28387012e-02,    1.26740465e-05,
        1.92049675e-03,    4.48267190e-02,    2.76924998e-02])
>>> stats.gamma.pdf(data,4,scale=8)
array([ 0.02446298,  0.0252403,  0.00063599,  0.01155499,  0.01383451,
        0.02781983])
```

除了各种随机分布函数，scipy.stats 模块中还提供了各种的假设检验（如二项分布检验 scipy.stats.binom_test，用来检验二项分布；Shapiro 检验 scipy.stats.shapiro，专门用来检验正态分布；K-S 检验 scipy.stats.kstest，理论上可以检验任何分布……），下面以二项分布检验 scipy.stats.binom_test 为例，来介绍假设检验的使用，格式如下：

```
scipy.stats.binom_test(data, n, p)
```

其中，参数 data 表示二项分布中试验成功的次数（硬币正面），参数 n 表示试验总的次数，p 表示实验成功的概率。data 也可以为一个向量，向量第 1 个值表示成功的次数，第 2 个值表示失败的次数，此时原来的第 2 个参数 n 可省略。

例 12-7　婴儿比例检验。某地某一时期内出生 35 名婴儿，其中女性 19 名（设定 Sex=0），男性 16 名（设定 Sex=1）。问这个地方出生婴儿的性别比例与通常的男女性比例（总体概率约为 0.5）是否不同？

```
>>> from scipy import stats
>>> stats.binom_test((16,19),0.5)
```

运行结果：

```
0.73587880085688062
```

12.4　Matplotlib 应用

SciPy 和 NumPy 默认都没有提供绘图函数，它们仅仅是数值计算和分析工具。在使用 NumPy 和 SciPy 进行学习、统计计算时是枯燥的，需要把它图形化显示。Matplotlib 是一个 Python 的图形框架，类似于 MATLAB 和 R 语言。Matplotlib 模块可从 https://sourceforge.net/projects/Matplotlib/files/Matplotlib/Matplotlib-1.5.1/网站下载。

下面先通过 pip 来从网络下载和自动安装 wheel。

在安装之前，需要配置 Python 和 pip 的环境变量，打开控制面板，依次单击“系统安全”→“系统”→“高级系统设置”→“环境变量”，在“系统变量”中选择“Path”，添加上 Python 的有关安装路径 C:\Python27;C:\Python27\Scripts，具体如图 12-6 所示。

下面就可以通过 pip 安装 wheel，具体命令如下：

```
python pip.exe install wheel
```

具体 wheel 的安装过程如图 12-7 所示。

安装完 wheel 之后，就可以安装刚刚下载的有关 Matplotlib 的 whl 文件（matplotlib-1.5.1-cp27-none-win32.whl），安装命令如下：

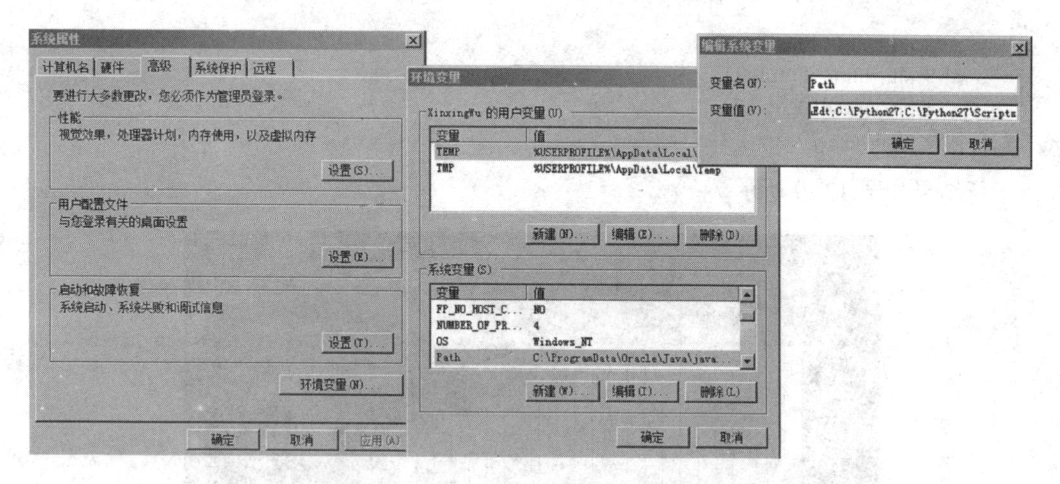

图 12-6　Python 和 pip 的环境变量配置

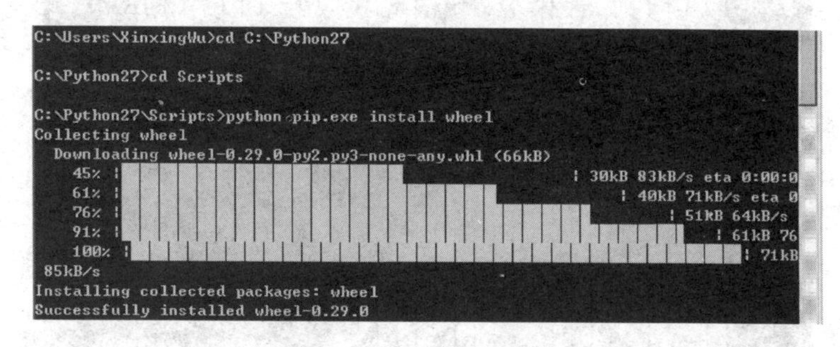

图 12-7　wheel 的安装

```
python pip. exe install matplotlib-1. 5. 1-cp27-none-win32. whl
```

然后就可以通过下列命令进行 Matplotlib 的安装，如图 12-8 所示。

```
c:\python27\scripts>python pip. exe install matplotlib-1. 5. 1-cp27-none-win32. whl
```

正确安装 Matplotlib 之后，就可以查看其版本：

```
>>> import matplotlib
>>> print matplotlib. __version__
1. 5. 1
```

下面先基于前面章节介绍的 NumPy 和本节安装的 Matplotlib，测试一个简单的作图例子。

```
>>> import numpy as np
>>> import matplotlib. pyplot as plt
>>> x=np. linspace(0, 10, 1000)
>>> y=np. sin(x)
>>> z=np. cos(x * * 2)
>>> plt. figure(figsize=(8,4))
>>> plt. plot(x,y,label="$sin(x)$",color="red",linewidth=2)
>>> plt. plot(x,z,'b--',label="$cos(x^2)$")
>>> plt. xlabel("Time(s)")
>>> plt. ylabel("Volt")
```

```
>>> plt.title("Plot Test")
>>> plt.ylim(-1.2,1.2)
>>> plt.legend()
>>> plt.show()
```

运行结果如图 12-9 所示。

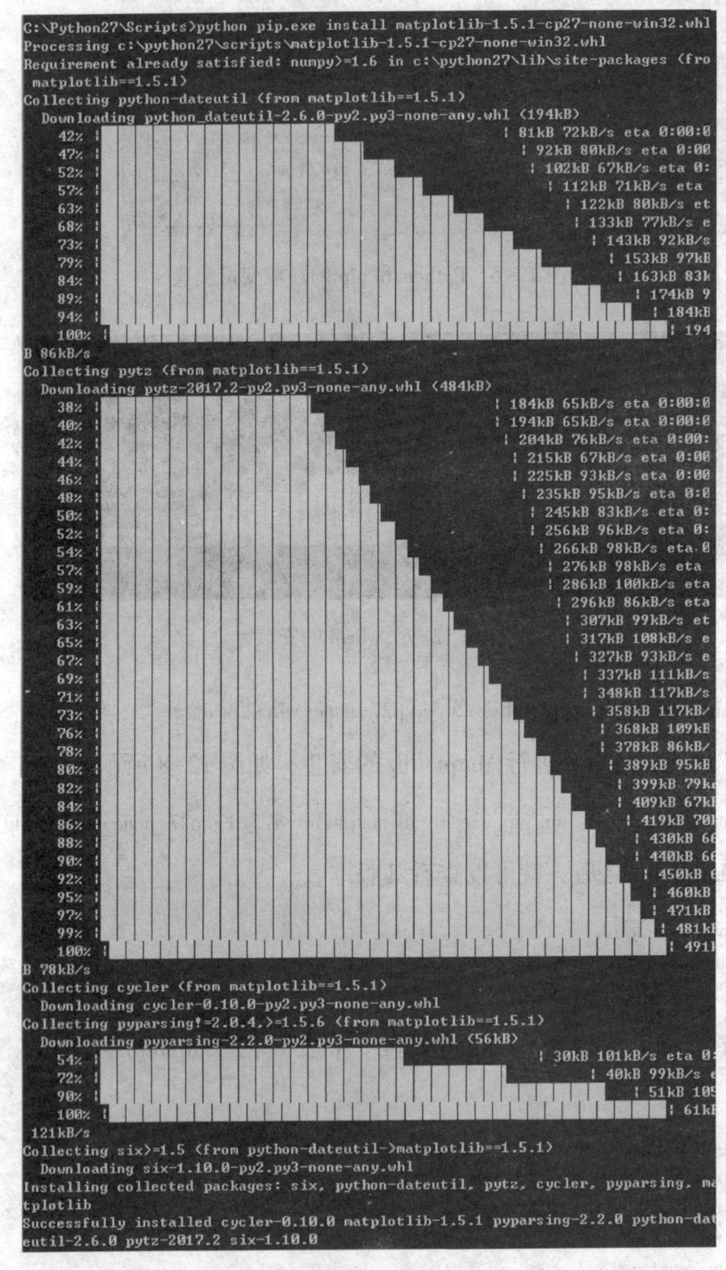

图 12-8　Matplotlib 的安装

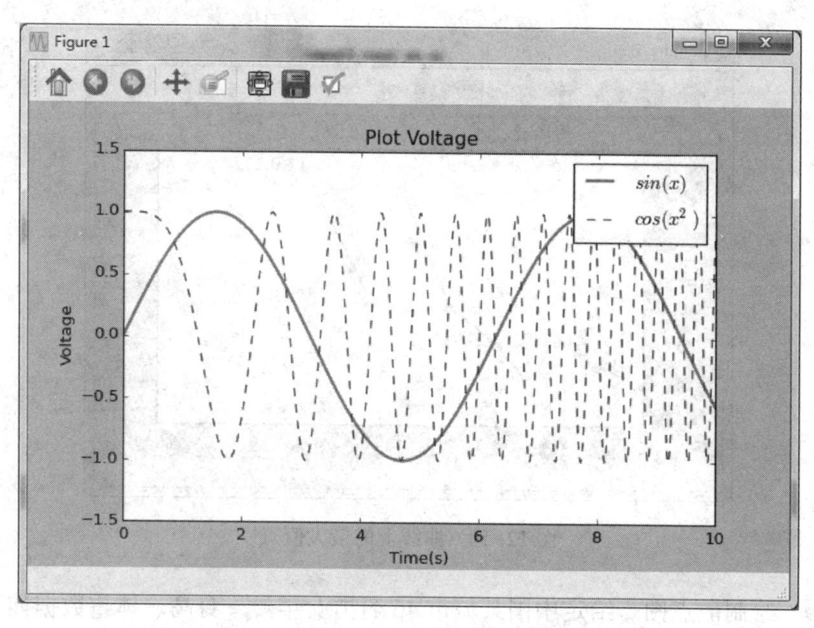

图 12-9 Matplotlib 图形显示

12.4.1 绘制带标签的曲线

在前面部分已经看到，如何使用 Matplotlib 中的 pyplot 来绘制曲线。但在实际中，有时仅仅有曲线还不够，还需要在曲线上标注关键点。

例 12-8 标注曲线的最大点。对给定的数据

0.15,0.16,0.14,0.17,0.12,0.16,0.1,0.08,0.05,0.07,0.06

请按数据绘制曲线，并在曲线上标出最大点。

代码如下：

```
>>> import matplotlib.pyplot as plt
>>> import numpy as np
>>> data=np.array([0.06,0.07,0.05,0.08,0.1,0.16,0.12,0.17,0.14,0.16,0.15])
>>> max_index=np.argmax(data)
>>> plt.plot(data,'r-o')
>>> plt.plot(max_index,data[max_index],'ks')
>>> show_max='['+str(max_index)+' '+str(data[max_index])+']'
>>> plt.annotate(show_max,xytext=(max_index,data[max_index]),xy=(max_index,data[max_in-
dex]))
>>> plt.show()
```

运行结果如图 12-10 所示。

12.4.2 绘制散点图

在 Matplotlib 中，用户可以使用 matplotlib.pyplot.scatter()方法来绘制散点图，第 1 个参数作为 x 轴，第 2 个参数作为 y 轴。

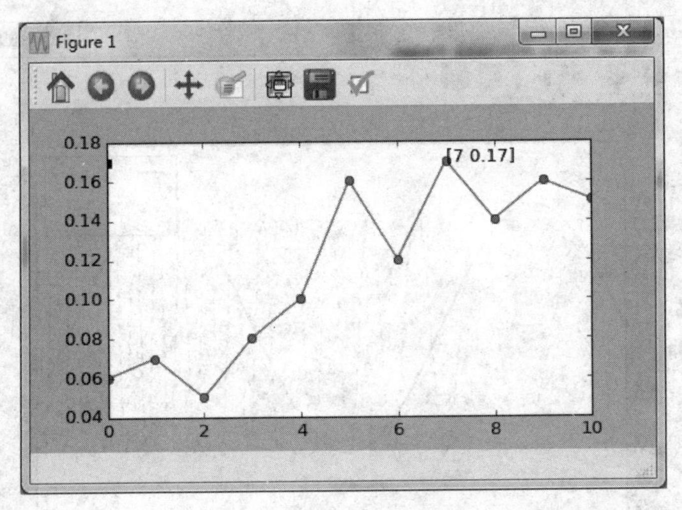

图 12-10　曲线上的最大值点

例 12-9　绘制散点图。给定中国某城市 46 名男女年龄、身高、体重数据如下：

Gender	Age	Height（cm）	Weight（kg）	Gender	Age	Height（cm）	Weight（kg）
Male	21	163	60	Female	20	153	42
Male	22	164	56	Female	20	156	44
Male	21	165	60	Female	21	156	38
Male	23	168	55	Female	21	157	48
Male	21	169	60	Female	21	158	52
Male	21	170	54	Female	23	158	45
Male	23	170	80	Female	22	159	43
Male	23	170	64	Female	22	160	50
Male	22	171	67	Female	21	160	45
Male	22	172	65	Female	21	160	52
Male	23	172	60	Female	23	160	50
Male	21	172	60	Female	22	161	50
Male	23	173	60	Female	21	161	45
Male	22	173	62	Female	21	162	55
Male	21	174	65	Female	20	162	60
Male	22	175	70	Female	20	163	56
Male	22	175	70	Female	20	163	56
Male	22	175	65	Female	21	163	59
Male	23	175	60	Female	22	164	55
Male	21	175	62	Female	23	164	47
Male	21	176	58	Female	21	165	45
Male	21	178	70	Female	21	165	45
Male	23	178	75	Female	20	165	60
Male	23	180	63	Female	20	168	58
Male	23	180	71	Female	21	168	49
Male	23	183	75	Female	22	170	54

请按数据绘制其散点图。

代码如下：

```
>>> import matplotlib. pyplot as plt
>>> weight=[60,56,60,55,60,54,80,64,67,65,60,60,60,62,65,70,65,60,62,58,70,75,63,71,
75,42,44,38,48, 52,45,43,50,45,52,50,50,45,55,60,56,56,59,55,47,45,45,60,58,49,54]
>>> height=[163,164,165,168,169,170,170,170,171,172,172,172,173,173,174,175,175,175,
175,176,178, 178,180,180,183,153,156,156,157,158,158,159,160,160,160,160,161,161,162,
162,163,163,163,164,164,165,165,165,168,168,170]
>>> plt. scatter(height, weight)
>>> plt. show()
```

运行结果如图 12-11 所示。

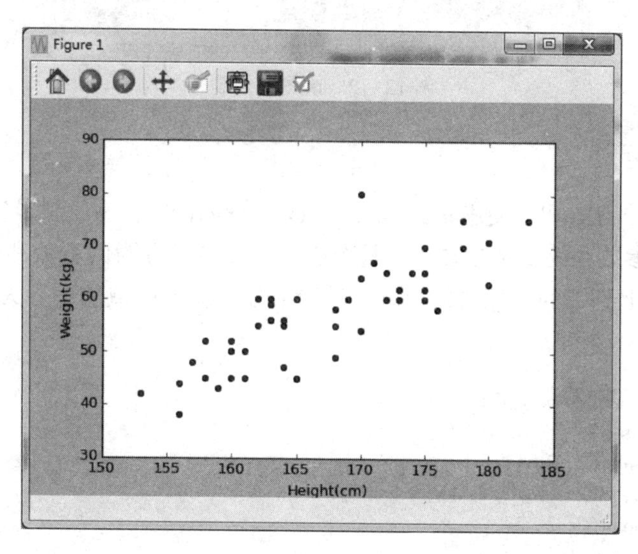

图 12-11　散点图绘制

12.4.3　绘制饼状图

在 Matplotlib 中，用户可以使用 matplotlib. pyplot. pie()方法来绘制饼图。

例 12-10　绘制饼图。学院共有职工 83 人，其中专任教师 45 人，辅导员 16 人，实验员 10 人，行政人员 12 人。请按数据绘制饼图。

代码如下：

```
importmatplotlib. pyplot as plt

    labels ='teachers', 'counselors', 'lab assistant','administrator'
    sizes=[45, 16, 10,12]
    colors=['yellowgreen', 'gold', 'lightskyblue','red']
    explode=(0, 0.1, 0,0.1)
    plt. pie(sizes, explode=explode, labels=labels, colors=colors, autopct='%1.1f%%', shadow=
True, startangle=90)
    plt. axis('equal')
    plt. show()
```

运行结果如图 12-12 所示。

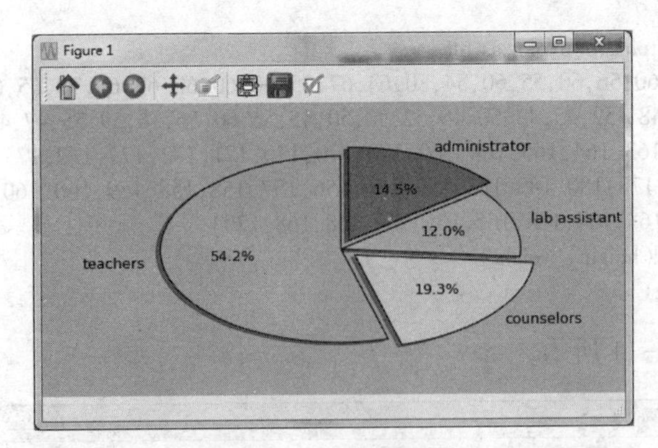

图 12-12　饼图的绘制

12.4.4　多图显示

在 Matplotlib 中，用户可以使用 matplotlib.pyplot.subplot()方法来绘制多个子图。subplot()有 3 个参数：第 1 个参数和第 2 个参数表示整个绘图区域被等分为的行数和列数，第 3 个参数表示从左往右、从上到下的顺序对每个区域进行编号，左上区域的编号为 1。下面给出一个绘制多图的例子。

```
>>> import matplotlib.pyplot as plt
>>> plt.figure()
>>> plt.subplot(2, 2, 1)
>>> plt.plot([0, 1], [0, 1])
>>> plt.subplot(2, 2, 2)
>>> plt.plot([1, 0], [0, 1])
>>> plt.subplot(2, 2, 3)
>>> plt.plot([1, 0], [0, 1])
>>> plt.subplot(2, 2, 4)
>>> plt.plot([0, 1], [0, 1])
>>> plt.show()
```

运行结果如图 12-13 所示。

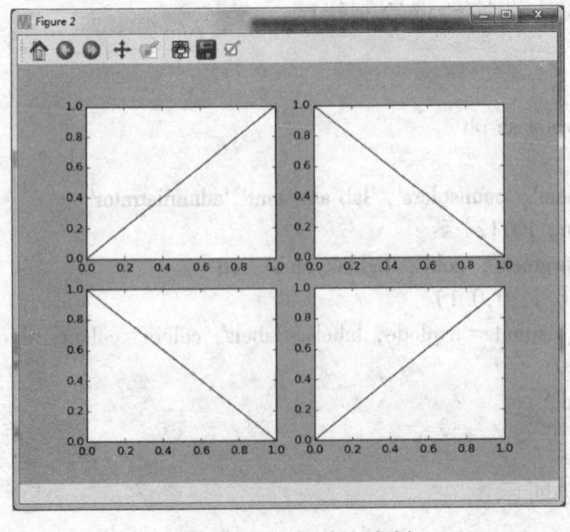

图 12-13　多图的绘制

12.4.5 绘制三维图形

在 Matplotlib 基础上，mpl_toolkits. mplot3d 模块提供了三维图的绘制功能。由于是采用了 Matplotlib 的二维绘图功能来绘制三维图，因此绘图的速度比较有限，不适合用于大规模数据的三维绘制。

例 12-11 三维图的绘制示例。绘制函数 $Z=xe^{-x^2-y^3}$ 的图形。

代码如下：

```
import numpy as np
import mpl_toolkits. mplot3d
import matplotlib. pyplot as plt

x,y=np. mgrid[-1:1:20j,-3:2:20j]
z=x * np. exp(-x * * 2-y * * 3)
ax=plt. subplot(111,projection='3d')
ax. plot_surface(x,y,z,rstride=2,cstride=1,cmap=plt. cm. Blues_r)
ax. set_xlabel("X")
ax. set_ylabel("Y")
ax. set_zlabel("Z")
plt. legend()
plt. show()
```

运行结果如图 12-14 所示。

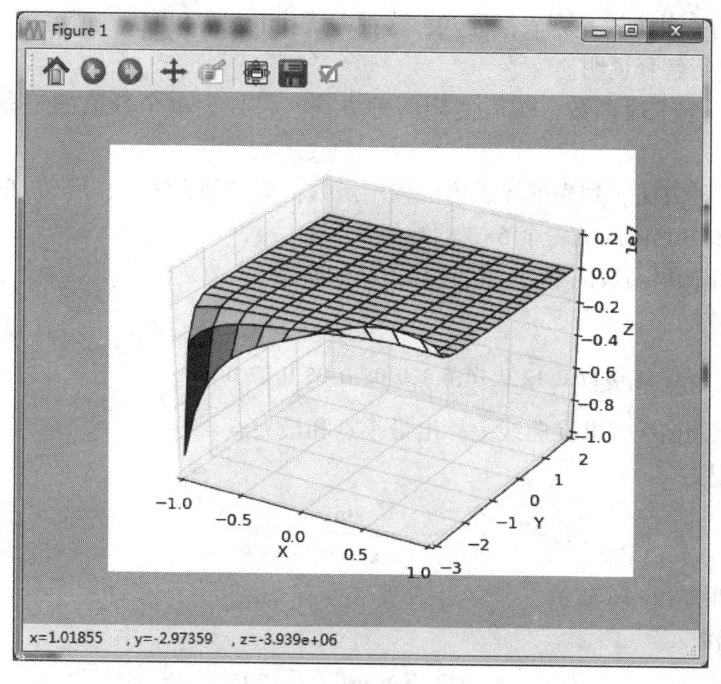

图 12-14 三维图的绘制

Python 安装完 NumPy、SciPy 和 Matplotlib 以后，就可以成为非常有用的数据分析工具和犀利的科研利器。不过值得注意的是，在安装 Matplotlib 之前，先要安装 NumPy。

习题 12

1. 创建一个表示九九乘法表的二维数组。

2. 使用切片获得的数组和使用布尔数组作为下标获得的数组有区别吗？如果有，请分别举例说明理由。

3. 请使用随机函数 rand( ) 产生一个长度为 10，元素值为 0 到 10 的随机数组。

4. 当使用布尔列表作为下标获取数组时可以得到如图 12-15 所示的结果。

```
>>> c=np.arange(1,4)
>>> c
array([1, 2, 3])
>>> d=c[[True,False,True]]
>>> d
array([2, 1, 2])
```

图 12-15　题 4 图

请说明原因。这和采用布尔数组作为下标获得的数组一样吗？请举例说明是否一样。

5. 本章中提到 ufunc 函数 np.cos( ) 在计算数组时，速度要比 math.cos( ) 速度快，但是在计算单个数值时，则 math.cos( ) 速度比较快。另外，在前面章节的学习中，我们知道，在标准 Python 中还有一种方式是列表推导式，这种方式比 for 循环更快。请给出一个具体的实验对上面的叙述进行解释说明。

6. 请定义一个三段函数，然后使用两种方法，将处理单个数值的三段函数用于处理数组。

提示：第一种方法，列表推导式语法调用函数；第二种方法，自定义 ufunc 函数。

7. 生成[12, 30)区间的一个 6×3 的数组。

8. 基于前面伽玛函数的学习，请计算 100 的阶乘。

9. 有以下数据：

0.15,0.16,0.14,0.17,0.12,0.16,0.1,0.08,0.05,0.07,0.06

请按数据绘制曲线，并在曲线上标出最小点和最大点。

10. 绘制函数

$$y=\frac{\sin x}{x}$$

的图像，如图 12-16 所示。

11. 绘制函数

$$f(x,y)=\frac{\sin\left(\sqrt{x^2+y^2}\right)}{\sqrt{x^2+y^2}}$$

的图像，如图 12-17 所示。

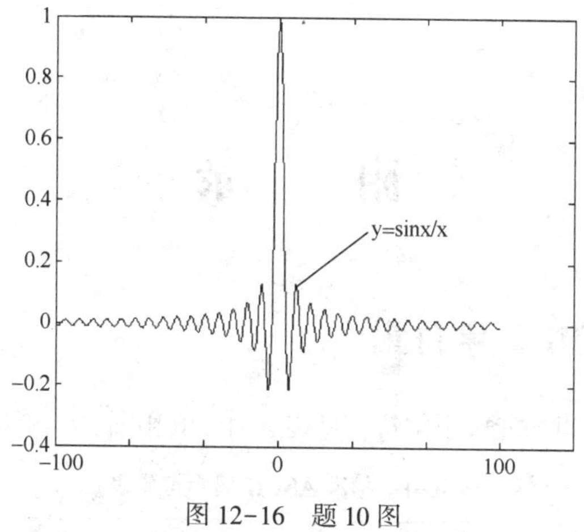

图 12-16　题 10 图

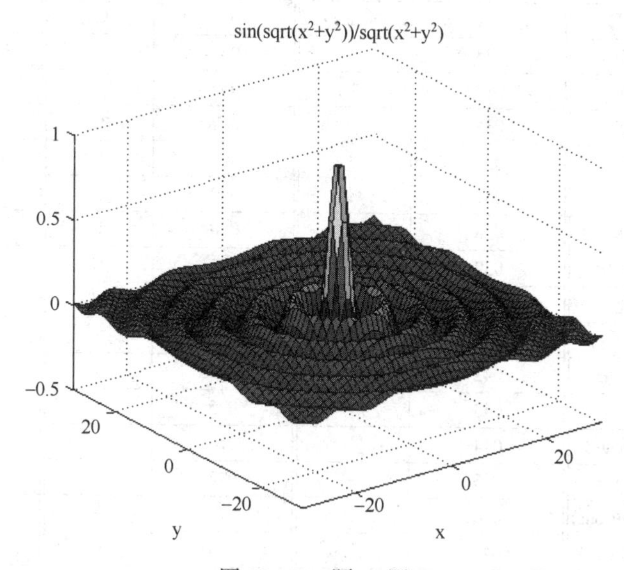

图 12-17　题 11 图

附　　录

附录 A　标准 ASCII 码字符集

标准 ASCII 码字符集共有 128 个字符，见表 A-1，其中前 32 个字符对应控制字符的代码。

表 A-1　标准 ASCII 码字符集表

ASCII 值	字符	ASCII 值	字符	ASCII 值	字符	ASCII 值	字符
000	（null）	032	（space）	064	@	096	`
001	SOH	033	!	065	A	097	a
002	STX	034	“	066	B	098	b
003	ETX	035	#	067	C	099	c
004	EOT	036	$	068	D	100	d
005	ENQ	037	%	069	E	101	e
006	ACK	038	‘	070	F	102	f
007	BEL（响铃）	039	&	071	G	103	g
008	BS（退格）	040	(	072	H	104	h
009	HT（\t）	041	)	073	I	105	i
010	LF（\n）	042	*	074	J	106	j
011	VT（\v）	043	+	075	K	107	k
012	FF（换页）	044	,	076	L	108	l
013	CR（\r）	045	-	077	M	109	m
014	SO（shift out）	046	.	078	N	110	n
015	SI（shift in）	047	/	079	O	111	o
016	DLE	048	0	080	P	112	p
017	DC1	049	1	081	Q	113	q
018	DC2	050	2	082	R	114	r
019	DC3	051	3	083	S	115	s
020	DC4	052	4	084	T	116	t
021	NAK	053	5	085	U	117	u
022	SYN	054	6	086	V	118	v
023	ETB	055	7	087	W	119	w
024	CAN	056	8	088	X	120	x
025	EM	057	9	089	Y	121	y
026	SUB	058	:	090	Z	122	z
027	ESC	059	;	091	[	123	{
028	FS	060	<	092	\	124	|
029	GS	061	=	093	]	125	}
030	RS	062	>	094	^	126	~
031	US	063	?	095	_	127	（del）

附录 B　Python 保留字

Python 中有以下 33 个保留字。

and　as　assert　break　class
continue　def　del　elif　else
except　false　finally　for　from
global　if　import　in　is
lambda　none　nonlocal　not　or
pass　raise　return　true　try
while　with　yield

附录 C　一些重要的内建函数与方法

C-1　部分内建函数

函　数	描　述
abs(number)	返回一个数的绝对值
apply(function[,args[,kwds]])	调用给定的函数，可选择提供参数
all(iterable)	如果所有 iterable 的元素均为真则返回 True，否则返回 False
any(iterable)	如果有任一 iterable 的元素为真则返回 True，否则返回 False
basestring()	str 和 unicode 抽象超类，用于类型检查
bool(object)	返回 True 或 False，取决于 Object 的布尔值
callable(object)	检查对象是否可调用
char(number)	返回 ASCII 码为给定数字的字符
classmethod(func)	通过一个实例方法创建类的方法
cmp(x,y)	比较 x 和 y：如果 x<y，则返回负数；如果 x>y 则返回正数；否则返回 0
complex(real[,imag])	返回给定实部（以及可选的虚部）的复数
delattr(object.name)	从给定的对象中删除给定的属性
dict([mapping-or-sequence])	构造一个字典，可选择从映射或（键、值）对组成的列表构造。也可使用关键字参数调用
dir([object])	当前可见作用于域的名称的列表，或者是选择性地列出给定对象的特性
divmod(a,b)	返回(a//b,a%b)(float 类型有特殊规则)
enumerate(iterable)	对 iterable 中的所有项迭代（索引、项目）对
eval(string[,globals[,locals]])	对包含表达式的字符串进行计算。可选择在给定的（全、局）作用域中进行

（续）

函　数	描　述
execfile(file[,globals[,locals]])	执行一个 Python 文件，可选在给定（全、局）作用域中进行
file(filename[,mode[,bufsize]])	创建给定文件史的文件，可选择作用给定的模式和缓冲区大小
filter(function,sequence)	返回从给定序列中函数返回真的元素的列表
float(object)	将字符串或者数值转换为 float 类型
frozenset([iterable])	创建一个不可变集合，这意识着不能将它添加到其他集合中
getattr(object,name[,default])	返回给定对象中所指定特性的值，可选择给定默认值
globals()	返回表示当前作用域的字典
hasattr(object,name)	检查给定对象是否有指定的属性
help([object])	调用内建的帮助系统，或者打印给定对象的帮助信息
hex(number)	将数字转换为十六进制表示的字符串
id(object)	返回给定对象的唯一 ID
input([prompt])	等同于 eval(raw_input(prompt))
int(object[,radix])	将字符串或数字（可提供基数）转换为整数
isinstance(object,classinfo)	检查给定的对象 object 是否是 classinfo 值的实例，classinfo 可以是类对象、类型对象或者类对象和类型对象的元组
issubclass(class1,class2)	检查 class1 是否是 class2 的子类（每个类都是自身的子类）
iter(object[,sentine1])	返回一个迭代器对象，可以是用于迭代序列的 object_iter()迭代器（如果 object 支持_getitem_方法的话），或者提供一个 sentine1，迭代器会在每次迭代中调用 Object，直到返回 sentine1
len(object)	返回给定对象的长度（项的个数）
list([sequence])	构造一个列表，可选择使用与所提供序列 sequence 相同的项
locals()	返回表示当前局部作用域的字典
long(object[,radix])	将字符串（可选择使用给定的基数 radix）或数字转换为长整型
map(function,sequence,…)	创建由函数应用到所提供列表 sequence 每个项目时返回值的列表
max(object1,[object2,…])	如果 Object1 是非空序列，则返回最大的元素，否则返回所提供参数(Object1, Object2,…)的最大值
min(object1,[object2,…])	如果 Object1 是非空序列，则返回最小的元素，否则返回所提供参数(Object1, Object2,…)的最小值
object()	返回所有新式类的基数 Object 的实例
oct(number)	将整数转换为八进制表示的字符串
open(filename[,mode[,bufsize]])	file 的别名（在打开文件时使用 open 而不是 file）
ord(char)	返回给定单个字符（长度为 1 或 Unicode 字符串）的 ASCII 值
pow(x,y[,z])	返回 x 的 y 次方，可选择模除 z

（续）

函　　数	描　　述
property([fget[,fset[,fde1[,doc]]]])	通过一组访问器创建属性
range([start,]stop[,step])	使用给定的起始值（默认为0）和结束值（不包括）及步长（默认为1）返回数值范围（以列表形式）
raw_input(prompt)	将用户输入的数据作为字符串返回，可选择使用给定的提示符 prompt
reduce(function,sequence[,initializer])	对序列的所有渐增地应用给定的函数，使用累积的结果作为第1个参数，所有的项作为第2个参数，可选择给定起始值（initializer）
reload(module)	重载入一个已经载入的模块并将其返回
repr(object)	返回表示对象的字符串，一般作为 eval 的参数使用
reversed(sequence)	返回序列的反向迭代器
round(float[,n])	将给定的浮点四舍五入，小数点保留 n 位（默认为0）
set[iterable])	返回从 iterable（如果给出）生成的元素集合
setattr(object,name,value)	设定给定对象的指定属性的值为给定值
sorted(iterable[,cmp][,key][,reverse])	从 iterable 的项目中返回一个新的排序后的列表，可选的参数和列表方法 sort 中的参数相同
staticmethod(func)	从一个实例方法创建静态（类）方法
str(object)	返回表示给定对象 object 的格式化好的字符串
sum(seq[,start])	返回添加到可选参数 start（默认为0）中的一系列数字的和
super(type[,obj/type])	返回给定类型（可选为实例化的）的超类
tuple([sequence])	构造一个元组，可选择使用同提供的序列 sequence 一样的项
type(name,bases,dict)	返回给定对象的类型
unichr(umber)	使用给定的名称、基类和作用域返回一个新的类型对象
unicode(object[,encoding[,errors]])	返回给定对象的 unicode 编码版本，可以给定编码方式和处理错误的模式（"strict""replace"或者"ignore""strict"为默认模式）
vars([object])	返回表示局部作用于的字典，或者对应对象特性的字典（不要修改所返回的字典，因为修改后的结果不会被语言引用定义）
xrange([start,]stop[,step])	类似于 range，但是返回的对象使用较少的内存，而且只用于迭代
zip(sequence1,…)	返回元组的列表，每个元组包含一个给定序列中的项。返回的列表的长度和所提供的序列是最短长度相同

C-2　列表方法

方　　法	描　　述
aList.append(obj)	等同于 aList[len(aList):len(aList0)=[obj]
aList.count(obj)	返回 aList[i]=obj 中索引 i 的数值
aList.extend(sequence)	等同于 aList[len(aList):len(aList)]=sequence
aList.index(obj)	返回 aList[i]==object 中最小 i(如果 i 不存在会引发 ValueError 异常)
aList.insert(index,obj)	如果 index>0，等同于 aList[index:index]=[obj]；如果 index<0，将 Object 置于列表最前面
aList.pop([index])	移除并且返回给定索引的项（默认为-1）
aList.remove(obj)	等同于 aList[aList.index(obj)]

（续）

方　法	描　述
aList.reverse()	原地反转 aList 项
aList.sort([cmp][,key][,reverse])	对 aList 中的项进行原地排序。可以提供比较函数 cmp、创建于排序的键的 key 函数和 reverse 标志（布尔值）进行自定义

C-3　字典方法

方　法	描　述
aDict.clear()	移除 aDict 所有的项
aDict.copy()	返回 aDict 的副本
aDict.fromkeys(seq[,val])	返回从 seq 中获得的键和被设置为 val 的值（val 的默认值 None）的字典。可以直接在字典类型 dict 上作为类方法调用
aDict.get(key[,default])	如果 aDict[key]存在，则将其返回；否则返回给定的默认值（默认为 None）
aDict.has_key(key)	检查 aDict 是否有给定键 key
aDict.items()	返回表示 aDict 项的（键，值）对列表
aDict.iteritems()	从和 aDict. iters 返回的（键、值）对相应的（键、值）对中返回一个可迭代对象
aDict.iterkeys()	从 aDict 的键中返回一个可迭代对象
aDict.itervalues()	从 aDict 的值中返回一个可迭代对象
aDict.keys()	返回 aDict 键的列表
aDict.pop(key[,d])	移除并且返回对应给定键 key 或给定的默认值 d 的值
aDict.popitem()	从 aDict 中移除任意一项，并将其作为（键、值）对返回
aDict.setdefault(key[,default])	如果 aDict[key]存在则将其返回；否则返回给定的默认值（默认为 None）并将 aDict[key]的值绑定给该默认值
aDict. update(other)	将 other 中的每一项加入 aDict 中（可能会重写已存在项）。也可以使用与字典构造函数 aDict 类似的参数调用
aDict. values	返回 aDict 中值的列表（可能包括相同的）

C-4　字符串方法

方　法	描　述
string.capitalize()	返回首字母大写的字符串的副本
string. center(width[,fillchar])	返回长度为 max(len(string),width)且其中 string 的副本居中的字符串，两侧使用 fillchar（默认为空字符）填充
string.count(sub[,start[,end]])	计算子字符串 sub 的出现次数，可将搜索范围限制为 string[start:end]
string. decode([encoding[,errors]])	返回使用给定编码方式的字符串的解码版本，由 errors 指定错误处理方式（“strict”“ignore”或“replace”）
string. endswith(suffix[,start[,end]])	检查 string 是否以 suffix 结尾，可使用给定的索引 start 和 end 来选择匹配的范围
string. expandtabs([tabsize])	返回字符串的副本，其中 tab 字符会使用空格进行扩展，可选择使用给定的 tabsize（默认为 8）
string. find(sub[,start[,end]])	返回子字符串 sub 的第一个索引，如果不存在返回-1。可选定义搜索的范围为 string[start:end]

（续）

方　法	描　述
string. index(sub[,start[,end]])	返回子字符串 sub 的第一个索引，如果不存在引发 ValueError 异常，可选定义搜索的范围为 string[start:end]
string. isalnum( )	检查字符串是否由字母或数字组成
string. isalpha( )	检查字符串是否由字母组成
string. isdigit( )	检查字符串是否由数字组成
string. islower( )	检查字符串中所有基于实例的字符（字母）是否都为小写
string. isspace( )	检查字符串是否由空格组成
string. istitle( )	检查字符串中不基于实例的字母后面的基于实例的字符都是大写的，且其他的基于实例的字符都是小写的
string. isupper( )	检查是否所有字符串中的基于实例的字符都是大写的
string. join(sequence)	返回其中 seqnence 的字符串元素已有 string 连接的字符串
string. ljust(width[,fillchar])	返回长度为 max(len(string) , width) 且其中 string 的副本左对齐的字符串，右侧使用 fillchar（默认为空字符）填充
string. lower( )	返回一个字符串的副本，其中所有基于实例的字符都是小写的
string. lstrip([chars])	返回一个字符串副本，其中所有的 chars（默认为空的字符，如空格、tab 和换行符）都被从字符串开始处去除
string. partition(sep)	在字符串中搜索 sep 并返回(head, sep, tail)
string. replace(old, new[,max])	返回字符串的副本，其中 old 的匹配项都被替换为 new，可选译最多替换 max 个
string. rfind(sub[,start[,end]])	返回子字符串 sub 被找到的位置的最后一个索引，如果不存在这样的索引则返回-1。可定义搜索的范围为 string[start:end]
string. rindex(sub[,start[,end]])	返回子字符串 sub 被找到的位置的最后一个索引，如果不存在这样索引则引发一个 ValueError 异常。可定义搜索的范围为 string[start:end]
string. rjust(width[,fillchar])	返回长度为 max(len(string) , width) 且其中 string 的副本右对齐的字符串，右侧使用 fillchar（默认为空字符）填充
string. rpartition(sep)	同 partition，但从右侧开始查找
string. rstrip([chars])	返回一个字符串副本，其中所有的 chars（默认为空的字符，比如空格、tab 和换行符）都被从字符串结束处去除
string. rsplit([sep[,maxsplit]])	同 split，但是在使用 maxsplit 时从右向左进行计数
string. split([sep[,maxsplit]])	返回字符串中所有单词的列表，使用 sep 作为分隔符（如果未特别指出的话以空格切分单词），可使用 maxsplit 指定最大切分数
string. splitlines([keepends])	返回 string 中所有行的列表，可选择是否包括换行符（如果提供 keepend 参数则包括）
string. startswith(prefix[,start[,end]])	检查 string 是否以 prefix 开始，可使用给定的索引 start 和 end 来定义匹配的范围
string. strip([chars])	返回字符串副本，其中所有 chars（默认空格）都从字符串的开头和结尾去除（默认为所有空白字符，如空格、tab 和换行符）
string. swapcase( )	返回字符串副本，其中所有基于实例的字符都交换大小写
string. title( )	返回字符串副本，其中单词都以大写字母开头
string. translate(table[,deletechars])	返回字符串副本，其中所有字符都使用 table（由 string 模块中的 maketrans 函数构造）进行转换，可选择删除出现在 deletechars 中的所有字符

（续）

方　法	描　述
string. upper( )	返回字符串的副本，其中所有基于实例的字符都是大写的
string. zfill(width)	在 string 的左侧以 0 填充 width 个字符

注：表 C-1～表 C-4 来源于文献［1］。

附录 D　random 随机数模块的函数

该模块实现各种分布的伪随机数产生器，导入方法：import random。

函　数	描　述
random. seed(a=None, version=2)	初始化随机数产生器，a 省略时用系统时间初始化。a 通常是整数。version= 2 时用整数初始化，version=1 时用 a 的 hash 值初始化
random. randrange(start, stop[, sep])	返回从 range(start, stop, step) 中随机选择的元素
random. randint(a, b)	返回随机整数 N, a≤N≤b
random. choice(seq)	从非空序列的元素中随机挑选一个元素
random. shuffle(x[, random])	随机排列序列 x 中的元素，可选参数是返回[0.0，1.0]随机数的函数，默认是 random( )
random. sample(population, k)	从序列 population 中随机选择不重复的 k 个元素，结果为列表
random. random( )	返回[0，1.0]的随机数
random. uniform(a, b)	返回随机浮点数 N，如果 a<b，则 a<N<b；如果 b<a，则 b<N<a
random. triangular(low, high, mode)	返回随机浮点数 N，low≤N≤high。边界默认值为 0、1，mode 默认值为边界的中点，是对称分布
random. betavariate(alpha, beta)	Beta 分布，alpha>0，beta>0，返回值在 0 与 1 之间
random. expovariate(lambd)	指数分布，lambd 是期望值的倒数，应非 0

注：其他的分布还有：高斯分布、对数分布、Pareto 分布和 Weibull 分布，用 dir（random）函数查看。

附录 E　time 模块的函数

time 模块包含处理时间的函数，导入方法：import time。

函　数	描　述	实　例
time. time( )	获取当前时间（单位为秒）	>>> time. time( ) Out：1507015170. 635
time. ctime([secs])	把秒数换为日期时间字符串。默认为当前时间	>>> time. ctime( ) Out：'Tue Oct 03 15:20:22 2017'
time. gmtime([secs])	将秒数转换为 struc_time 对象（UTC 时间，即原来的格林威治时间），默认为当前时间	>>> time. gmtime( ). tm_year Out：2017
time. localtime([secs])	将秒数转换为 struc_time 对象（本地时间），默认为当前时间	>>> time. localtime( ). tm_hour Out：15

(续)

函　数	描　述	实　例
time. strptime(string[,format])	将字符串转换为 struc_ time 对象 (本地)	>>> time. strptime('2017 oct 03 15', "%Y %b %d %H") Out: time. struct_time(tm_year=2017, tm_mon=10, tm_mday=3, tm_hour=15, tm_min=0, tm_sec=0, tm_wday=1, tm_yday=276, tm_isdst=-1)
time. mktime(t)	将 struc_time 对象转换为本地时间秒	>>> time. mktime(time. localtime()) Out: 1507015633. 0
time. strftime(format[,t])	将 struc_time 对象转换为字符串	>>> time. strftime ('%Y-%m-%d%H:%M:%S',time. localtime(time. time())) Out:'2017-10-03 15:46:11'
time. sleep(secs)	当前线程休眠 secs 秒	>>> time. sleep(10)

附录 F　内建异常类

内建异常类树形结构如下:

```
Exceptions. BaseException          #所有异常的基类
+--SystemExit          #解释器请求退出
+--KeyboardInterrupt          #用户中断执行(通常是输入^C)
+--GeneratorExit          #生成器(generator)发生异常来通知退出
+--Exception          #常规错误的基类
    +--StopIteration          #迭代器没有更多的值
    +--ArithmeticError          #所有数值计算错误的基类
        +--FloatingPointError          #浮点计算错误
        +--OverflowError          #数值运算超出最大限制
        +--ZeroDivisionError          #除(或取模)零 (所有数据类型)
    +--AssertionError          #断言语句失败
    +--AttributeError          #对象没有这个属性
    +--EOFError          #没有内建输入,到达 EOF 标记
    +--IOError          #输入/输出操作失败
    +--ImportError          #导入模块/对象失败
    +--LookupError          #无效数据查询的基类
        +--IndexError          #序列中没有此索引(index)
        +--KeyError          #映射中没有这个键
    +--MemoryError          #内存溢出错误(对于 Python 解释器不是致命的)
    +--NameError          #未声明/初始化对象 (没有属性)
        +--UnboundLocalError          #访问未初始化的本地变量
    +--OSError          #操作系统错误
    +--FileExistsError          #试图写入已存在文件
    +--FileNotFoundError          #试图打开不存在文件
    +--PermissionError          #对文件进行读写时权限问题
    +--TimeOutError          #超时问题
+--ReferenceError          #弱引用(Weak reference)试图访问已经垃圾回收了的对象
+--RuntimeError          #一般的运行时错误
    +--NotImplementedError          #尚未实现的方法
+--SyntaxError          #Python 语法错误
```

```
        +--IndentationError          #缩进错误
            +--TabError          #Tab 和空格混用
    +--SystemError          #一般的解释器系统错误
    +--TypeError          #对类型无效的操作
    +--ValueError          #传入无效的参数
        +--UnicodeError          #Unicode 相关的错误
            +--UnicodeDecodeError          #Unicode 解码时的错误
            +--UnicodeEncodeError          #Unicode 编码时错误
            +--UnicodeTranslateError          #Unicode 转换时错误
    +--Warning          #警告的基类
        +--DeprecatingWarning          #关于被弃用的特征的警告
        +--PendingDeprecationWarning          #关于特性将会被废弃的警告
        +--RuntimeWarning          #可疑的运行时行为(runtime behavior)的警告
        +--SyntaxWarning          #可疑的语法的警告
        +--UserWarning          #用户代码生成的警告
        +--FutureWarning          #关于构造将来语义会有改变的警告
        +--UnicodeWarning          #Unicode 相关的错误
        +--OverflowWarning          #旧的关于自动提升为长整型(long)的警告
```

参 考 文 献

[1] Magnus Lie Hetland. Python 基础教程 [M]. 司维，曾军崴，谭颖华，译 . 北京：人民邮电出版社，2014.

[2] 赵英良 . Python 程序设计 [M]. 北京：人民邮电出版社，2016.

[3] David I Schneider. Python 程序设计 [M]. 车万翔，译 . 北京：机械工业出版社，2016.

[4] Wesley Chun. Python 核心编程 [M]. 孙波翔，李斌，李晗，译 . 北京：人民邮电出版社，2016.

[5] Doug Hellmann. Python 标准库 [M]. 刘炽，译 . 北京：机械工业出版社，2012.

[6] 董付国 . Python 程序设计 [M]. 北京：清华大学出版社，2016.

参考文献

[1] Magnus Lie Hetland. Python基础教程[M]. [illegible]. 北京：人民邮电出版社，201[illegible].

[2] [illegible]. [illegible]Python[illegible][M]. [illegible]：人民邮电出版社，201[illegible].

[3] David Sjöbom[illegible]. Python[illegible][M]. [illegible]. 北京：[illegible]出版社，201[illegible].

[4] [illegible]. [illegible][M]. [illegible]. 北京：人民邮电出版社，2015.

[5] Doug Hellmann. Python标准库[M]. [illegible]. 北京：机械工业出版社，2012.

[6] [illegible]. Python[illegible][M]. 北京：[illegible]出版社，2016.